U0167427

住房和城乡建设部"十四五"规划教材
高等学校建筑学专业应用型人才培养系列教材

建筑设计规范应用 （第三版）

THE APPLICATION OF ARCHITECTURAL DESIGN CODE

石谦飞　沈　纲　主编

中国建筑工业出版社

图书在版编目（CIP）数据

建筑设计规范应用＝THE APPLICATION OF
ARCHITECTURAL DESIGN CODE/石谦飞，沈纲主编. —3
版. —北京：中国建筑工业出版社，2023.5
　　住房和城乡建设部"十四五"规划教材　高等学校建
筑学专业应用型人才培养系列教材
　　ISBN 978-7-112-28714-7

　　Ⅰ. ①建…　Ⅱ. ①石… ②沈…　Ⅲ. ①建筑设计-建
筑规范-中国-高等学校-教材　Ⅳ.①TU202

　　中国国家版本馆 CIP 数据核字（2023）第 083699 号

责任编辑：杨　琪　陈　桦
责任校对：芦欣甜

为了更好地支持相应课程的教学，我们向采用本书作为
教材的教师提供课件，有需要者可与出版社联系。
　　建工书院：http://edu. cabplink. com
　　邮箱：jckj@cabp. com. cn　电话：（010）58337285

住房和城乡建设部"十四五"规划教材
高等学校建筑学专业应用型人才培养系列教材
建筑设计规范应用（第三版）
THE APPLICATION OF ARCHITECTURAL DESIGN CODE
石谦飞　沈　纲　主编
　　＊
中国建筑工业出版社出版、发行（北京海淀三里河路 9 号）
各地新华书店、建筑书店经销
霸州市顺浩图文科技发展有限公司制版
建工社（河北）印刷有限公司印刷
　　＊
开本：787 毫米×1092 毫米　1/16　印张：21½　字数：418 千字
2023 年 6 月第三版　　2023 年 6 月第一次印刷
定价：**49.00** 元（赠教师课件）
ISBN 978-7-112-28714-7
　　（40754）

版权所有　翻印必究
如有印装质量问题，可寄本社图书出版中心退换
（邮政编码 100037）

出版说明

　　党和国家高度重视教材建设。2016 年，中办国办印发了《关于加强和改进新形势下大中小学教材建设的意见》，提出要健全国家教材制度。2019 年 12 月，教育部牵头制定了《普通高等学校教材管理办法》和《职业院校教材管理办法》，旨在全面加强党的领导，切实提高教材建设的科学化水平，打造精品教材。住房和城乡建设部历来重视土建类学科专业教材建设，从"九五"开始组织部级规划教材立项工作，经过近 30 年的不断建设，规划教材提升了住房和城乡建设行业教材质量和认可度，出版了一系列精品教材，有效促进了行业部门引导专业教育，推动了行业高质量发展。

　　为进一步加强高等教育、职业教育住房和城乡建设领域学科专业教材建设工作，提高住房和城乡建设行业人才培养质量，2020 年 12 月，住房和城乡建设部办公厅印发《关于申报高等教育职业教育住房和城乡建设领域学科专业"十四五"规划教材的通知》（建办人函〔2020〕656 号），开展了住房和城乡建设部"十四五"规划教材选题的申报工作。经过专家评审和部人事司审核，512 项选题列入住房和城乡建设领域学科专业"十四五"规划教材（简称规划教材）。2021 年 9 月，住房和城乡建设部印发了《高等教育职业教育住房和城乡建设领域学科专业"十四五"规划教材选题的通知》（建人函〔2021〕36 号）。为做好"十四五"规划教材的编写、审核、出版等工作，《通知》要求：（1）规划教材的编著者应依据《住房和城乡建设领域学科专业"十四五"规划教材申请书》（简称《申请书》）中的立项目标、申报依据、工作安排及进度，按时编写出高质量的教材；（2）规划教材编著者所在单位应履行《申请书》中的学校保证计划实施的主要条件，支持编著者按计划完成书稿编写工作；（3）高等学校土建类专业课程教材与教学资源专家委员会、全国住房和城乡建设职业教育教学指导委员会、住房和城乡建设部中等职业教育专业指导委员会应做好规划教材的指导、协调和审稿等工作，保证编写质量；（4）规划教材出版单位应积极配合，做好编辑、出版、发行等工作；（5）规划教材封面和书脊应标注"住房和城乡建设部'十四五'规划教材"字样和统一标识；（6）规划教材应在"十四五"期间完成出版，逾期不能完成的，不再作为《住房和城乡建设领域学科专业"十四五"规划教材》。

　　住房和城乡建设领域学科专业"十四五"规划教材的特点：一是重点以修订教育部、住房和城乡建设部"十二五""十三五"规划教材为主；二是严格按照专业标准规范要求编写，体现新发展理念；三是系列教材具有明显特点，满足不同层次和类型的学校专业教学要求；四是配备了数字资源，适应现代化教学的要求。规划教材的出版凝聚了作者、主审及编辑的心血，得到了有关院校、出版单位的大力支持，教材建设管理过程有严格保障。希望广大院校及各专业师生在选用、使用过程中，对规划教材的编写、出版质量进行反馈，以促进规划教材建设质量不断提高。

住房和城乡建设部"十四五"规划教材办公室

2021 年 11 月

第三版前言

　　编写《建筑设计规范应用》这本高等学校建筑学专业应用型人才培养系列教材，始于2006年初，中国建筑工业出版社组织北京建筑大学、南京工业大学、合肥工业大学、广州大学、长安大学、浙江大学、太原理工大学等高校，编写高等学校建筑学专业应用型人才培养系列教材，《建筑设计规范应用》是这套规划推荐教材中的一本。该教材于2008年1月第一版发行，2019年2月第二版发行，累计印刷11次共计24206册。

　　2021年9月，获批住房和城乡建设部"十四五"规划教材。同年10月，我们在太原理工大学召开了由行业专家与任课教师组成的教材编写研讨会，对教材提了许多改进意见。据此，我们对前版作了一次较为全面、深入的修订和补充。

　　第三版在以下五个方面作了修订：

　　(1) 依据建筑设计实务的工作流程，调整了教材章节结构；

　　(2) 重新梳理了教材内容，进行了局部增删，强化了教材内容的逻辑性；

　　(3) 更新了截至2021年12月的建筑规范20部，删除废止规范1部；

　　(4) 重新绘制插图46幅，修改调整插图194幅；

　　(5) 配合课程建设，适应新的教学方式，增加了与教材配套的课件，见版权页。

　　经过15年三次的使用、修订、再使用、再修订过程，本书虽被多数高等学校接受成为建筑学专业教学参考书，但时代在发展，书中一定仍有不少不适应发展需求的地方，今后我们将继续努力改进，希望使用本教材的院校和师生提出宝贵建议。

　　本教材由太原理工大学建筑学院建筑系编写。

　　编写工作的分工如下：

　　石谦飞：第1章、第2章。

　　沈　纲：第3章、第4章、第5章。

　　武　捷：第6章。

　　展海强：第7章。

　　张　勇：主审。

― 目录 ―

— 本书编写所涉及的规范明细 —

本书编写所涉及的各类规范，时间截止 2021 年 12 月，5 类，共 51 部。

第一类：通用类规范

1. 《民用建筑设计统一标准》GB 50352 — 2019

第二类：用途类规范

2. 《办公建筑设计标准》JGJ/T 67 — 2019

3. 《博物馆建筑设计规范》JGJ 66 — 2015

4. 《传染病医院建筑设计规范》GB 50849 — 2014

5. 《车库建筑设计规范》JGJ 100 — 2015

6. 《电影院建筑设计规范》JGJ 58 — 2008

7. 《档案馆建筑设计规范》JGJ 25 — 2010

8. 《交通客运站建筑设计规范》JGJ/T 60 — 2012

9. 《剧场建筑设计规范》JGJ 57 — 2016

10. 《城市居住区规划设计标准》GB 50180 — 2018

11. 《老年人居住建筑设计规范》GB 50340 — 2016

12. 《疗养院建筑设计标准》JGJ/T 40 — 2019

13. 《旅馆建筑设计规范》JGJ 62 — 2014

14. 《宿舍建筑设计规范》JGJ 36 — 2016

15. 《商店建筑设计规范》JGJ 48 — 2014

16. 《铁路旅客车站建筑设计规范》(2011 年版) GB 50226 — 2007

17. 《铁路车站及枢纽设计规范》GB 50091 — 2006

18. 《图书馆建筑设计规范》JGJ 38 — 2015

19. 《体育建筑设计规范》JGJ 31 — 2003

20. 《托儿所、幼儿园建筑设计规范》(2019 年版) JGJ 39 — 2016

21. 《文化馆建筑设计规范》JGJ/T 41 — 2014

22. 《饮食建筑设计标准》JGJ 64 — 2017

23. 《展览建筑设计规范》JGJ 218 — 2010

24. 《综合医院建筑设计规范》GB 51039 — 2014

25. 《中小学校设计规范》GB 50099 — 2011

26. 《住宅设计规范》(2012 年版) GB 50096 — 2011

27. 《住宅建筑规范》GB 50368 — 2005

第三类：专项类规范

28.《无障碍设计规范》GB 50763 — 2012

29.《建筑设计防火规范》（2018 年版）GB 50016 — 2014

30.《建筑内部装修设计防火规范》GB 50222 — 2017

31.《汽车库、修车库、停车场设计防火规范》GB 50067 — 2014

32.《人民防空工程设计防火规范》GB 50098 — 2009

33.《城镇燃气设计规范》（2020 年版）GB 50028 — 2006

34.《民用建筑热工设计规范》GB 50176 — 2016

35.《民用建筑隔声设计规范》GB 50118 — 2010

36.《建筑照明设计标准》GB 50034 — 2013

37.《智能建筑设计标准》GB/T 50314 — 2015

38.《公共建筑节能设计标准》GB 50189 — 2015

39.《夏热冬冷地区居住建筑节能设计标准》JGJ 134 — 2010

40.《夏热冬暖地区居住建筑节能设计标准》JGJ 75 — 2012

41.《严寒和寒冷地区居住建筑节能设计标准》JGJ 26 — 2018

第四类：评价类标准

42.《建筑隔声评价标准》GB/T 50121 — 2005

43.《建筑采光设计标准》GB/T 50033 — 2013

44.《住宅建筑技术经济评价标准》JGJ 47 — 1988

45.《住宅性能评定技术标准》GB/T 50362 — 2005

第五类：城市规划

46.《城市道路工程设计规范》（2016 年版）CJJ 37 — 2012

47.《城市综合交通体系规划标准》GB/T 51328 — 2018

48.《公园设计规范》GB 51192 — 2016

49.《城乡建设用地竖向规划规范》CJJ 83 — 2016

50.《城市道路绿化规划与设计规范》CJJ 75 — 97

51.《城市容貌标准》GB 50449 — 2008

本书编写所涉及的标准图集，时间截止到 2021 年 12 月，共 5 部。

1.《民用建筑设计统一标准》图示 20J813

2.《建筑设计防火规范》图示 13J811 — 1 改

3.《汽车库、修车库、停车场设计防火规范》图示 12J814

4.《中小学校设计规范》图示 11J934 — 1

5.《住宅设计规范》图示 13J815

绪　论

绪论

建筑设计规范亦称建筑设计标准规范，是指国家或有关部门对基本建设设计工作所规定的各项技术标准。它是各类工程设计的基本依据，是建筑设计标准化的重要组成部分，是工程建设技术管理中的一项重要基础工作。规范内容一般包括：应用范围及建筑分等要求；建筑总平面设计指标；不同用途的建筑设计指标和主要数据；保证使用的有关规定；安全卫生要求；主要技术经济指标等。

建筑设计规范按管理级别和使用范围，可分为国家、部门、省（市、自治区）和设计单位四级。

1. 国家编制各类建筑设计规范的目的

房屋建造活动是在一定的技术经济条件下创造出适宜的人工环境，实现人们对功能与精神的需求。建筑从建造、使用直至拆除，都会对经济、社会和环境造成影响。国家编制各类建筑设计规范的目的体现在"获得最佳秩序和社会效益"。最佳，是指在一定范围一定条件下获得的结果。秩序，是指有条理、不混乱，井然有序。社会效益包括经济效益和环境效益，是全局性综合的效益，使建筑符合适用、经济、绿色、美观的建筑方针，满足安全、卫生环保等基本要求。按可持续发展的原则，正确处理好"人、建筑、环境"三者的关系。

2. 我国建筑设计规范的分类和组成

我国与建筑设计有关的规范及政策文件大致可分为五类（本书引用的设计规范及对应的统一编号见附录一，文中不再逐一标出）：

1）通用类规范，各类建筑基本都能用到。例如：统一标准、面积计算、制图、技术措施与细则等方面。如：《民用建筑设计统一标准》《建筑工程建筑面积计算规范》《总图制图标准》等。

2）用途类规范，以建筑使用功能分类，依据建筑功能类型选择。例如：住宅、办公、电影院、旅馆、档案馆、图书馆等。如：《宿舍建筑设计规范》《图书馆建筑设计规范》《铁路旅客车站建筑设计规范》等。

3）专项类规范，对建筑某一性能或某一部品的规范。例如：防火、节能、隔声、防水、采光、无障碍、幕墙等。如：《建筑设计防火规范》《民用建筑隔声设计规范》《无障碍设计规范》等。

4）评价类标准，对建筑某一方面定量或定性评判的标准。例如：《绿色建筑评价标准》《住宅性能评价技术标准》《建筑隔声评价标准》。

5）政府部门相关规定与发文，例如：国家发展与改革委员会、住房和城乡建设部、公安部等部门发布的相关规定。

另外，这些规范和标准的内容还划分为：工程建设标准强制性条文和非强制性条文。

工程建设标准强制性条文的内容，是工程建设现行国家和行业标准中涉及人民生命财产安全、人身健康、环境保护和公共利益的条文，同时考虑了提高经济和社会效益等方面的要求。列入《工程建设标准强制性条文》的所有条文都必须严格执行。《工程建设标准强制性条文》也是参与建设活动各方执行标准和政府对执行情况实施监督的依据。

3. 建筑设计规范与图集的代号格式

建筑设计规范标准的编号由国家标准代号、发布标准顺序号和发布标准年号组成，并应当符合下列统一格式：

1）强制性国家标准的代号为：

GB	50＊＊＊	—	＊＊＊＊
强制性国家标准代号	发布标准顺序号		发布标准年号

例如：《民用建筑设计统一标准》GB 50352—2019

2）推荐性国家标准的代号为：

GB/T	50＊＊＊	—	＊＊＊＊
推荐性国家标准代号	发布标准顺序号		发布标准年号

例如：《绿色建筑评价标准》GB/T 50378—2019

3）住房和城乡建设部工程建设标准代号为：

JGJ	＊＊＊＊	—	＊＊＊＊
住房和城乡建设部工程建设标准代号	发布标准顺序号		发布标准年号

例如：《旅馆建筑设计规范》JGJ 62—2014

4）住房和城乡建设部城建建设标准代号为：

CJJ	＊＊＊＊	—	＊＊＊＊
住房和城乡建设部城建建设标准代号	发布标准顺序号		发布标准年号

例如：《城市用地竖向规划规范》CJJ 83—2016

5）建筑标准图集编号由批准年代号、专业代号、类别号、顺序号、分册号组成：

13	J	8	11	—	1
批准年代号	建筑专业代号	图集类别号	顺序号		分册号

例如：《建筑设计防火规范》图示 13J 811—1

4. 标准、规范、规程的区别与联系

在工程建设领域，标准、规范、规程是出现频率最多的，也是人们感到最难理解的三个基本术语。标准、规范、规程都是标准的一种表现形式，习惯上统称为标准，只有针对具体对象才加以区别。当针对产品、方法、符号、概念等基础标准时，一般会采用"标准"，如：《总图制图标准》《建筑工程设计信息模型制图标准》等；当针对工程勘察、规划、设计、施工等通用的技术事项做出规定时，一般采用："规范"，如：《建筑设计防火规范》《图书馆建筑设计规范》等；当针对操作、工艺、管理等专用技术要求时，一般会采用"规程"，如：《建筑玻璃应用技术规程》《建筑门窗工程检测技术规程》等。

5. 建筑设计规范的使用方法

进行建筑设计时，对规范的使用分为五个方面：

1) 设计必须符合通用类设计规范的要求，如《民用建筑设计统一标准》《建筑工程建筑面积计算规范》《总图制图标准》等。

2) 设计要符合用途类有关建筑类型设计规范的要求，如设计幼儿园时，必须符合《托儿所、幼儿园建筑设计规范》。

3) 设计必须符合专项类相应规范的要求，如《建筑设计防火规范》《汽车库、修车库、停车场设计防火规范》《建筑内部装修设计防火规范》《无障碍设计规范》等。

4) 设计的经济与技术指标必须符合评价类有关规范和标准的要求，如《公共建筑节能设计标准》《民用建筑隔声设计规范》《建筑隔声评价标准》《建筑照明设计标准》《建筑采光设计标准》等。

5) 建筑周边环境还要符合有关场地设计规范的要求，如《城市用地竖向规划规范》《城市道路设计规范》等。

另外，设计对《工程建设标准强制性条文》必须满足，设计对非强制性条文在有条件的情况下，应尽可能满足。

6. 本教材对规范的选用范围

据不完全统计，截至 2021 年底，与建筑设计有关的常用规范和标准大约有 130 种，本教材选用了其中与高校建筑设计课程有关的 5 类共 51 种。有关明细详见附录一。

7. 本教材的编写原则

1) 立足于配合高等教育职业教育建筑学学科专业高年级建筑设计课程教学，强化规范学习。

2) 立足于对规范整体概念的了解、对规范框架知识的了解和对规范技术控制原则的了解。

3) 立足于对规范中通用、共性内容的介绍，对于特殊类型建筑和需要查表或计算部分，只介绍主要内容和概念，略去了计算和查表的具体内容，以便于学生学习和掌握。

4）立足于提高学生的工程技术综合能力，对与设计有关的经济技术评价、节能设计、热工设计、隔声设计、设备规范等内容都进行了介绍。

5）对于用语言不能清晰表达的内容，辅以插图进行说明。

6）对选用各类规范内容进行重新分类归纳，组织成 7 个专题进行介绍。

按照以上编写原则，本教材以高等学校建筑学专业指导委员会规划推荐教材《公共建筑设计原理》的知识为背景，结合建筑设计规范的类型特点，分为 7 个专题，每个专题为 1 章，分别进行介绍。这 7 个专题为：总体环境、功能关系和交通空间、防火设计、技术经济、设备、安全、住宅设计。由于住宅作为大量性民用建筑，因此将住宅单独作为 1 个专题进行介绍。

编写教材目的是着力于培养综合技术基础扎实、眼界开阔、方案设计能力和工程技术能力发展均衡、对实际工作具有适应能力的未来建筑师。经过循序渐进的教学环节训练，使学生理解建筑学科的工程技术特征，熟悉实际建筑设计工作的全过程，在专业问题上的判断、选择、操作等综合能力和素质得到全面提升。

第1章 规范在总体环境方面的规定

建筑总是处在其特定的环境之中，建筑与环境相互制约相互影响。建筑设计人员运用构思创意与设计技巧创造美好的建筑，同时也在创造美好的环境。众所周知，追求美好环境是人的本性，而优美的环境面貌与内涵，则是反映国家、城市、乡镇风貌最突出和最鲜明的标志。要创造优美的环境，就要协调建筑与自然环境、建筑与人文环境的关系。

一个好的建筑设计，其室内外空间环境应该是相互联系、相互延伸、相互渗透、相互补充的关系，使之构成一个整体统一又和谐完整的空间体系。建筑创作，首先遇到的就是总体环境问题。总体环境问题包含建筑基地选择与总平面设计两部分工作。解决这一问题，应主要考虑影响总体环境的内在因素与外在因素两个方面。公共建筑本身的功能、经济及美观问题，基本上属于内在的因素；而城市规划、周围环境、地段状况等方面的要求，则常是外在的因素。要综合考虑内外因素，其重要性在于协调人、建筑与室外环境诸因素的关系，创造适度、美好的室外空间环境，满足人们的物质和精神需求。例如：建筑总平面设计工作中建筑的高度就应按规划要求限制高度；保护区范围内、视线景观走廊及风景区范围内的建筑，市、区中心的临街建筑物，航空港、电台、电信、微波通信、气象台、卫星地面站、军事要塞工程等周围的建筑物均应考虑高度限制。这样的规范要求就保证了这些设施的基本安全使用要求及特定区域范围内的整体景观协调要求。在实际设计工作中应当立足从全局出发，因地制宜地处理好建筑与室外环境方面的关系，在满足规范要求的前提下，力求创造出协调、美好的室外空间环境。

规范在总体环境方面的规定涉及的内容很多，在本章中将其归纳为六个方面：基地选址和总平面布置；场地竖向设计；道路、广场和停车空间；绿化、雕塑和小品；建筑高度、外观和群体组合；建设用地经济指标。

1.1 建筑基地选址和总平面布置

建筑基地是指根据用地性质和使用权属确定的建筑工程项目使用场地。建筑基地选址直接影响到建筑的安全条件和外部环境质量。规范对建筑基地的要求涉及城乡规划及城市设计对建筑基地选址、总平面设计和建筑基地与环境的关系方面的规定。

1. 建筑基地选址的一般规定

建筑基地应选择在地质环境条件安全，且可获得天然采光、自然通风等卫生条件的地段；建筑周围环境的空气、土壤、水体等不应构成对人体的危害。

建筑项目的用地性质、容积率、建筑密度、绿地率、建筑高度及其建基地的年径流总量控制率等控制指标，应符合所在地控制性详细规划的有关规定。

2. 建筑基地与外部环境的一般规定

1）建筑基地应与城市道路或镇区道路相邻接，否则应设置连接道路，并应符合下列规定：

（1）当建筑基地内建筑面积小于或等于3000m² 时，其连接道路的宽度不应小于4.0m；

（2）当建筑基地内建筑面积大于3000m²，且只有一条连接道路时，其宽度不应小于7.0m；当有两条或两条以上连接道路时，单条连接道路宽度不应小于4.0m。

2）建筑基地地面高程应符合下列规定：

（1）应依据详细规划确定的控制标高进行设计；

（2）应与相邻基地标高相协调，不得妨碍相邻基地的雨水排放；

（3）应兼顾场地雨水的收集与排放，有利于滞蓄雨水、减少径流外排，并应有利于超标雨水的自然排放。

3）建筑物与相邻建筑基地及其建筑物的关系应符合下列规定：

（1）建筑基地内建筑物的布局应符合控制性详细规划对建筑控制线的规定；

（2）建筑物与相邻建筑基地之间应按建筑防火等国家现行相关标准留出空地或道路；

（3）当相邻基地的建筑物毗邻建造时，应符合现行国家标准《建筑设计防火规范》的有关规定；

（4）新建建筑物或构筑物应满足周边建筑物的日照标准；

（5）紧贴建筑基地边界建造的建筑物不得向相邻建筑基地方向开设洞口、门、废气排除口及雨水排泄口。

4）建筑基地机动车出入口位置，应符合所在地控制性详细规划，并应符合下列规定（图1-1-1）：

（1）中等城市、大城市的主干路交叉口，自道路红线交叉点起沿线70.0m范围内不应设置机动车出入口。

（2）距人行横道、人行天桥、人行地道（包括引道、引桥）的最近边缘线不应小于5.0m。

（3）距地铁出入口、公共交通站台边缘不应小于15.0m。

（4）距公园、学校及有儿童、老年人、残疾人使用建筑的出入口最近边缘不应小于20.0m。

5）大型、特大型交通、文化、体育、娱乐、商业等人员密集的建筑基地应符合下列规定：

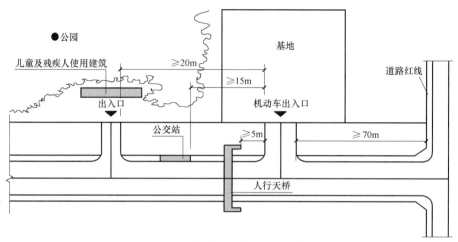

图 1-1-1　基地机动车出入口示意图

（1）建筑基地与城市道路邻接的总长度不应小于建筑基地周长的 1/6。

（2）建筑基地的出入口不应少于 2 个，且不宜设置在同一条城市道路上。

（3）建筑物主要出入口前应设置人员集散场地，其面积和长宽尺寸应根据使用性质和人数确定。

（4）当建筑基地设置绿化、停车或其他构筑物时，不应对人员集散造成障碍。

3. 总平面布置的一般规定

1）总平面布置应与基地所处自然环境相结合，人文环境相协调；控制对自然和生态环境的不利影响，防止对周边环境的侵害。

2）总平面布置应总体布局合理、功能分区明确、各区联系方便、互不干扰，并宜留有发展用地。

3）建筑布局应使建筑基地内的人流、车流与物流合理分流，防止干扰，并应有利于消防、停车、人员集散以及无障碍设施的设置。

4）建筑布局应根据地域气候特征，防止和抵御寒冷、暑热、疾风、暴雨、积雪和沙尘等灾害侵袭，并应利用自然气流组织好通风，防止不良小气候产生。

5）建筑间距应符合现行国家标准《建筑设计防火规范》的规定及当地城市规划要求；建筑用房符合天然采光的规定，有日照要求的建筑和场地应符合国家相关日照标准的规定。

6）根据噪声源的位置、方向和强度，应在建筑功能分区、道路布置、建筑朝向、距离以及地形、绿化和建筑物的屏障作用等方面采取综合措施，防止或降低环境噪声。

7）建筑物与各种污染源的卫生距离，应符合国家现行有关卫生标准的规定。

8）建筑布局应按国家及地方的相关规定对文物古迹和古树名木进行保护，避免损毁破坏。

根据不同类型建筑的使用特点，规范对基地选址和总平面设计有相应的规定。

1.1.1 托儿所、幼儿园、中小学校建筑基地选址和总平面设计

1.1.1.1 基地选址

托儿所、幼儿园建设基地的选择应符合当地总体规划和国家现行有关标准的要求。基地应建设在日照充足、交通方便、场地平整、干燥、排水通畅、环境优美、基础设施完善的地段；不应置于易发生自然地质灾害的地段；与易发生危险的建筑物、仓库、储罐、可燃物品和材料堆场等之间的距离应符合国家现行有关标准的规定；不应与大型公共娱乐场所、商场、批发市场等人流密集的场所相毗邻；应远离各种污染源，并应符合国家现行有关卫生、防护标准的要求；园内不应有高压输电线、燃气、输油管道主干道等穿过。托儿所、幼儿园的服务半径宜为300m。

中小学校应建设在阳光充足、空气流动、场地干燥、排水通畅、地势较高的宜建地段。严禁建设在地震、地质塌裂、暗河、洪涝等自然灾害及人为风险高的地段和污染超标的地段。中小学校建设应远离殡仪馆、医院的太平间、传染病院等建筑。与易燃易爆场所间的距离应符合现行国家标准《建筑设计防火规范》的有关规定。校园及校内建筑与污染源的距离应符合对各类污染源实施控制的国家现行有关标准的规定。学校周边应有良好的交通条件，有条件时宜设置临时停车场地。学校的规划布局应与生源分布及周边交通相协调。与学校毗邻的城市主干道应设置适当的安全设施，以保障学生安全跨越。学校周界外25m范围内已有邻里建筑处的噪声级不应超过现行国家标准《民用建筑隔声设计规范》有关规定的限值。高压电线、长输天然气管道、输油管道严禁穿越或跨越学校校园；当在学校周边敷设时，安全防护距离及防护措施应符合相关规定。城镇完全小学的服务半径宜为500m，城镇初级中学的服务半径宜为1000m。

1.1.1.2 总平面布置

1. 托儿所、幼儿园的总平面设计创造符合幼儿生理、心理特点的环境空间。四个班及以上的托儿所、幼儿园建筑应独立设置。三个班及以下时，可与居住、养老、教育、办公建筑合建。合建的既有建筑应符合抗震、防火等安全方面的规定；应设独立的疏散楼梯和安全出口；出入口处应设置人员安全集散和车辆停靠的空间；应设独立的室外活动场地，场地周围应采取隔离措施；建筑出入口及室外活动场地范围内应采取防止物体坠落措施。

托儿所、幼儿园的活动室、寝室及具有相同功能的区域，应布置在当地最好朝向。夏热冬冷、夏热冬暖地区的幼儿生活用房不宜朝西向；当不可避免时，应采取遮阳措施。

幼儿园每班应设专用室外活动场地，人均面积不应小于 $2m^2$。各班活动场地之间宜采取分隔措施。应设全园共用活动场地，人均面积不应小于 $2m^2$。托儿所室外活动场地人均面积不应小于 $3m^2$。城市人口密集地区改、扩建的托儿所，设置室外活动场地确有困难时，室外活动场地人均面积不应小于 $2m^2$。室外活动场地地面应平整、防滑、无障碍、无尖锐突出物，并宜采用软质地坪。共用活动场地应设置游戏器具、沙坑、30m 跑道等，宜设戏水池，储水深度不应超过 0.30m。游戏器具下地面及周围应设软质铺装。宜设洗手池、洗脚池。室外活动场地应有 1/2 以上的面积在标准建筑日照阴影线之外。

托儿所、幼儿园场地内绿地率不应小于 30%，宜设置集中绿化用地。绿地内不应种植有毒、带刺、有飞絮、病虫害多、有刺激性的植物。

托儿所、幼儿园出入口不应直接设置在城市干道一侧；其出入口应设置供车辆和人员停留的场地，且不应影响城市道路交通。托儿所、幼儿园在供应区内宜设杂物院，并应与其他部分相隔离。杂物院应有单独的对外出入口。托儿所、幼儿园基地周围应设围护设施，围护设施应安全、美观，并应防止幼儿穿过和攀爬。在出入口处应设大门和警卫室，警卫室对外应有良好的视野（图 1-1-2）。

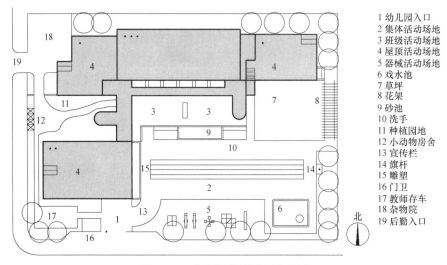

1 幼儿园入口
2 集体活动场地
3 班级活动场地
4 屋顶活动场地
5 器械活动场地
6 戏水池
7 草坪
8 花架
9 砂池
10 洗手
11 种植园地
12 小动物房舍
13 宣传栏
14 旗杆
15 雕塑
16 门卫
17 教师存车
18 杂物院
19 后勤入口

图 1-1-2 幼儿园总平面布置示例

2. 中小学校应在校园的显要位置设置国旗升旗场地。总平面设计应根据学校所在地的冬夏主导风向合理布置建筑物及构筑物，有效组织校园气流，实现低能耗通风换气。学校主要教学用房设置窗户的外墙与铁路路轨的距离不应小于 300m，与高速路、地上轨道交通线或城市主干道的距离不应小于 80m。当距离不足时，应采取有效的隔声措施（图 1-1-3）。各类小学的主要教学用房不应设在四层以上，各类中学的主要教学用房不应设在五层以上。普通教室冬至日满窗日照不应少于 2h。中小学校至少应有 1 间科学教室或生物实验室的室内能在冬季获得直射阳光。各类教室的外窗与相对的教学用房或室外运动场地边缘间的距离不应小于 25m。

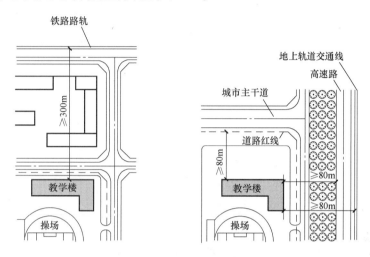

图 1-1-3　学校主要教学防噪间距

中小学校各类运动场地应平整，在其周边的同一高程上应有相应的安全防护空间。室外田径场及足球、篮球、排球等各种球类场地的长轴宜南北向布置。长轴南偏东宜小于 20°，南偏西宜小于 10°。相邻布置的各体育场地间应预留安全分隔设施的安装条件（图 1-1-4）。

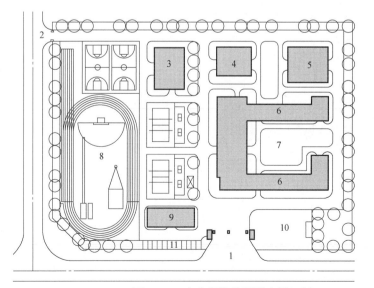

1 学校主入口
2 学校次入口
3 风雨操场
4 报告厅
5 食堂
6 教学楼
7 集中绿地
8 田径场地
9 办公楼
10 升旗广场
11 停车场

图 1-1-4　中小学校总平面布置示例

1.1.2　文化馆、图书馆、档案馆基地选址和总平面设计

1.1.2.1　基地选址

文化馆、图书馆、档案馆馆址的选择应符合城市总体规划和文化建筑的布点要求，位置适中、交通便利、便于群众文化活动的地区，工程地质及水文地质条件较有利的地段。

1. 新建文化馆宜有独立的建筑基地，当与其他建筑合建时，应满足使用功能的要求，且自成一区，并应设置独立的出入口。基地环境应适宜，并宜结合城镇广场、公园绿地等公共活动空间综合布置；与各种污染源及易燃易爆场所的控制距离应符合国家现行有关标准的规定。

2. 图书馆基地应环境安静，与易燃易爆、噪声和散发有害气体、强电磁波干扰等污染源之间的距离，应符合国家现行有关安全、消防、卫生、环境保护等标准的规定。

3. 档案馆基地宜远离洪水、山体滑坡等自然灾害易发生的地段；应选择地势较高、场地干燥、排水通畅、空气流通和环境安静的地段。远离易燃、易爆场所和污染源；选择城市公用设施较完备的地段。

1.1.2.2　总平面布置

1. 文化馆建筑的总平面功能分区应明确，群众活动区宜靠近主出入口或布置在便于人流集散的部位；人流和车辆交通路线应合理，道路布置应便于道具、展品的运输和装卸；基地至少应设有两个出入口，且当主要出入口紧邻城市交通干道时，应符合城乡规划的要求并应留出疏散缓冲距离（图1-1-5）。

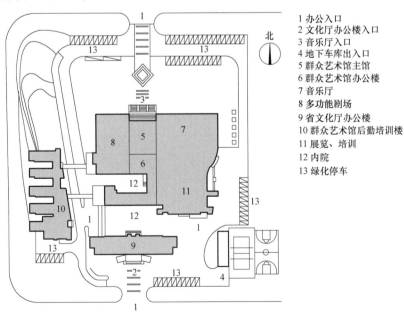

1 办公入口
2 文化厅办公楼入口
3 音乐厅入口
4 地下车库出入口
5 群众艺术馆主馆
6 群众艺术馆办公楼
7 音乐厅
8 多功能剧场
9 省文化厅办公楼
10 群众艺术馆后勤培训楼
11 展览、培训
12 内院
13 绿化停车

图1-1-5　湖南省群众艺术馆总平面图

总平面应划分静态功能区和动态功能区，且互不干扰。静态功能区与动态功能区宜分别设置出入口。文化馆应设置室外活动场地，位于动态功能区一侧，并应场地规整、交通方便、朝向较好；应预留布置活动舞台的位置，并应为活动舞台及其设施设备预留必要的条件。

文化馆的庭院设计，应结合地形、地貌、场区布置及建筑功能分区的关系，布置室外休息活动场所、绿化及环境景观等，并宜在人流集中的路边设置宣传栏、画廊、报刊橱窗等宣传设施。基地内应设置机动车及非机动车停车场（库），且停车数量应符合规定。停车场地不得占用室外活动场地。

当文化馆基地距医院、学校、幼儿园、住宅等建筑较近时，室外活动场地及建筑内噪声较大的功能用房应布置在医院、学校、幼儿园、住宅等建筑的远端，并应采取防干扰措施。

2. 图书馆建筑的交通组织应做到人、书、车分流，道路布置应便于读者、工作人员进出及安全疏散，便于图书运送和装卸。当图书馆设有少年儿童阅览区时，少年儿童阅览区宜设置单独的对外出入口和室外活动场地（图1-1-6）。

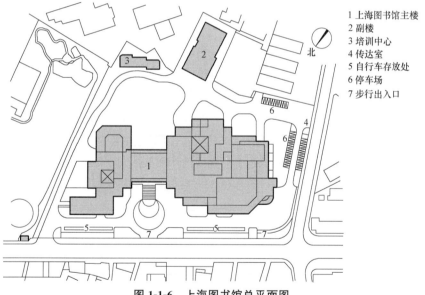

图 1-1-6　上海图书馆总平面图

1 上海图书馆主楼
2 副楼
3 培训中心
4 传达室
5 自行车存放处
6 停车场
7 步行出入口

除当地规划部门有专门的规定外，新建公共图书馆的建筑密度不宜大于40%。除当地有统筹建设的停车场或停车库外，图书馆建筑基地内应设置供读者和工作人员使用的机动车停车库或停车场地以及非机动车停放场地。图书馆基地内的绿地率应满足当地规划部门的要求，并不宜小于30%。

3. 档案馆总平面布置宜根据近远期建设计划的要求，进行一次规划、建设或分期建设；场地、道路、停车场和绿化用地等室外用地应统筹安排；基地内道路应与城市道路或公路连接，并应符合消防安全要求；基地内建筑及

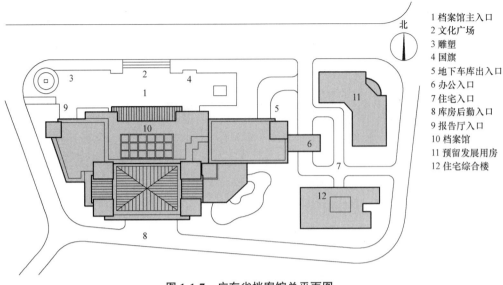

1 档案馆主入口
2 文化广场
3 雕塑
4 国旗
5 地下车库出入口
6 办公入口
7 住宅入口
8 库房后勤入口
9 报告厅入口
10 档案馆
11 预留发展用房
12 住宅综合楼

图 1-1-7　广东省档案馆总平面图

道路应符合《城市道路和建筑物无障碍设计规范》的规定（图 1-1-7）。

1.1.3　博物馆建筑基地选址和总平面设计

1.1.3.1　基地选址

博物馆基地选择应符合城市规划和文化设施布局的要求；基地的自然条件、街区环境、人文环境应与博物馆的类型及其收藏、教育、研究的功能特征相适应；基地面积应满足博物馆的功能要求，并宜有适当发展余地。基地周边应交通便利、公用配套设施比较完备；应场地干燥、排水通畅、通风良好；与易燃易爆场所、噪声源、污染源的距离，应符合国家现行有关安全、卫生、环境保护标准的规定。

博物馆建筑基地不应选择在下列地段：易因自然或人为原因引起沉降、地震、滑坡或洪涝的地段；空气或土地已被或可能被严重污染的地段；有吸引啮齿动物、昆虫或其他有害动物的场所或建筑附近。

博物馆建筑宜独立建造。当与其他类型建筑合建时，博物馆建筑应自成一区。

在历史建筑、保护建筑、历史遗址上或其近旁新建、扩建或改建博物馆建筑，应遵守文物管理和城市规划管理的有关法律和规定。

1.1.3.2　总平面设计

博物馆建筑的总体布局应便利观众使用、确保藏品安全、利于运营管理。

博物馆建筑的总平面设计应符合下列规定：新建博物馆建筑的建筑密度不应超过 40%。基地出入口的数量应根据建筑规模和使用需要确定，且观众出入口应与藏品、展品进出口分开设置。人流、车流、物流组织应合理；藏品、展品的运输线路和装卸场地应安全、隐蔽，且不应受观众活动的干扰。观众出入口广场应设有供观众集散的空地，空地面积应按高峰时段建筑内向该出入口疏散的观众量的 1.2 倍计算确定，且不应少于 0.4m²/人。特大型馆、大型馆建筑的观众主入口到城市道路出入口的距离不宜小于 20m，主入口广场宜设置供观众避雨遮阴的设施。建筑与相邻基地之间应按防火、安全要求留出空地和道路，藏品保存场所的建筑物宜设环形消防车道。对噪声不敏感的建筑、建筑部位或附属用房等宜布置在靠近噪声源的一侧。

博物馆建筑的露天展场应与室内公共空间和流线组织统筹安排；应满足展品运输、安装、展览、维修、更换等要求；大型展场宜设置问询、厕所、休息廊等服务设施。

博物馆建筑基地内设置的停车位数量，应按其总建筑面积的规定计算确定（图 1-1-8）。

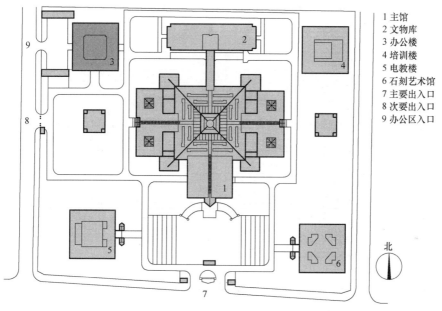

1 主馆
2 文物库
3 办公楼
4 培训楼
5 电教楼
6 石刻艺术馆
7 主要出入口
8 次要出入口
9 办公区入口

北

图 1-1-8 河南省博物馆总平面图

1.1.4 电影院、剧场建筑基地选址和总平面设计

1.1.4.1 基地选址

电影院、剧场基地选择应符合城镇规划要求，合理布点。基地宜选择交通方便的中心区和居住区，并远离工业污染源和噪声源；至少应有一面直接临接城市道路。基地沿城市道路方向的长度应按建筑规模和疏散人数确定，并不应小于基地周长的 1/6；基地应有两个或两个以上不同方向通向城市道路的出口。基地和主要出入口，不应和快速道路直接连接，也不应直对城镇主要干道的交叉口。

1. 电影院与基地临接的城市道路的宽度不宜小于电影院安全出口宽度总和，且与小型电影院连接的道路宽度不宜小于 8m，与中型电影院连接的道路宽度不宜小于 12m，与大型电影院连接的道路宽度不宜小于 20m，与特大型电影院连接的道路宽度不宜小于 25m；电影院主要出入口前应设有供人员集散用的空地或广场，其面积指标不应小于 0.2m²/座，且大型及特大型电影院的集散空地深度不应小于 10m；特大型电影院集散空地宜分散设置。基地的机动车出入口设置应符合《民用建筑设计统一标准》中的有关规定。

2. 剧场基地应至少有一面临接城镇道路，或直接通向城市道路的空地。临接的城市道路可通行宽度不应小于剧场安全出口宽度的总和，并应符合下列规定：800 座及以下，不应小于 8m；801～1200 座，不应小于 12m；1201座以上，不应小于 15m。

剧场主要入口前的空地应符合下列规定：剧场建筑从红线退后距离应符合城镇规划要求，并按不小于 0.20m²/座留出集散空地；当剧场前的集散空地不能满足规定，或剧场前面疏散口的宽度不能满足计算要求时，应在剧场后面或侧面另辟疏散口，并应设有与其疏散容量相适应的疏散通路或空地。剧场建筑后面及侧面临接道路可视为疏散通路，但其宽度不得小于 3.50m。剧场基地临接两条道路或位于交叉路口时，应满足车行视距要求，且主要入口及疏散口的位置应符合城市交通规划要求。剧场基地应设置停车场，或由城镇规划统一设置。

1.1.4.2 总平面设计

1. 电影院基地内应为消防提供良好道路和工作场地，并应设置照明。内部道路可兼作消防车道，其净宽不应小于 4m，当穿越建筑物时，净高不应小于 4m。

新建、扩建电影院的基地内宜设置停车场，停车场的出入口应与道路连接方便；贵宾和工作人员的专用停车场宜设置在基地内；贴邻观众厅的停车场（库）产生的噪声应采取适当的措施进行处理，防止对观众厅产生影响；停车场布置不应影响集散空地或广场的使用，并不宜设置围墙、大门等障碍物。

场地应进行无障碍设计，并应符合国家现行行业标准《无障碍设计规范》中的有关规定（图 1-1-9）。

综合建筑内设置的电影院，应符合下列规定：楼层的选择应符合现行国家标准《建筑设计防火规范》中的相关规定；不宜建在住宅楼、仓库、古建筑等建筑内。综合建筑内设置的电影院应设置在独立的竖向交通附近，并应有人员集散空间；应有单独出入口通向室外，并应设置明显标示。

2. 剧场总平面布景运输车辆应能直接到达景物出入口。应考虑安检设施

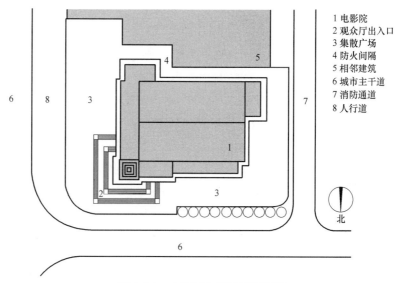

右侧图例：
1 电影院
2 观众厅出入口
3 集散广场
4 防火间隔
5 相邻建筑
6 城市主干道
7 消防通道
8 人行道

图 1-1-9 太原某电影院总平面图

布置需求。基地内的设备用房不应对观众厅、舞台及其周围环境产生噪声、振动干扰（图 1-1-10）。

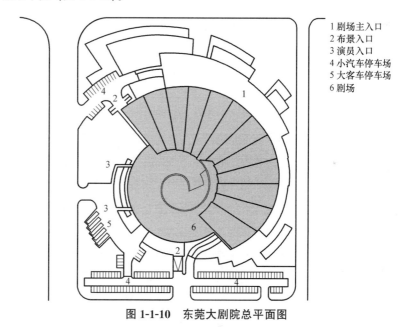

右侧图例：
1 剧场主入口
2 布景入口
3 演员入口
4 小汽车停车场
5 大客车停车场
6 剧场

图 1-1-10 东莞大剧院总平面图

新建、扩建剧场基地内应设置停车场（库），且停车场（库）的出入口应与道路连接方便，停车位的数量应满足当地规划的要求。总平面道路设计应满足消防车及货运车的通行要求，其净宽不应小于 4.00m，穿越建筑物时净高不应小于 4.00m。

对于综合建筑内设置的剧场，宜设置通往室外的单独出入口，应设置人员集散空间，并应设置相应的标识。

1.1.5　体育建筑的基地选址和总平面设计

1.1.5.1　基地选址

建筑基地的选择，应符合城镇当地总体规划和体育设施的布局要求，讲求使用效益、经济效益、社会效益和环境效益。

适合开展运动项目的特点和使用要求，交通方便。根据体育设施规模大小，基地至少应分别有一面或两面临接城市道路。该道路应有足够的通行宽度，以保证疏散和交通。便于利用城市已有基础设施。环境较好，与污染源、高压线路、易燃易爆物品场所之间的距离达到有关防护规定，防止洪涝、滑坡等自然灾害，并注意体育设施使用时对周围环境的影响。

1.1.5.2　总平面设计

全面规划远近期建设项目，一次规划、逐步实施，并为可能的改建和发展留有余地。

建筑布局合理，功能分区明确，交通组织顺畅，管理维修方便，并满足当地规划部门的相关规定和指标（图 1-1-11）。满足各运动项目的朝向、光线、风向、风速、安全、防护等要求。注重环境设计，充分保护和利用自然地形和天然资源（如水面、林木等），考虑地形和地质情况，减少建设投资。

总出入口布置应明显，不宜少于两处，并以不同方向通向城市道路。观众出入口的有效宽度不宜小于 0.15m/百人的室外安全疏散指标。观众疏散道路应避免集中人流与机动车流相互干扰，其宽度不宜小于室外安全疏散指标；道路应满足通行消防车的要求，净宽度不应小于 3.5m，上空有障碍物或穿越建筑物时净高不应小于 4m。体育建筑周围消防车道应环通。当因各种原因消防车不能按规定靠近建筑物时，应采取下列措施之一满足对火灾扑救的需要：消防车在平台下部空间靠近建筑主体；消防车直接开入建筑内部；消防车到达平台上部以接近建筑主体；平台上部设消火栓。

观众出入口处应留有疏散通道和集散场地，场地不得小于 0.2m²/人，可充分利用道路、空地、屋顶、平台等。

停车场设计应符合下列要求：基地内应设置各种车辆的停车场，停车场出入口应与道路连接方便。如因条件限制，停车场也可在邻近基地的地区，由当地市政部门统一设置。但部分专用停车场（贵宾、运动员、工作人员等）宜设在基地内。承担正规或国际比赛的体育设施，在设施附近应设有电视转播车的停放位置。

基地的环境设计应根据当地有关绿化指标和规定进行，并综合布置绿化、花坛、喷泉、坐凳、雕塑和小品建筑等各种景观内容。绿化与建筑物、构筑物、道路和管线之间的距离，应符合有关规定。

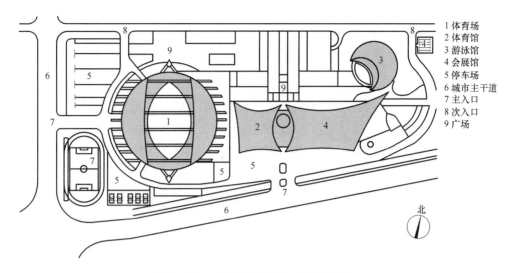

1 体育场	
2 体育馆	
3 游泳馆	
4 会展馆	
5 停车场	
6 城市主干道	
7 主入口	
8 次入口	
9 广场	

北

图 1-1-11 南通体育会展中心总平面图

1.1.6 办公建筑的基地选址和总平面设计

1.1.6.1 基地选址

办公建筑基地的选择，应符合当地总体规划的要求。办公建筑基地宜选在工程地质和水文地质有利、市政设施完善且交通和通信方便的地段。办公建筑基地与易燃易爆物品场所和产生噪声、尘烟、散发有害气体等污染源的距离，应符合安全、卫生和环境保护有关标准的规定。

A 类办公建筑应至少有两面直接邻接城市道路或公路；B 类办公建筑应至少有一面直接邻接城市道路或公路，或与城市道路或公路有相连接的通路；C 类办公建筑宜有一面直接邻接城市道路或公路。

大型办公建筑群应在基地中设置人员集散空地，作为紧急避难疏散场地。

1.1.6.2 总平面设计

总平面布置应遵循功能组织合理、建筑组合紧凑、服务资源共享的原则，科学合理组织和利用地上、地下空间，并宜留有发展余地。基地内各种交通流线，妥善布置地上和地下建筑的出入口。锅炉房、厨房等后勤用房的燃料、货物及垃圾等物品的运输宜设有单独通道和出入口（图 1-1-12）。

当办公建筑与其他建筑共建在同一基地内或与其他建筑合建时，应满足办公建筑的使用功能和环境要求，分区明确，并宜设置单独出入口。

总平面应进行环境和绿化设计，合理设置绿化用地，合理选择绿化方式。宜设置屋顶绿化与室内绿化，营造舒适环境。绿化与建筑物、构筑物、道路和管线之间的距离，应符合有关标准的规定。

基地内应合理设置机动车和非机动车停放场地（库）。机动车和非机动车泊位配置应符合国家相关规定；当无相关要求时，机动车配置泊位不得少于

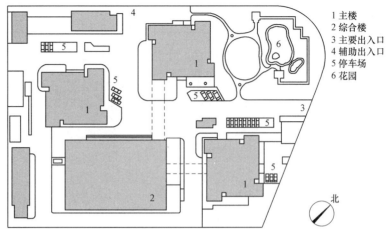

图 1-1-12　上海市大八字办公楼总平面图

1 主楼
2 综合楼
3 主要出入口
4 辅助出入口
5 停车场
6 花园

北

0.60 辆/100m²，非机动车配置泊位不得少于 1.2 辆/100m²。

1.1.7 综合医院与传染病医院的基地选址和总平面设计

1.1.7.1 基地选址

综合医院、新建传染病医院选址应符合当地城镇规划、区域卫生规划和环保评估要求。基地应选择交通方便，并便于利用城市基础设施；环境应安静，远离污染源。

1. 综合医院基地宜面临 2 条城市道路；地形宜力求规整，适宜医院功能布局；远离易燃、易爆物品的生产和储存区，并应远离高压线路及其设施；不应临近少年儿童活动密集场所；不应污染、影响城市的其他区域。

2. 新建传染病医院用地宜选择地形规整、地质构造稳定、地势较高且不受洪水威胁的地段；不宜设置在人口密集的居住与活动区域；应远离易燃、易爆产品生产、储存区域及存在卫生污染风险的生产加工区域。

新建传染病医院选址，以及现有传染病医院改建和扩建及传染病区建设时，医疗用建筑物与院外周边建筑应设置大于或等于 20m 绿化隔离卫生间距。

1.1.7.2 总平面设计

1. 综合医院总平面设计合理进行功能分区，洁污、医患、人车等流线组织清晰，并应避免院内感染风险；建筑布局紧凑，交通便捷，并应方便管理、减少能耗；应保证住院、手术、功能检查和教学科研等用房的环境安静；病房宜能获得良好朝向；宜留有可发展或改建、扩建的用地；应有完整的绿化规划；对废物的处理做出妥善的安排，并应符合有关环境保护法令、法规的规定（图 1-1-13）。

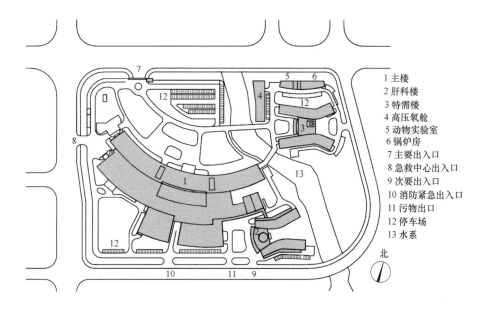

图 1-1-13　上海中医药大学附属曙光医院总平面图

1 主楼
2 肝科楼
3 特需楼
4 高压氧舱
5 动物实验室
6 锅炉房
7 主要出入口
8 急救中心出入口
9 次要出入口
10 消防紧急出入口
11 污物出口
12 停车场
13 水系

北

医院出入口不应少于 2 处，人员出入口不应兼作尸体或废弃物出入口。在门诊、急诊和住院用房等入口附近应设车辆停放场地。太平间、病理解剖室应设于医院隐藏处。需设焚烧炉时，应避免风向影响，并应与主体建筑隔离。尸体运送路线应避免与出入院路线交叉。

环境设计应充分利用地形、防护间距和其他空地布置绿化景观，并应有供患者康复活动的专用绿地；应对绿化、景观、建筑内外空间、环境和室内外标识导向系统等做综合性设计；在儿科用房及入口附近，宜采取符合儿童生理和心理特点的环境设计。病房建筑的前后间距应满足日照和卫生间距的要求，且不宜小于 12m。

在医院用地内不得建职工住宅。医疗用地与职工住宅用地毗连时，应分隔，并应另设出入口。

2. 传染病医院总平面设计应合理进行功能分区，洁污、医患、人车等流线组织应清晰，并应避免院内感染；主要建筑物应有良好朝向，建筑物间距应满足卫生、日照、采光、通风、消防等要求；宜留有可发展或改建、扩建用地；有完整的绿化规划；对废弃物妥善处理，并应符合国家现行有关环境保护的规定。

院区出入口不应少于两处。车辆停放场地应按规划与交通部门要求设置。绿化规划应结合用地条件进行。对涉及污染环境的医疗废弃物及污废水，应采取环境安全保护措施。医院出入口附近应布置救护车冲洗消毒场地（图 1-1-14）。

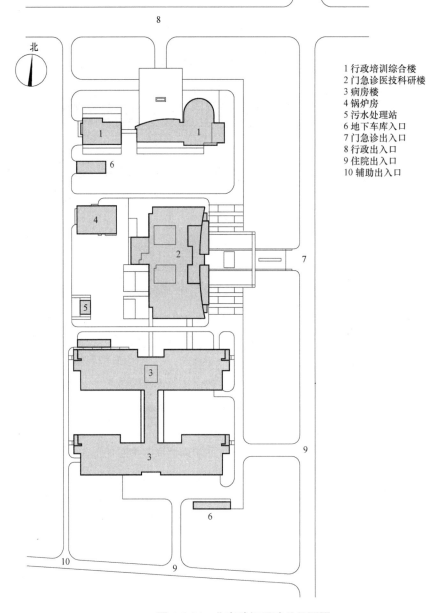

图 1-1-14　北京地坛医院总平面图

图例：
1 行政培训综合楼
2 门急诊医技科研楼
3 病房楼
4 锅炉房
5 污水处理站
6 地下车库入口
7 门急诊出入口
8 行政出入口
9 住院出入口
10 辅助出入口

1.1.8　疗养院的基地选址和总平面设计

1.1.8.1　基地选址

疗养院选址应遵守国家有关风景名胜区、旅游度假区或森林公园等地区管理的法律法规，符合当地城乡总体规划及疗养区综合规划的要求。选址应充分考虑环境和生态保护、水土保持要求，场地内应无空气、土壤和水质污染隐患，并应在建筑全寿命期内对自然环境无不良影响。

基地应选择在交通方便、环境幽静、日光充足、通风良好、便于种植造园之处，并应具有所需能源的供给条件和市政配套设施。基地应有利于总平面布置中的功能分区、主要出入口和供应入口的设置，以及庭院绿化、室外活动场地的合理安排。天然气管道、高压线路、输油管道不得穿越或跨越疗养院区。

1.1.8.2 总平面设计

疗养院用地应包括建筑用地、绿化用地、道路广场用地、室外活动场地及预留的发展用地。建筑用地可包括疗养用房、理疗用房、医技门诊用房、公共活动用房、管理及后勤保障用房的用地，不包括职工住宅用地；绿化用地可包括集中绿地、零星绿地及水面；各种绿地内的步行甬路应计入绿化用地面积内；未铺栽植被或铺栽植被不达标的室外活动场地不应计入绿化用地；道路广场用地可包括道路、广场及停车场用地；用地面积计量范围应界定至路面或广场停车场的外缘，且停车场用地面积不应低于当地有关主管部门的规定；室外活动用地可包括供疗养员体疗健身和休闲娱乐的室外活动场地（图 1-1-15）。

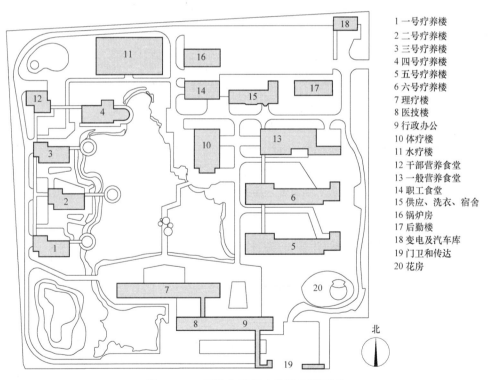

| 1 一号疗养楼 |
| 2 二号疗养楼 |
| 3 三号疗养楼 |
| 4 四号疗养楼 |
| 5 五号疗养楼 |
| 6 六号疗养楼 |
| 7 理疗楼 |
| 8 医技楼 |
| 9 行政办公 |
| 10 体疗楼 |
| 11 水疗楼 |
| 12 干部营养食堂 |
| 13 一般营养食堂 |
| 14 职工食堂 |
| 15 供应、洗衣、宿舍 |
| 16 锅炉房 |
| 17 后勤楼 |
| 18 变电及汽车库 |
| 19 门卫和传达 |
| 20 花房 |

北

图 1-1-15 天津市干部疗养院总平面图

总平面设计应充分利用地下空间，提高土地利用率。宜遵循人文、生态、功能原则。应根据自然疗养因子，合理进行功能分区，人车流线组织清晰，洁污分流，避免院内感染风险；应处理好各功能建筑的关系，疗养、理疗、餐饮及公共活动用房宜集中设置，若分开设置时，宜采用通廊连接，避免产生噪声或废气的设备用房对疗养室等主要用房的干扰；疗养室应能获得良好的朝向、日照，建筑间距不宜小于 12m；疗养、理疗和医技门诊用房建筑的主要出入口应明显、易达，并设有机动车停靠的平台，平台上方应设置雨棚；疗养院基地的主要出入口不宜少于 2 个，其设备用房、厨房等后勤保障用房的燃料、货物及垃圾、医疗废弃物等物品的运输应设有单独出入口，对医疗废弃物的处理应符合环境保护法律、法规及医疗垃圾处理的相关规定；应合理安排各种管线，做好管线综合，且应便于维护和检修。

应充分利用场地原有资源，如地形地貌、生态植被、自然水体等进行景观设计。

道路系统设计应满足通行运输、消防疏散的要求。宜实行人车分流，院内车行道应采取减速慢行措施；机动车道路应保证救护车直通所需停靠建筑物的出入口；宜设置完善的人行和非机动车行驶的慢行道，且与室外导向标识、无障碍及绿化景观、活动场地相结合，路面应平整、防滑。

建筑的外部环境组织及细部处理应做到无障碍化，并应符合现行国家标准《无障碍设计规范》的规定。室外公共设施应适合轮椅通行者、盲人、行走不便的残疾人或老人等不同使用者的需求。

室外活动用地应结合场地条件和使用要求设置。活动场地宜选择在向阳避风处，硬质铺地宜采用透水铺装材料，表面应平整防滑，排水通畅；活动场地应与慢行道相连接，保证无障碍设施的连续性；用于体疗健身的活动场地宜设置小型健身运动器材；供休闲娱乐的活动场地应设置一定数量的休息座椅及环境小品；室外活动场地附近宜设置卫生间，其具体设置要求应符合现行行业标准《城市公共厕所设计标准》的有关规定。

疗养院应设置停车场或停车库，并应在疗养、理疗、医技门诊及办公用房等建筑主要出入口处预留车辆停放空间；宜设置充电桩。

1.1.9 旅馆建筑的基地选址和总平面设计

1.1.9.1 基地选址

旅馆建筑的选址应符合当地城乡总体规划的要求，并应结合城乡经济、文化、自然环境及产业要求进行布局。旅馆建筑基地应选择工程地质及水文地质条件有利、排水通畅、有日照条件且采光通风较好、环境良好的地段，并应避开可能发生地址灾害的地段；不应在有气体和烟尘影响的区域内，且应远离污染源和储存易燃、易爆物的场所；宜选择交通便利、附近的公共服务和基础设施较完备的地段。在历史文化名城、历史文化保护区、风景名胜地区及重点文物保护单位附近，旅馆建筑的选址及建筑布局，应符合国家和地方有关保护规划要求。

旅馆建筑的基地应至少有一面直接临接城市道路或公路，或应设道路与城市道路或公路相连接。位于特殊地理环境中的旅馆建筑，应设置水路或航路等其他交通方式。当旅馆建筑设有 200 间（套）以上客房时，其基地的出入口不宜少于 2 个，出入口的位置应符合城乡交通规划的要求。旅馆建筑基地宜具有相应的市政配套条件。旅馆建筑基地用地大小应符合国家和地方政府的相关规定，应能与旅馆建筑的类型、客房间数及相关活动需求相匹配。

1.1.9.2 总平面设计

旅馆建筑总平面应根据当地气候条件、地理特征等进行布置。建筑布局应有利于冬季日照和避风，夏季减少得热和充分利用自热通风。应对旅馆建筑的使用和各种设备使用过程中可能产生的噪声和废气采取措施，不得对旅馆建筑的公共部分、客房部分等和邻近建筑产生不良影响（图 1-1-16）。

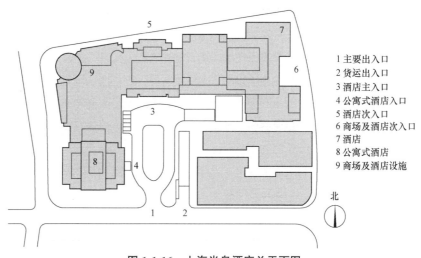

1 主要出入口
2 货运出入口
3 酒店主入口
4 公寓式酒店入口
5 酒店次入口
6 商场及酒店次入口
7 酒店
8 公寓式酒店
9 商场及酒店设施

图 1-1-16　上海半岛酒店总平面图

旅馆建筑的交通应合理组织，保证流线清晰，避免人流、货流、车流相互干扰，并应满足消防疏散要求。应合理布置设备用房、附属设施和地下建筑的出入口。锅炉房、厨房等后勤用房的燃料、货物及垃圾等物品的运输宜设有单独通道和出入口。应合理安排各种管道，做好管道综合，并应便于维护和检修。

当旅馆建筑与其他建筑共建在同一基地内或同一建筑内时，应满足旅馆建筑的使用功能和环境要求，并应符合下列规定：旅馆建筑部分应单独分区，客人使用的主要出入口宜独立设置；旅馆建筑部分宜集中设置；从属于旅馆建筑但同时对外营业的商店、餐厅等不应影响旅馆建筑本身的使用功能。

除当地有统筹建设的停车场或停车库外，旅馆建筑基地内应设置机动车和非机动车的停放场地或停车库。机动车和非机动车停车位数量应符合当地规划主管部门的规定。四级和五级旅馆建筑的主要人流出入口附近宜设置专用的出租车排队候客车道或候客车位，且不宜占用城市道路或公路，避免影响公共交通。

旅馆建筑总平面布置应进行绿化设计，绿地面积的指标应符合当地规划主管部门的规定；栽种的树种应根据当地气候、土壤和净化空气的能力等条件确定；室外停车场宜采取结合绿化的遮阳措施；度假旅馆建筑室外活动场地宜结合绿化做好景观设计。

1.1.10 饮食建筑、商店建筑的基地选址和总平面设计

1.1.10.1 基地选址

1. 饮食建筑的设计必须符合当地城市规划以及食品安全、环境保护和消防等管理部门的要求。选址应严格执行当地环境保护和食品药品安全管理部门对粉尘、有害气体、有害液体、放射性物质和其他扩散性污染源距离要求的相关规定。与其他有碍公共卫生的开敞式污染源的距离不应小于 25m。

2. 商店建筑宜根据城市整体商业布局及不同零售业态选择基地位置，并应满足当地城市规划的要求。大型和中型商店建筑基地宜选择在城市商业区或主要道路的适宜位置。

对于易产生污染的商店建筑，其基地选址应有利于污染的处理或排放。经营易燃易爆及有毒性类商品的商店建筑不应位于人员密集场所附近，且安全距离应符合现行国家标准《建筑设计防火规范》的有关规定。商店建筑不宜布置在甲、乙类厂（库）房，甲、乙、丙类液体和可燃气体储罐以及可燃材料堆场附近，且安全距离应符合现行国家标准《建筑设计防火规范》的有关规定。

大型商店建筑的基地沿城市道路的长度不宜小于基地周长的 1/6，并宜有不少于两个方向的出入口与城市道路相连接。大型和中型商店建筑基地内的雨水应有组织排放，且雨水排放不得对相邻地块的建筑及绿化产生影响。

1.1.10.2 总平面设计

1. 饮食建筑应采取有效措施防止油烟、气味、噪声及废弃物对邻近建筑物或环境造成污染，并应符合现行行业标准《饮食业环境保护技术规范》的相关规定。

基地的人流出入口和货流出入口应分开设置。顾客出入口和内部后勤人员出入口宜分开设置。

2. 大型和中型商店建筑的主要出入口前，应留有人员集散场地，且场地的面积和尺度应根据零售业态、人数及规划部门的要求确定。基地内应设置专用运输通道，且不应影响主要顾客人流，其宽度不应小于 4m，宜为 7m。运输通道设在地面时，可与消防车道结合设置。基地内应设置垃圾收集处、装卸载区和运输车辆临时停放处等服务性场地。当设在地面上时，其位置不应影响主要顾客人流和消防扑救，不应占用城市公共区域，并应采取适当的

视线遮蔽措施。

商店建筑基地内应按现行国家标准《无障碍设计规范》的规定设置无障碍设施，并应与城市道路无障碍设施相连接。

大型商店建筑应按当地城市规划要求设置停车位。在建筑物内设置停车库时，应同时设置地面临时停车位。商店建筑基地内车辆出入口数量应根据停车位的数量确定，并应符合国家现行标准《汽车库建筑设计规范》和《汽车库、修车库、停车场设计防火规范》的规定；当设置2个或2个以上车辆出入口时，车辆出入口不宜设在同一条城市道路上。

大型和中型商店建筑应进行基地内的环境景观设计及建筑夜景照明设计(图 1-1-17)。

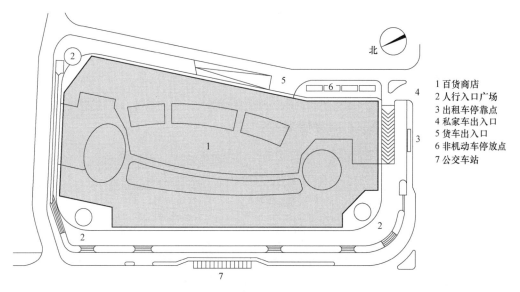

1 百货商店
2 人行入口广场
3 出租车停靠点
4 私家车出入口
5 货车出入口
6 非机动车停放点
7 公交车站

图 1-1-17　武汉汉街万达百货商店总平面图

1.1.11　交通客运站建筑设计、铁路旅客车站的基地选址和总平面设计

1.1.11.1　基地选址

1. 交通客运站选址应符合城镇总体规划的要求，站址应有供水、排水、供电和通信等条件；站址应避开易发生地质灾害的区域；站址与有害物品、危险品等污染源的防护距离，应符合环境保护、安全和卫生等国家现行有关标准的规定；港口客运站选址应具有足够的水域和陆域面积，适宜的码头岸线和水深。

2. 铁路旅客车站的选址应设于方便旅客集散、换乘并符合城镇发展的区域。有利于铁路和城镇多种交通形式的发展。少占或不占耕地，减少拆迁及填挖方工程量。符合国家安全、环境保护、节约能源等有关规定。不应选择在地形低洼、易淹没以及不良地址地段。

1.1.11.2 总平面设计

1. 交通客运站总平面布置应合理利用地形条件，布局紧凑，节约用地，远、近期结合，并宜留有发展余地。

汽车客运站总平面布置应包括站前广场、站房、营运停车场和其他附属建筑等内容。汽车进站口、出站口应满足营运车辆通行要求，并应符合下列规定：一、二级汽车客运站进站口、出站口应分别设置，三、四级汽车客运站宜分别设置；进站口、出站口净宽不应小于 4.0m，净高不应小于 4.5m；汽车进站口、出站口与旅客主要出入口之间应设不小于 5.0m 的安全距离，并应有隔离措施；汽车进站口、出站口与公园、学校、托幼、残障人使用的建筑及人员密集场所的主要出入口距离不应小于 20.0m；汽车进站口、出站口与城市干道之间宜设有车辆排队等候的缓冲空间，并应满足驾驶员行车安全视距的要求。汽车客运站站内道路应按人行道路、车行道路分别设置。双车道宽度不应小于 7.0m；单车道宽度不应小于 4.0m；主要人行道路宽度不应小于 3.0m（图 1-1-18）。

港口客运站总平面布置应包括站前广场、站房、客运码头（或客货滚装船码头）和其他附属建筑等内容。

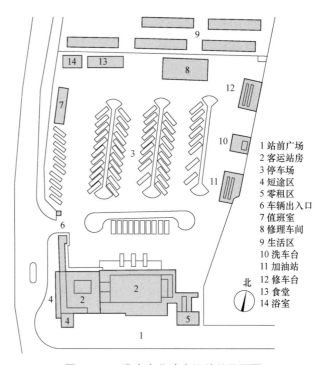

1 站前广场
2 客运站房
3 停车场
4 短途区
5 零租区
6 车辆出入口
7 值班室
8 修理车间
9 生活区
10 洗车台
11 加油站
12 修车台
13 食堂
14 浴室

北

图 1-1-18 淮安市公路客运站总平面图

2. 铁路旅客车站的总平面布置应包括车站广场、站房和站场客运设施，并应统一规划，整体设计。铁路旅客车站的总平面布置应符合城镇发展规划要求，结合城市轨道交通、公共交通枢纽、机场、码头等道路的发展，合理布局。建筑功能多元化、用地集约化，并留有发展余地。使用功能分区明确，各种流线简捷、顺畅。车站广场交通组织方案遵循公共交通优先的原则，交通站点布局合理。特大型、大型站的站房应设置经广场与城市交通直接相连的环形车道。当站区有地下铁道车站或地下商业设施时，宜设置与旅客车站相连接的通道。

铁路旅客车站的流线设计应符合下列规定：旅客、车辆、行李、包裹和邮件的流线应短捷，避免交叉。进、出站旅客流线应在平面或空间上分开。减少旅客进出站和换乘的步行距离。

特大型站站房宜采用多方向进、出站的布局。特大型、大型站应设置垃圾收集设施和转运站。站内废水、废气的处理，应符合国家有关标准的规定。车站的各种室外地下管线应进行总体综合布置，并应符合现行国家标准《城市工程管线综合规划规范》的有关规定（图 1-1-19）。

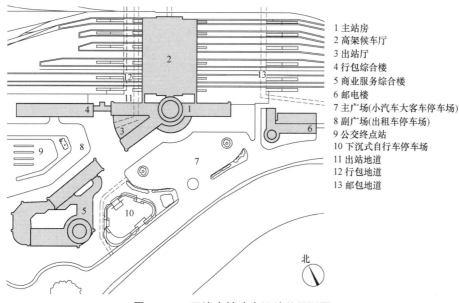

1 主站房
2 高架候车厅
3 出站厅
4 行包综合楼
5 商业服务综合楼
6 邮电楼
7 主广场（小汽车大客车停车场）
8 副广场（出租车停车场）
9 公交终点站
10 下沉式自行车停车场
11 出站地道
12 行包地道
13 邮包地道

北

图 1-1-19 天津市铁路客运站总平面图

1.1.12 宿舍建筑基地选址和总平面设计要求

1.1.12.1 基地选址

宿舍不应建在易发生地质灾害的地区，宿舍用地宜选择有日照条件，且采光、通风良好，便于排水的地段。宿舍选址应防止噪声和各种污染源的影响，并应符合有关卫生防护标准的规定。宿舍宜接近工作和学习地点，并宜靠近公用食堂、商业网点、公共浴室等方便生活的服务配套设施，其距离不宜超过 250m。

1.1.12.2 总平面设计

宿舍主要出入口前应设人员集散场地，集散场地人均面积指标不应小于

0.20m²。宿舍附近宜有集中绿地。宿舍附近应有活动场地、集中绿地、自行车存放处，宿舍区内宜设机动车停车位，并可设置或预留电动汽车停车位和充电设施。宿舍建筑的房屋间距应满足国家标准有关防火及日照的要求，且应符合各地城市规划的相关规定。对人员、非机动车及机动车的流线设计应合理，避免过境机动车在宿舍区内穿行。宿舍区内公共交通空间、步行道系统及宿舍出入口，应设置无障碍设施。宿舍区内应设有明显的标识系统（图1-1-20）。

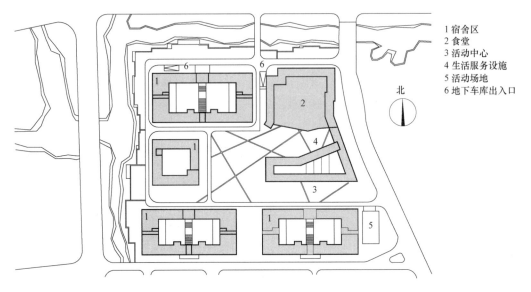

1 宿舍区
2 食堂
3 活动中心
4 生活服务设施
5 活动场地
6 地下车库出入口

北

图1-1-20 浙江大学某宿舍组团总平面图

1.1.13 老年人建筑基地选址和总平面设计

1.1.13.1 基地选址

老年人居住建筑项目的选址应符合当地老年人口增长趋势，住房及养老服务体系发展规划的需要，科学、经济、合理地选择基地，并充分地加以利用。基地宜位于交通方便、基础设施完善、临近医疗等相关服务设施和公共绿地的地段。基地应选址在地质稳定、场地干燥、排水通畅、日照充足、通风良好、远离噪声干扰和污染源的地段。

1.1.13.2 总平面设计

老年人居住建筑的间距不应低于冬至日日照2h的标准。居住建筑单体布局应远离噪声源，建筑总体布局应对场地周边噪声源采取缓冲或隔离措施。

道路系统应保证救护车辆能停靠在建筑的主要出入口处。道路系统设计宜人车分流。停车库（场）应与老年人居住单元、主要配套设施实现无障碍连通。集中建设的老年人居住建筑，宜按不少于总机动车停车位的5%设置无障碍机动车位。无障碍机动车位宜预留机动车充电桩安装条件，宜设置在临近建筑出入口处。建筑周边应设置非机动车停车场，其位置应与机动车停车场出入口保持适当距离。

新建老年人居住建筑用地的绿地率不应低于30%（图1-1-21）。

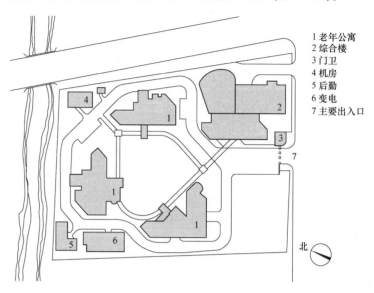

1 老年公寓
2 综合楼
3 门卫
4 机房
5 后勤
6 变电
7 主要出入口

北

图1-1-21　上海市众仁老年公寓总平面图

1.2　场地竖向设计

竖向设计是指与水平面垂直方向的设计，亦称竖向规划是场地设计中一个重要的有机组成部分，它与规划设计、总平面布置密切联系而不可分割。是为满足道路交通、排水防涝、建筑布置、城乡环境景观、综合防灾以及经济效益等方面的综合要求，对自然地形进行利用、改造，确定坡度、控制高程和平衡土石方等而进行的规划。

建设用地竖向规划应遵循下列原则：安全、适用、经济、美观；充分发挥土地潜力，节约集约用地；尊重原始地形地貌，合理利用地形、地质条件，满足城乡各项建设用地的使用要求；减少土石方及防护工程量；保护城乡生态环境、丰富城乡环境景观；保护历史文化遗产和特色风貌。

1.2.1　竖向与用地布局及建筑布置

1. 城乡建设用地选择及用地布局应充分考虑竖向规划的要求，城镇中心区用地应选择地质、排水防涝及防洪条件较好且相对平坦和完整的用地，其自然坡度宜小于20%，规划坡度宜小于15%；居住用地宜选择向阳、通风条件好的用地，其自然坡度宜小于25%，规划坡度宜小于25%；工业、物流用地宜选择便于交通组织和生产工艺流程组织的用地，其自然坡度宜小于

15%，规划坡度宜小于 10%；超过 8m 的高填方区宜优先用作绿地、广场、运动场等开敞空间；应结合低影响开发的要求进行绿地、低洼地、滨河水系周边空间的生态保护、修复和竖向利用；乡村建设用地宜结合地形，因地制宜，在场地安全的前提下，可选择自然坡度大于 25% 的用地。

2. 根据城乡建设用地的性质、功能，结合自然地形，规划地面形式可分为平坡式、台阶式和混合式。用地自然坡度小于 5% 时，宜规划为平坡式；用地自然坡度大于 8% 时，宜规划为台阶式；用地自然坡度为 5%～8% 时，宜规划为混合式。

台阶式和混合式中的台地规划应与建设用地规划布局和总平面布置相协调，应满足使用性质相同的用地或功能联系密切的建（构）筑物布置在同一台地或相邻台地的布局要求；台地的长边宜平行于等高线布置；台地高度、宽度和长度应结合地形并满足使用要求确定。

3. 街区竖向规划应与用地的性质和功能相结合，并应符合下列规定：公共设施用地分台布置时，台地间高差宜与建筑层高接近；居住用地分台布置时，宜采用小台地形式；大型防护工程宜与具有防护功能的专用绿地结合设置。

4. 挡土墙高度大于 3m 且邻近建筑时，宜与建筑物同时设计，同时施工，确保场地安全。

5. 高度大于 2m 的挡土墙和护坡，其上缘与建筑物的水平净距不应小于 3m，下缘与建筑物的水平净距不应小于 2m；高度大于 3m 的挡土墙与建筑物的水平净距还应满足日照标准要求。

1.2.2 竖向与道路、广场

1. 道路竖向规划应与道路两侧建设用地的竖向规划相结合，有利于道路两侧建设用地的排水及出入口交通联系，并满足保护自然地貌及塑造城市景观的要求；与道路的平面规划进行协调；结合用地中的控制高程、沿线地形地物、地下管线、地质和水文条件等作综合考虑；道路跨越江河、湖泊或明渠时，道路竖向规划应满足通航、防洪净高要求；道路与道路、轨道及其他设施立体交叉时，应满足相关净高要求；应符合步行、自行车及无障碍设计的规定。

2. 道路规划纵坡和横坡的确定，应符合下列规定：城镇道路机动车车行道规划纵坡应符合表 1-2-1 的规定；山区城镇道路和其他特殊性质道路，经技术经济论证，最大纵坡可适当增加；积雪或冰冻地区快速路最大纵坡不应超过 3.5%，其他等级道路最大纵坡不应大于 6.0%。内涝高风险区域，应考虑排除超标雨水的需求。

村庄道路纵坡应符合现行国家标准《村庄整治技术标准》的规定。

城镇道路机动车车行道规划纵坡   表 1-2-1

道路类别	设计速度（km/h）	最小纵坡（%）	最大纵坡（%）
快速路	60～100		4～6
主干路	40～60	0.3	6～7
次干路	30～50		6～8
支（街坊）路	20～40		7～8

非机动车车行道规划纵坡宜小于 2.5%。大于或等于 2.5% 时，应按表 1-2-2 的规定限制坡长。机动车与非机动车混行道路，其纵坡应按非机动车车行道的纵坡取值。

非机动车车行道规划纵坡与限制坡长（m）   表 1-2-2

限制坡长（m） 车种 坡度（%）	自行车	三轮车
3.5	150	—
3.0	200	100
2.5	300	150

道路的横坡宜为 1%～2%。

3. 广场竖向规划除满足自身功能要求外，尚应与相邻道路和建筑物相协调。广场规划坡度宜为 0.3%～3%。地形困难时，可建成阶梯式广场。

4. 步行系统中需要设置人行梯道时，竖向规划应满足建设完善的步行系统的要求，并应符合下列规定：人行梯道按其功能和规模可分为三级：一级梯道为交通枢纽地段的梯道和城镇景观性梯道；二级梯道为连接小区间步行交通的梯道；三级梯道为连接组团间步行交通或入户的梯道。梯道宜设休息平台，每个梯段踏步不应超过 18 级，踏步最大步高宜为 0.15m；二、三级梯道连续升高超过 5.0m 时，除设置休息平台外，还宜设置转向平台，且转向平台的深度不应小于梯道宽度。

1.2.3 竖向与排水

1. 城乡建设用地竖向规划应结合地形、地质、水文条件及降水量等因素，并与排水防涝、城市防洪规划及水系规划相协调；依据风险评估的结论选择合理的场地排水方式及排水方向，重视与低影响开发设施和超标径流雨水排放设施相结合，并与竖向总体方案相适应。

2. 城乡建设用地竖向规划应满足地面排水的规划要求；地面自然排水坡度不宜小于 0.3%；小于 0.3% 时应采用多坡向或特殊措施排水；除用于雨水调蓄的下凹式绿地和滞水区等之外，建设用地的规划高程宜比周边道路的最低路段的地面高程或地面雨水收集点高出 0.2m 以上，小于 0.2m 时应有排水安全保障措施或雨水滞蓄利用方案。

3. 场地设计标高不应低于城市的设计防洪、防涝水位标高；沿江、河、湖、海岸或受洪水、潮水泛滥威胁的地区，除设有可靠防洪堤、坝的城市、街区外，场地设计标高不应低于设计洪水位 0.5m，否则应采取相应的防洪措施；有内涝威胁的用地应采取可靠的防、排内涝水措施，否则其场地设计标高不应低于内涝水位 0.5m。

4. 当建设用地采用地下管网有组织排水时，场地高程应有利于组织重力流排水。

5. 当城乡建设用地外围有较大汇水汇入或穿越时，宜用截、滞、蓄等相关设施组织用地外围的地面汇水。

6. 乡村建设用地排水宜结合建筑散水、道路生态边沟、自然水系等自然排水设施组织场地内的雨水排放。

1.2.4 竖向与城乡环境景观

1. 城乡建设用地竖向规划应贯穿景观规划设计理念，保留城乡建设用地范围内具有景观价值或标志性的制高点、俯瞰点和有明显特征的地形、地貌；结合低影响开发理念，保持和维护城镇生态、绿地系统的完整性，保护有自然景观或人文景观价值的区域、地段、地点和建（构）筑物；保护城乡重要的自然景观边界线，塑造城乡建设用地内部的景观边界线。

2. 城乡建设用地做分台处理时应重视景观要求，挡土墙、护坡的尺度和线形应与环境协调；公共活动区宜将挡土墙、护坡、踏步和梯道等室外设施与建筑作为一个有机整体进行规划；地形复杂的山区城镇，挡土墙、护坡、梯道等室外设施较多，其风格、形式、材料、构造等宜突出地域特色，其比例、尺度、节奏、韵律等宜符合美学规律；挡土墙高于 1.5m 时，宜作景观处理或以绿化遮蔽。

3. 滨水地区的竖向规划应结合用地功能保护滨水区生态环境，形成优美的滨水景观。

4. 乡村竖向建设宜注重使用当地材料、采用生态建设方式和传统工艺。

1.3 道路、广场和停车空间

建筑设计中应从建筑群的使用性质出发，着重分析功能关系，并加以合理的分区，运用道路、广场等交通联系手段加以组织，使总体空间环境的布局联系方便、紧凑合理，同时提供必要的停车场地。

1.3.1 道路

1. 建筑基地内道路应符合下列规定：

1) 基地道路与城市道路连接处的车行路面应设限速设施，道路应能通达建筑物的安全出口；

2) 沿街建筑应设连通街道和内院的人行通道，人行通道可利用楼梯间，其间距不宜大于 80.0m（图 1-3-1）；

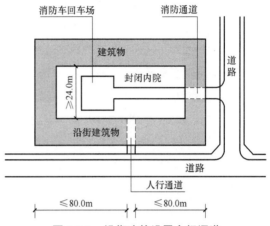

图 1-3-1 沿街建筑设置人行通道

3) 当道路改变方向时，路边绿化及建筑物不应影响行车有效视距；

4) 当基地内设有地下停车库时，车辆出入口应设置显著标志；标志设置高度不应影响人、车通行；

5) 基地内宜设人行道路，大型、特大型交通、文化、娱乐、商业、体育、医院等建筑，居住人数大于 5000 人的居住区等车流量较大的场所应设人行道路。

2. 基地道路设计应符合下列规定：

1) 单车道路宽不应小于 4.0m，双车道路宽住宅区内不应小于 6.0m，其他基地道路宽不应小于 7.0m。

2) 当道路边设停车位时，应加大道路宽度且不应影响车辆正常通行。

3) 人行道路宽度不应小于 1.5m，人行道在各路口、入口处的设计应符合现行国家标准《无障碍设计规范》的相关规定。

4) 道路转弯半径不应小于 3.0m，消防车道应满足消防车最小转弯半径要求。

5) 尽端式道路长度大于 120.0m 时，应在尽端设置不小于 12.0m×12.0m 的回车场地。

3. 基地道路与建筑物的关系应符合下列规定：

1) 当道路用作消防车道时，其边缘与建（构）筑物的最小距离应符合现行国家标准《建筑设计防火规范》的相关规定。

2) 基地内不宜设高架车行道路，当设置与建筑平行的高架车行道路时，应采取保护私密性的视距和防噪声的措施。

1.3.2 广场

　　城市广场是指与城市道路相连接的社会公共用地部分，是车辆和行人交通的枢纽场所，或是城市居民社会活动和政治活动的中心。城市广场按其性质、用途及在道路网中的地位将其分为公共活动广场、集散广场、交通广场、纪念性广场与商业广场五类。虽然各类广场的功能特性是有差异的，但在广场分类中严格区分各类广场，明确其含义是有困难的。城市中有些广场由于其所处位置及历史形成原因，往往具有多种功能，为了充分发挥广场的作用及使用效益，节约城市用地，应注意结合实际需要，规划多功能综合性广场。广场设计应按城市总体规划确定的性质、功能和用地范围，结合交通特征、地形、自然环境等进行，应处理好与毗连道路及主要建筑物出入口的衔接，以及和四周建筑物协调，并应体现广场的艺术风貌。应按高峰时间人流量、车流量确定场地面积，按人车分流的原则，合理布置人流、车流的进出通道、公共交通停靠站及停车等设施。

　　1. 公共活动广场：多布置在城市中心地区，作为城市政治、文化活动中心及群众集会场所。应根据群众集会、游行检阅、节日联欢的规模，容纳人数来估算需要场地，并适当考虑绿化及通道用地。

　　2. 集散广场：主要为解决人流、车流的交通集散而设，如影、剧院前的广场，体育场，展览馆前的广场，交通枢纽站站前广场等，均起着交通集散的作用。集散广场应根据高峰时间人流和车辆的多少、公共建筑物主要出入口的位置，结合地形，合理布置车辆与人群的进出通道、停车场地、步行活动地带等。

　　飞机场、港口码头、铁路车站与长途汽车站等站前广场应与市内公共汽车、电车、地下铁道的站点布置统一规划，组织交通，使人流、客货运车流的通路分开，行人活动区与车辆通行区分开，离站、到站的车流分开。必要时，设人行天桥或人行地道。各类站前广场应包括机动车与非机动车停车场、道路、旅客活动、绿化等用地，绿化与建筑小品的设计要按功能要求分区布置，站前广场应与城市道路相连。

　　站前广场的规模，要根据客运站规模分级及实际情况确定，应有良好的排水设施，防止地面积水。站前广场应明确划分车流路线、客流路线、停车区域、活动区域及服务区域。旅客进出站路线应短捷流畅。站前广场设计应合理组织客流、车流、物流，力求流线短捷、顺畅。站前广场应设残疾人通道，其设置应符合无障碍设计的规定。站前广场位于城市干道尽端时，宜增设通往站前广场的道路。位于干道一侧时，宜适当加大站前广场进深。

　　大型体育馆（场）、展览馆、博物馆、公园及大型影（剧）院门前广场应结合周围道路进出口，采取适当措施引导车辆、行人集散。

3. 交通广场：包括桥头广场、环形交通广场等，应处理好广场与所衔接道路的交通，合理确定交通组织方式和广场平面布置，减少不同流向人车的相互干扰，必要时设人行天桥或人行地道。

4. 纪念性广场是以纪念性建筑物为主体的广场，广场设计结合地形布置绿化与供瞻仰、游览活动的铺装场地。为保持环境安静，应另辟停车场地，避免导入车流。

5. 商业广场是以人行活动为主的广场，应合理布置商业贸易建筑、人流活动区。广场的人流进出口应与周围公共交通站协调，合理解决人流与车流的干扰。

1.3.3 停车空间

1. 停车空间包括各类停车库及停车场，有机动车停车及非机动车停车。停车空间的设计应有利于车辆出入交通的组织，并尽可能地做到一定的绿化布置。停车场车辆停放方式按汽车纵轴线与通道的夹角关系，有平行式、斜列式（与通道呈 30°、45°、60°角停放）、垂直式三种（图 1-3-2）。按车辆停发方式的不同，有前进停车、前进发车；前进停车、后退发车；后退停车、前进发车等三种（图 1-3-3）。

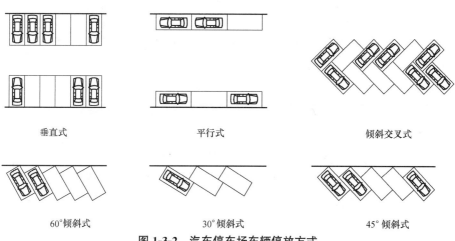

垂直式　　　　　　　　平行式　　　　　　　　倾斜交叉式

60°倾斜式　　　　　　30°倾斜式　　　　　　45°倾斜式

图 1-3-2　汽车停车场车辆停放方式

2. 建筑基地内地下机动车车库出入口与连接道路间宜设置缓冲段，缓冲段应从车库出入口坡道起坡点算起，并应符合下列规定：

1）出入口缓冲段与基地内道路连接处的转弯半径不宜小于 5.5m。

2）当出入口与基地道路垂直时，缓冲段长度不应小于 5.5m。

3）当出入口与基地道路平行时，应设不小于 5.5m 长的缓冲段再汇入基地道路。

4）当出入口直接连接基地外城市道路时，其缓冲段长度不宜小于 7.5m。

3. 室外机动车停车场应符合下列规定：

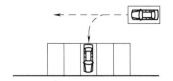
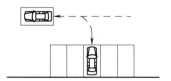
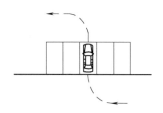

所需通道宽度较大，用于行车集中、出车不急的车库。

所需通道宽度最小，用于有紧急出车要求的多层、地下车库。

所需通道宽度最大，进出方便，用于有紧急出车要求的多层、地下车库。

前进停车，后退发车

后退停车、前进发车

前进停车、前进发车

图 1-3-3　汽车停车场车辆停发方式

1) 停车场地应满足排水要求，排水坡度不应小于 0.3%。

2) 停车场出入口的设计应避免进出车辆交叉。

3) 停车场应设置无障碍停车位，且设置要求和停车位数量应符合现行国家标准《无障碍设计规范》的相关规定。

4) 停车场应结合绿化合理布置，可利用乔木遮阳。

4. 室外机动车停车场的出入口数量应符合下列规定：

1) 当停车数为 50 辆及以下时，可设 1 个出入口，宜为双向行驶的出入口；

2) 当停车数为 51～300 辆时，应设置 2 个出入口，宜为双向行驶的出入口；

3) 当停车数为 301～500 辆时，应设置 2 个双向行驶的出入口；

4) 当停车数大于 500 辆时，应设置 3 个出入口，宜为双向行驶的出入口。

5. 室外机动车停车场的出入口设置应符合下列规定：

1) 大于 300 辆停车位的停车场，各出入口的间距不应小于 15.0m；

2) 单向行驶的出入口宽度不应小于 4.0m，双向行驶的出入口宽度不应小于 7.0m。

6. 室外非机动车停车场应设置在基地边界线以内，出入口不宜设置在交叉路口附近，停车场布置应符合下列规定：

1) 停车场出入口宽度不应小于 2.0m；

2) 停车数大于等于 300 辆时，应设置不少于 2 个出入口；

3) 停车区应分组布置，每组停车区长度不宜超过 20.0m。

1.4　绿化、雕塑和小品

物质与精神的双重需求，是创造建筑形式美的主要依据。运用绿化、雕塑及各种小品等手段，丰富建筑的室外空间环境情趣，可以取得多样统一的室外环境效果。相对于建筑室外环境其他部分而言，绿化、雕塑和小品的设计自由度要大一些，但在设计中仍要遵循有关设计规范的规定。

1.4.1 绿化

建筑工程项目应包括的绿化工程，宜采用包括垂直绿化和屋顶绿化等在内的全方位绿化，绿地面积的指标应符合有关规范或当地城市规划行政主管部门的规定，例如在《城市居住区规划设计标准》中规定"居住街坊内集中绿地，新区建设不应低于0.50m²/人，旧区改建不应低于0.35m²/人"就是对绿地面积做出的相应规定，在居住区规划设计中正常情况下都应达到相应的指标规定。

绿化的配置和布置方式应根据城市气候、土壤和环境功能等条件确定。在不同地域环境、气候、土壤等条件下，要采用不同的绿化植物及绿化设计。在《城市道路工程设计规范》中规定，道路绿化设计应综合考虑沿街建筑性质、环境、日照、通风等因素，分段种植。在同一路段内的树种、形态、高矮与色彩不宜变化过多，并做到整齐规则和谐一致。绿化布置应乔木与灌木、落叶与常绿、树木与花卉草皮相结合，色彩和谐，层次鲜明，四季景色不同。

广场绿化应根据各类广场的功能、规模和周边环境进行设计。广场绿化应利于人流、车流集散。公共活动广场周边宜种植高大乔木。集中成片绿地不应小于广场总面积的25%，并宜设计成开放式绿地，植物配置宜疏朗通透。车站、码头、机场的集散广场绿化应选择具有地方特色的树种。集中成片绿地不应小于广场总面积的10%。纪念性广场应用绿化衬托主体纪念物，创造与纪念主题相应的环境气氛。

停车场周边应种植高大庇荫乔木，并宜种植隔离防护绿带。在停车场内宜结合停车间隔带种植高大庇荫乔木。停车场种植的庇荫乔木可选择行道树种。其树木枝下高度应符合停车位净高度的规定：小型汽车为2.5m；中型汽车为3.5m；载货汽车为4.5m（图1-4-1）。

绿化与建筑物、构筑物、道路和管线之间的距离，应符合有关规范规定。绿化不应遮挡路灯照明，当树木枝叶遮挡路灯照明时，应合理修剪。在距交通信号灯及交通标志牌等交通安全设施的停车视距范围内，不应有树木枝叶遮挡。应防止树木根系对地下管线缠绕及对地下建筑防水层的破坏。

城市道路与建筑物之间的路侧绿带设计应根据相邻用地性质、防护和景观要求进行设计，并应保持在路段内的连续与完整的景观效果。路侧绿带宽度大于8m时，可设计成开放式绿地。开放式绿地中，绿化用地面积不得小于该段绿带总面积的70%。濒临江、河、湖、海等水体的路侧绿地，应结合水

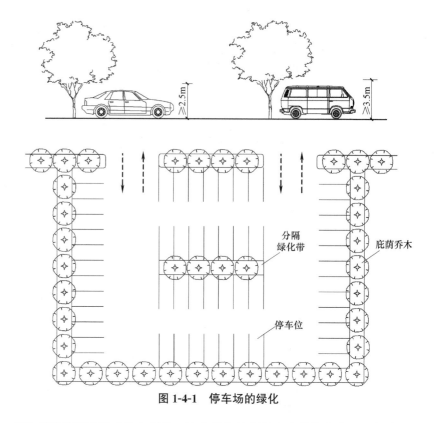

图 1-4-1　停车场的绿化

面与岸线地形设计成滨水绿带。滨水绿带的绿化应在道路和水面之间留出透景线。道路护坡绿化应结合工程措施栽植地被植物或攀缘植物。

应保护自然生态环境，并应对古树名木采取保护措施。古树，指树龄在一百年以上的树木；名木，指国内外稀有的以及具有历史价值和纪念意义等重要科研价值的树木。古树名木是人类的财富，也是国家的活文物，新建、改建、扩建的建设工程影响古树名木生长的，必须提出避让和保护措施，在绿化设计中要尽量发挥古树名木的文化历史价值的作用，丰富环境的文化内涵。

1.4.2　雕塑和小品

硬质景观是相对种植绿化这类软质景观而确定的名称，泛指用质地较硬的材料组成的景观。硬质景观主要包括雕塑和建筑小品等。

雕塑按使用功能分为纪念性、主题性、功能性与装饰性雕塑等。从表现形式上可分为具象和抽象，动态和静态雕塑等。

雕塑和小品与周围环境共同塑造出一个完整的视觉形象，同时赋予景观空间环境以生气和主题。在布局上一定应注意与周围环境的关系，恰如其分地确定雕塑和小品的材质、色彩、体量、尺度、题材、位置等，展示其整体美、协调美。特殊场合的中心广场或主要公共建筑区域，可考虑主题性或纪念性雕塑。雕塑应具有时代感，要以美化环境保护生态为主题，体现环境的人文精神。以贴近人为原则，切忌尺度超长过大。

建筑小品是既有功能要求，又具有点缀、装饰和美化作用的、从属于某一建筑空间环境的小体量建筑、游憩观赏设施和指示性标志物等的统称。通常以其小巧的格局、精美的造型来点缀空间，使空间诱人而富于意境，从而提高整体环境景观的艺术境界。应配合建筑、道路、绿化及其他公共服务设施而设置，起到点缀、装饰和丰富景观的作用。

干道两侧及繁华地区的建筑物前，除特殊情况，不得设置实体围墙或高围墙，一般宜采用下列形式分界：绿篱、花坛（花池）、栅栏、透景围墙、半透景围墙。围栏的高度，最高不得超过 1.8m。胡同里巷、楼群甬道设置的景门，其造型和色调应与环境协调。

1.5　建筑高度、外观和群体组合

随着经济发展与社会进步，人们对建筑室外环境质量提出了更高的要求。在建筑室外环境设计中，应当将建筑作为配角，而将外部空间作为主体，根据外部空间与建筑实体的虚实关系和图底关系，着重解决外部空间围合的形态和各环境要素的联系。有益于提高建筑室外空间的地位，使内外空间相结合共同贡献于整体环境。

在建筑室外环境中，对空间环境质量影响最大的因素是建筑实体本身对外部空间的影响，主要包括建筑的高度、建筑的外观和建筑群体组合三个方面。规范从城市规划的要求、消防要求、日照间距和公共空间使用安全等几个方面都有相应的规定。

1.5.1　建筑高度

1.5.1.1　建筑按层数和高度的分类
民用建筑按使用功能可分为居住建筑和公共建筑两大类。民用建筑按地上层数或高度分类划分应符合下列规定：

1. 建筑高度不大于 27.0m 的住宅建筑、建筑高度不大于 24.0m 的公共建筑及建筑高度大于 24.0m 的单层公共建筑为低层或多层民用建筑。

2. 建筑高度大于 27.0m 的住宅建筑和建筑高度大于 24.0m 的非单层公共建筑，且高度不大于 100.0m 的，为高层民用建筑。

3. 建筑高度大于 100.0m 为超高层建筑。

1.5.1.2　对建筑高度的限定
1. 建筑高度不应危害公共空间安全和公共卫生，且不宜影响景观，下列地区应实行建筑高度控制，并应符合下列规定：

1) 对建筑高度有特别要求的地区，建筑高度应符合所在地城乡规划的有关规定。

2) 沿城市道路的建筑物，应根据道路红线的宽度及街道空间尺度控制建筑裙楼和主体的高度。

3) 当建筑位于机场、电台、电信、微波通信、气象台、卫星地面站、军事要塞工程等设施的技术作业控制区内及机场航线控制范围内时，应按净空要求控制建筑高度及施工设备高度。

4) 建筑处在历史文化名城名镇名村、历史文化街区、文物保护单位、历史建筑和风景名胜区、自然保护区的各项建设，应按规划控制建筑高度。

2. 建筑高度控制的计算应符合下列规定：

1) 机场、电台、电信、微波通信、气象台、卫星地面站、军事要塞工程等周围的建筑，当其处在各种技术作业控制区范围内时，应按建筑物室外地面至建筑物和构筑物最高点的高度计算。

2) 处在国家或地方公布的各级历史文化名城、历史文化保护区、文物保护单位和风景名胜区内建筑的高度，应按建筑物室外地面至建筑物和构筑物最高点的高度计算（图 1-5-1）。

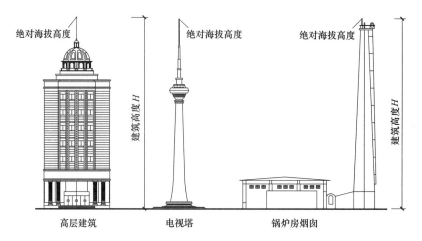

图 1-5-1　建筑物和构筑物最高点示意图

3) 以上两类区域以外建筑的高度：平屋顶建筑高度应按建筑物主入口场地室外设计地面至建筑女儿墙顶点的高度计算，无女儿墙的建筑物应计算至其屋面檐口；坡屋顶建筑高度应按建筑物室外地面至屋檐和屋脊的平均高度计算；当同一座建筑物有多种屋面形式时，建筑高度应按上述方法分别计算后取其中最大值；下列突出物不计入建筑高度内：局部突出屋面的楼梯间、电梯机房、水箱间等辅助用房占屋顶平面面积不超过 1/4 者；突出屋面的通风道、烟囱、装饰构件、花架、通信设施等；空调冷却塔等设备（图1-5-2）。

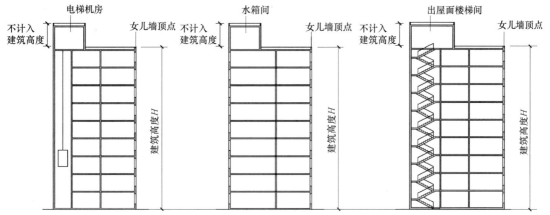

图 1-5-2　不计入建筑高度部分示意图

1.5.2　建筑外观

建筑外观在造型艺术处理上，需要从性格特征出发，结合周围环境及规划的特征，运用各种形式美的规律，按照一定的设计意图，创造出完整而优美的室外空间环境，建筑外观造型与色彩处理应与周围环境协调。

1.5.2.1　建筑突出物

1. 建筑物及附属设施不得突出道路红线（即规划的城市道路（含居住区级道路）用地的边界线）和用地红线（指各类建筑工程项目用地的使用权属范围的边界线）建造，不得突出的建筑突出物为：

1）地下设施，应包括支护桩、地下连续墙、地下室底板及其基础、化粪池、各类水池、处理池、沉淀池等构筑物及其他附属设施等；

2）地上设施，应包括门廊、连廊、阳台、室外楼梯、凸窗、空调机位、雨篷、挑檐、装饰构架、固定遮阳板、台阶、坡道、花池、围墙、平台、散水明沟、地下室进风及排风口、地下室出入口、集水井、采光井、烟囱等（图 1-5-3）。

3）除地下室、窗井、建筑入口的台阶、坡道、雨篷等以外，建（构）筑物的主体不得突出建筑控制线建造。

4）治安岗、公交候车亭，地铁、地下隧道、过街天桥等相关设施，以及临时性建（构）筑物等，当确有需要，且不影响交通及消防安全，应经当地规划行政主管部门批准，可突入道路红线建造。

5）骑楼、建筑连接体和沿道路红线的悬挑建筑的建造，不应影响交通、环保及消防安全。在有顶盖的城市公共空间内，不应设置直接排气的空调机、排气扇等设施或排出有害气体的其他通风系统。

2. 经当地规划行政主管部门批准，既有建筑改造工程必须突出道路红线的建筑突出物应符合下列规定：

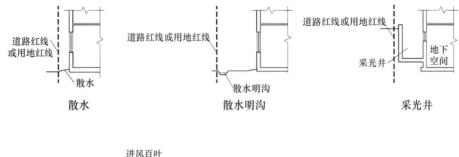

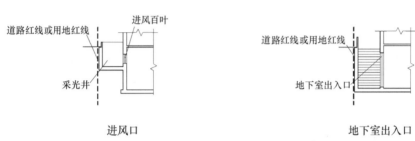

图 1-5-3　建筑地上设施突出物示意图

1) 在人行道上空：2.5m 以下，不应突出凸窗、窗扇、窗罩等建筑构件；2.5m 及以上突出凸窗、窗扇、窗罩时，其深度不应大于 0.6m。2.5m 以下，不应突出活动遮阳；2.5m 及以上突出活动遮阳时，其宽度不应大于人行道宽度减 1.0m，并不应大于 3.0m。3.0m 以下，不应突出雨篷、挑檐；3.0m 及以上突出雨篷、挑檐时，其突出的深度不应大于 2.0m。3.0m 以下，不应突出空调机位；3.0m 及以上突出空调机位时，其突出的深度不应大于 0.6m。

2) 在无人行道的路面上空，4.0m 以下不应突出凸窗、窗扇、窗罩、空调机位等建筑构件；4.0m 及以上突出凸窗、窗扇、窗罩、空调机位时，其突出深度不应大于 0.6m（图 1-5-4）。

3) 任何建筑突出物与建筑本身均应结合牢固。

4) 建筑物和建筑突出物均不得向道路上空直接排泄雨水、空调冷凝水等。

1.5.2.2　建筑连接体

1. 经当地规划及市政主管部门批准，建筑连接体可跨越道路红线、用地红线或建筑控制线建设，属于城市公共交通性质的出入口可在道路红线范围内设置。

2. 建筑连接体可在地下、裙房部位及建筑高空建造，其建设应统筹规划，保障城市公众利益与安全，并不应影响其他人流、车流及城市景观。

3. 地下建筑连接体应满足市政管线及其他基础设施等建设要求。

4. 交通功能的建筑连接体，其净宽不宜大于 9.0m，地上的净宽不宜小于 3.0m，地下的净宽不宜小于 4.0m。其他非交通功能连接体的宽度，宜结合建筑功能按人流疏散需求设置。

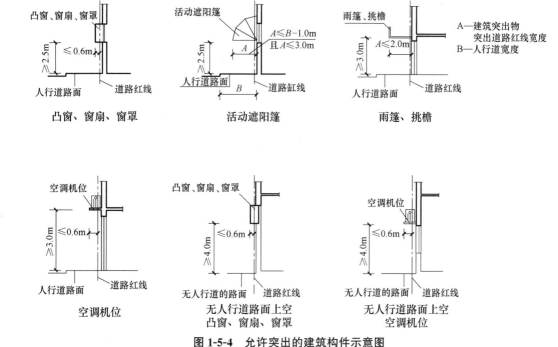

图 1-5-4　允许突出的建筑构件示意图

5. 建筑连接体在满足其使用功能的同时，还应满足消防疏散及结构安全方面的要求。

1.5.3　建筑群体组合

建筑群体组合设计是一项涉及城乡规划与城市设计、建筑群体及其外部环境、建筑群体之间的功能关系、安全卫生、环境优美等的系统工程。设计时应遵循以下规定：

1. 建筑项目的用地性质、容积率、建筑密度、绿地率、建筑高度及其建筑基地的年径流总量控制率等控制指标，应符合所在地控制性详细规划的有关规定。

2. 建筑及其环境设计应满足城乡规划及城市设计对所在区域的目标定位及空间形态、景观风貌、环境品质等控制和引导要求，并应满足城市设计对公共空间、建筑群体、园林景观、市政等环境设施的设计控制要求。

3. 建筑设计应注重建筑群体空间与自然山水环境的融合与协调、历史文化与传统风貌特色的保护与发展、公共活动与公共空间的组织与塑造，并应符合下列规定：

1）建筑物的形态、体量、尺度、色彩以及空间组合关系应与周围的空间环境相协调。

2）重要城市界面控制地段建筑物的建筑风格、建筑高度、建筑界面等应与相邻建筑基地建筑物相协调。

3）建筑基地内的场地、绿化种植、景观构筑物与环境小品、市政工程设施、景观照明、标识系统和公共艺术等应与建筑物及其环境统筹设计、相互协调。

4）建筑基地内的道路、停车场、硬质地面宜采用透水铺装。

5）建筑基地与相邻建筑基地建筑物的室外开放空间、步行系统等宜相互连通。

4. 建筑布局应使建筑基地内的人流、车流与物流合理分流，防止干扰，并应有利于消防、停车、人员集散以及无障碍设施的设置。

5. 建筑间距应符合下列规定：

1）建筑间距应符合现行国家标准《建筑设计防火规范》的规定及当地城市规划要求（图 1-5-5）；

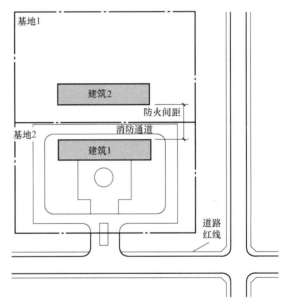

图 1-5-5　建筑群体布局中建筑间距示意图

2）建筑间距应符合建筑用房天然采光的规定，有日照要求的建筑和场地应符合国家相关日照标准的规定。

6. 建筑布局应根据地域气候特征，防止和抵御寒冷、暑热、疾风、暴雨、积雪和沙尘等灾害侵袭，并应利用自然气流组织好通风，防止不良小气候产生。

7. 根据噪声源的位置、方向和强度，应在建筑功能分区、道路布置、建筑朝向、距离以及地形、绿化和建筑物的屏障作用等方面采取综合措施，防止或降低环境噪声。

8. 建筑物与各种污染源的卫生距离，应符合国家现行有关卫生标准的规定。

9. 建筑布局应按国家及地方的相关规定对文物古迹和古树名木进行保

护，避免损毁破坏。

1.6 建筑用地经济指标

建筑用地经济指标是衡量建筑项目用地是否科学合理和节约集约的综合指标，是核定建筑用地规模的尺度，是审批建筑项目用地和进行工程咨询、规划、设计的重要依据。建筑用地经济指标是伴随科学合理利用有限土地资源的需要而产生的，是伴随着不同时期，人们要求对于不可再生资源消耗的节约化程度不断提高，而逐步得到强化的。控制建筑用地经济指标的目的是为了节约利用土地、提高土地利用水平。

建筑基地：根据用地性质和使用权属确定的建筑工程项目的使用场地。

道路红线：规划的城市道路（含居住区级道路）用地的边界线。它的组成包括：通行机动车或非机动车和行人交通所需的道路宽度；敷设地下、地上工程管线和城市公用设施所需增加的宽度；种植行道树所需的宽度。任何建筑物、构筑物不得越过道路红线。根据城市景观的要求，沿街建筑物应从道路红线外侧退后建设。

用地红线：各类建筑工程项目用地的使用权属范围的边界线。

建筑控制线：规划行政主管部门在道路红线、建设用地边界内，另行划定的地面以上建（构）筑物主体不得超出的界线（图 1-6-1）。

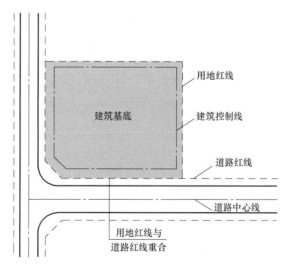

图 1-6-1 建筑基底、道路红线、用地红线、建筑控制线

建筑密度：在一定范围内，建筑物的基底面积总和与占用地面积的比例（%）。建筑密度是反映建筑用地经济性的主要指标之一。计算公式为：建筑密度＝建筑物基底总面积÷用地面积。

容积率：在一定范围内，建筑面积总和与用地面积的比值。容积率是衡量建筑用地使用强度的一项重要指标。容积率的值是无量纲的比值，通常以地块面积为1，地块内建筑物的总建筑面积对地块面积的倍数，即为容积率的值。计算公式为：容积率＝计容建筑面积总和÷用地面积。

当建设单位在建筑设计中为城市提供永久性的建筑开放空间，无条件地为公众使用时，该用地的既定建筑密度和容积率可给予适当提高，且应符合当地城市规划行政主管部门有关规定。

绿地率：一定地区内，各类绿地总面积占该地区总面积的比例（%）。绿地率是反映城市或用地范围内绿化水平的基本指标之一。计算公式为：绿地率＝各类绿地总面积÷用地面积。

建筑设计应符合法定规划控制的建筑密度、容积率和绿地率的要求。

第2章　规范在功能关系和交通空间方面的规定

建筑设计过程中既包括设计者感性的创作也包括了理性的技术要求，一个成功的建筑设计，是以使用者和社会的需求为出发点和归宿的特殊产品。功能分区和空间组合是建筑设计关键的两个内容，不同类型的建筑在设计中对这两方面内容要求各有特点，而空间组合是通过交通空间的组织来实现的。本章的内容主要结合高校建筑学课程设计的教学，介绍规范在功能关系和交通空间方面的有关规定及其应用。

功能关系主要介绍两个方面：各类型建筑的功能分区和主要使用空间的要求。功能分区部分主要从"动与静、内与外、洁与污"分区要求三个方面进行介绍。主要使用空间的要求按照建筑类型分别进行论述。

交通空间主要对水平交通、垂直交通和枢纽交通这三种基本的空间形式进行介绍。

公共建筑是人们日常社会生活的主要活动场所，也是建筑学课程设计教学的主要建筑类型，故在本章中配合课程设计的教学，对课程设计所涉及的常见公共建筑类型进行分类，归纳为十类：文教类建筑（文化站、中小学校、幼儿园、托儿所）；馆藏类建筑（图书馆、档案馆）；博物馆建筑；观演类建筑（剧场、电影院、体育场馆）；办公类建筑；医疗类建筑（综合医院、疗养院）；交通枢纽类建筑（交通客运站、铁路旅客站）；旅馆类建筑；商业建筑（商店、饮食店）；居住类建筑（宿舍、老年人建筑）。

2.1 功能分区

对规范在建筑功能分区方面的要求从三个角度进行介绍：动与静的分区要求、内与外的分区要求、洁与污的分区要求。

2.1.1 动与静的分区要求

建筑的各个功能组成部分中，有些在使用或运行中会产生噪声和振动，我们称这些部分为"动"的部分。而另外一些组成部分的使用，又要求相对安静些，我们称这些部分为"静"的部分。不同类型建筑的功能组成差别很大，因此对动与静的分区要求也各不相同。

动与静分区要求较突出的建筑类型包括：文教类（文化馆、中小学校、幼儿园、托儿所）、办公类、医疗类（综合医院、疗养院）、旅馆类、居住类（宿舍、老年人建筑）。

2.1.1.1 文教类

1. 文化馆

按文化馆的规模不同、建设地域不同，功能用房配置不同，一般划分原则为：

静态功能区：图书阅览室、美术书法教室、录音录像室、美术工作室、文学创作室、调查研究室、档案资料室、文化遗产整理室及各类办公室、接待室等。

动态功能区：门厅、展览陈列用房、报告厅、排演厅、文化教室、计算机与网络教室、多媒体视听教室、舞蹈排练室、琴房、美术书法教室、图书阅览室、游艺用房等（图2-1-1）。

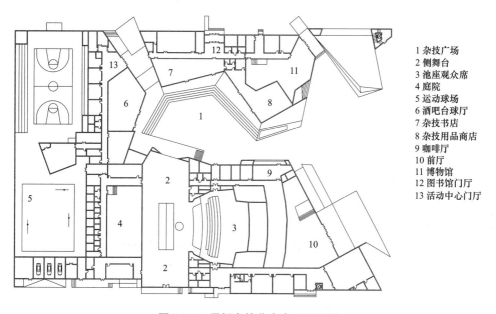

1 杂技广场
2 侧舞台
3 池座观众席
4 庭院
5 运动球场
6 酒吧台球厅
7 杂技书店
8 杂技用品商店
9 咖啡厅
10 前厅
11 博物馆
12 图书馆门厅
13 活动中心门厅

图 2-1-1 吴桥杂技艺术中心平面图

1）阅览用房包括阅览室、资料室、书报贮存间等，应设于馆内较安静的部位，规模较大时，宜分设儿童阅览室，以减少成人读者与儿童读者相互间的干扰。

2）多媒体视听教室宜具备多媒体视听、数字电影、文化信息资源共享工程服务等功能，室内装修应满足声学要求，且房间门应采用隔声门。

3）录音录像室应布置在静态功能区内最为安静的部位，且不得邻近变电室、空调机房、锅炉房、厕所等易产生噪声的地方，其功能分区宜自成一区。

4）文艺创作室应设在静区，并宜与图书阅览室邻近。

5）研究整理室应设在静态功能区，并宜邻近图书阅览室集中布置。

2. 中小学校

中小学校用房主要包括教学及教学辅助用房、行政办公用房和生活服务用房。

静态功能区：普通教室、科学教室、实验室、史地教室、计算机教室、语言教室、美术教室、书法教室、图书阅览室、校务、教务等行政办公室、档案室等。

动态功能区：门厅、展览陈列用房、报告厅、舞蹈排教室、劳动教室、技术教室学生活动室、食堂、设备用房等（图 2-1-2）。

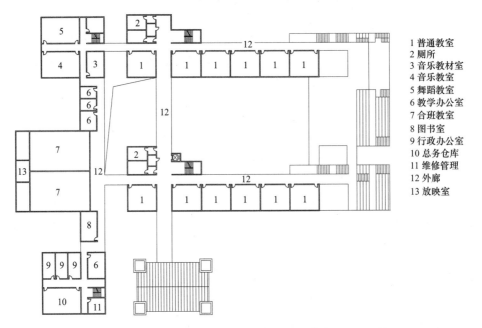

图 2-1-2　北川羌族自治县永昌第一小学教学楼三层平面图

1）图书室应位于学生出入方便、环境安静的区域。

2）一般音乐教室发出声音的声级约为 80dB，当对相邻教室有噪声影响时，就应该采用隔声的门窗及其他隔声减噪措施。

3）中小学校内有振动或发出噪声的劳动教室、技术教室应采取减振减噪、隔振隔噪声措施。

4）课程有专用教室时，该课程教研组办公室宜与专用教室成组设置。其他课程教研组可集中设置于行政办公室或图书室附近。

5）总务仓库及维修工作间宜设在校园的次要出入口附近，其运输及噪声不得影响教学环境的质量和安全。

6）食堂不应与教学用房合并设置，宜设在校园的下风向。厨房的噪声及排放的油烟、气味不得影响教学环境。

2.1.1.2　办公类建筑

办公建筑由办公用房、公共用房、服务用房和设备用房等组成。办公用房一般包括普通办公室和专用办公室。公共用房宜包括会议室、对外办事厅、接待室、陈列室、公用厕所、开水间、健身场所等。服务用房宜包括一般性服务用房和技术性服务用房。一般性服务用房为档案室、资料室、图书阅览室、员工更衣室、汽车库、非机动车库、员工餐厅、厨房、卫生管理设施间、快递储物间等。技术性服务用房为消防控制室、电信运营商机房、电子信息机房、打印机房、晒图室等。

静态功能区：办公用房、档案室、资料室、图书阅览室等。

动态功能区：会议室、对外办事厅、接待室、陈列室、公用厕所、开水间、健身场所员工餐厅、厨房、设备用房等。

1. 办公室、会议室内的允许噪声级，隔墙、楼板的空气声隔声性能，应符合规定。

2. 噪声控制要求较高的办公建筑应对附着于墙体和楼板的传声源部件采取防止结构声传播的措施。

3. 产生噪声或振动的设备机房应采取消声、隔声和减振等措施，并不宜毗邻办公用房和会议室，也不宜布置在办公用房和会议室的正上方。

4. 大会议室应有隔声、吸声和外窗遮光措施。

5. 放置在建筑外侧和屋面上的热泵、冷却塔等室外设备，应采取防噪声措施。

2.1.1.3　医疗类

1. 综合医院

医疗工艺流程应分为医院内各医疗功能单元之间的流程和各医疗功能单元内部的流程。医疗功能单元包括门诊、急诊、预防保健、临床科室、医技科室、医疗管理。其"动与静"的分区也存在着功能单元之间的划分和功能单元内部的划分。总体来说，医疗区域、医技科室、教学科研、管理用房需要"静"，而服务用房与设备用房相对"动"。建筑设计时应精心梳理划分（图 2-1-3）。

1）应保证住院部、手术部、功能检查室、内窥镜室、献血室、教学科研用房等处的环境安静；电梯井道不得与主要用房贴邻，避免机械噪声的影响。

2）住院部应自成一区，设置单独或共用出入口，并应设在医院环境安静、交通方便处。

3）病房的允许噪声级和隔声，应符合现行国家标准《民用建筑隔声设计规范》的规定。

4）营养厨房、洗衣房位置与平面布置应避免营养厨房的蒸汽、噪声和气味对病区的窜扰。

2. 传染病医院

医疗用房噪声环境要求应为：病房的允许噪声级（A 声级）昼间应≤40dB，夜间应≤35dB；隔墙与楼板的空气声的计权隔声量应≥45dB，楼板的计权标准撞击声压级应≤75dB。

3. 疗养院

1）疗养院应处理好各功能建筑的关系，疗养、理疗、餐饮及公共活动用

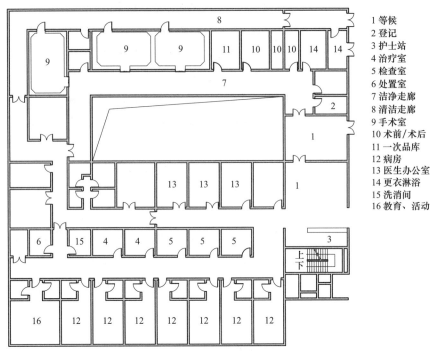

图中标注说明：
1 等候
2 登记
3 护士站
4 治疗室
5 检查室
6 处置室
7 洁净走廊
8 清洁走廊
9 手术室
10 术前/术后
11 一次品库
12 病房
13 医生办公室
14 更衣淋浴
15 洗消间
16 教育、活动

图 2-1-3　天津滨海医院手术部平面图

房宜集中设置，若分开设置时，宜采用通廊连接，避免产生噪声或废气的设备用房对疗养室等主要用房的干扰。

2）疗养院建筑主要房间的允许噪声级和隔声要求可按现行国家标准《民用建筑隔声设计规范》的规定执行。

3）电睡眠室应有遮光隔声措施，相邻两治疗床长边之间隔间净宽不宜小于 1.8m，以方便安置设备和轮椅通行。

4）体疗用房应避免对邻近用房的干扰，如设置在楼层，其隔墙及楼板应采取隔声措施。

5）有海水、温泉资源的疗养院，应设置室内水疗用房，水疗用房应远离有安静要求的功能房间。

6）多功能厅设置应远离疗养、理疗用房等有安静要求的房间。兼舞厅、会议功能的多功能厅隔墙应满足隔声要求，墙面和顶棚宜采用吸声材料，地面应平整且具有弹性。

2.1.1.4　旅馆类

旅馆建筑应根据其等级、类型、规模、服务特点、经营管理要求以及当地气候、旅馆建筑周边环境和相关设施情况，设置客房部分、公共部分及辅助部分，这三部分宜分区设置。客房部分包括各类客房，公共部分包含门厅、根据性质、等级、规模、服务特点设置餐厅、宴会厅、多功能厅、商店、健身、娱乐设施以及公用卫生间等，辅助部分包含库房、厨房、洗衣房、后勤服务用房和职工办公、休息用房等。其中客房部分对"静"的要求较高（图2-1-4）。

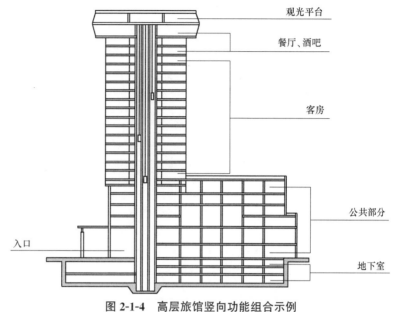

图 2-1-4　高层旅馆竖向功能组合示例

1. 应对旅馆建筑的使用和各种设备使用过程中可能产生的噪声和废气采取措施，不得对旅馆建筑的公共部分、客房部分等和邻近建筑产生不良影响。

2. 旅馆建筑客房部分、公共部分与辅助部分使用流线不宜交叉，公共部分及辅助用房的设备设施往往对客房产生强噪声或振动等不利影响，因此宜独立分区。

3. 客房、会客厅不宜与电梯井道贴邻布置；锅炉房、制冷机房、水泵房、冷却塔等应采取隔声、减振等措施，避免对客房产生不良影响。

4. 客房的隔墙及楼板应符合隔声规范的要求。客房之间的送风和排风管道必须采取消声处理措施，设置相当于毗邻客房间隔墙隔声量的消声装置。

5. 康乐设施的位置应满足使用及管理方便的要求，并不应使噪声对客房造成干扰并宜考虑独立的出入口。

6. 旅馆建筑的宴会厅、会议室、多功能厅等应根据用地条件、布局特点、管理要求设置，避免会议人流和噪声对客房的干扰，并宜设独立的分门厅。会议室宜与客房区域分开设置。

7. 旅馆商店的位置、出入口应考虑旅客的方便，并避免噪声对客房造成干扰。

8. 辅助部分的出入口内外流线应合理并应避免"客""服"交叉，"洁""污"混杂及噪声干扰。

9. 厨房的位置应与餐厅联系方便，并应避免厨房的噪声、油烟、气味及食品储运对餐厅及其他公共部分和客房部分造成干扰。

2.1.1.5　居住类

1. 宿舍

1）通廊式平面可分为内廊式和外廊式平面，内廊式宿舍的走廊过长会导致通风采光差、阴暗潮湿，且走廊交通以及人流穿越产生的噪声容易对较多的居室形成干扰，设计时应因地制宜，内走廊长度不宜大于60m。

2）每栋宿舍楼设置管理室、公共活动室和晾晒空间是宿舍使用的基本要求。公共活动室可集中设置也可以分层设置。每间居室带阳台的宿舍，可不在楼内集中设置晾晒空间。设计时把那些干扰大的盥洗、厕、浴等辅助用房和楼梯间，按功能动静分区与居室隔开，避免相互干扰（图2-1-5）。

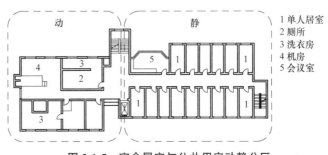

图 2-1-5　宿舍居室与公共用房动静分区

3）学校的学生、教师和企业科技人员的宿舍居室，都有学习的要求。因此，居室内除供睡眠或休息外，还应具备学习的条件，要求有安静、卫生的居住环境，减少相互干扰。

4）电梯机房、空调机房设备产生的噪声，电梯井道内产生的振动和撞击声对居住者的干扰很大，在设计中应尽量使居室远离噪声源，不得将机房布置在居室贴邻或其上，可用壁柜、卫生间等次要房间进行隔离。在不能满足隔声要求的情况下，应采取有效的隔声、减振措施。

2. 老年人建筑

老年人居住建筑的环境噪声等级宜满足规范规定。居室之间应有良好隔声处理和噪声控制。

2.1.2　内与外的分区要求

建筑内部的各功能组成部分中，有的功能以对"外"联系为主或与外界的联系性较为密切。有的功能则以"内"部联系为主。因此，就有了建筑功能内与外的分区要求。

有内与外分区要求的建筑类型主要包括：文教类建筑（托儿所、幼儿园、文化馆）、馆藏类建筑（图书馆、档案馆）、办公类建筑、医疗类建筑（医院）、交通枢纽类建筑（交通客运站、铁路旅客站）。

2.1.2.1 文教类建筑

1. 托儿所、幼儿园

1）托儿所、幼儿园建筑应由生活用房、服务管理用房和供应用房等部分组成。建筑宜按生活单元组合方法进行设计，各班生活单元应保持使用的相对独立性（图 2-1-6）。

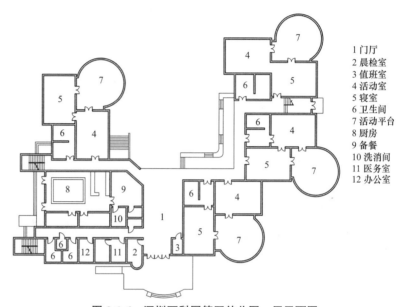

1 门厅
2 晨检室
3 值班室
4 活动室
5 寝室
6 卫生间
7 活动平台
8 厨房
9 备餐
10 洗消间
11 医务室
12 办公室

图 2-1-6　深圳万科园第四幼儿园一层平面图

2）托儿所和幼儿园合建时，托儿所应单独分区，并应设独立安全出入口，室外活动场地宜分开。

3）托儿所、幼儿园建筑应设门厅，门厅内应设置晨检和收发室。晨检室（厅）应设在建筑物的主入口处，并应靠近保健观察室。

4）保健观察室设置应与幼儿生活用房有适当的距离，并应与幼儿活动路线分开；宜设单独出入口。

5）教职工的卫生间、淋浴室应单独设置，不应与幼儿合用。

6）供应用房应包括厨房、消毒室、洗衣间、开水间、车库等房间，厨房应自成一区，并与幼儿活动用房应有一定距离。寄宿制托儿所、幼儿园建筑应设置集中洗衣房。

2. 文化馆建筑

1）文化馆建筑宜由群众活动用房、业务用房和管理及辅助用房组成。

2）群众活动用房宜包括门厅、展览陈列用房、报告厅、排演厅、文化教室、计算机与网络教室、多媒体视听教室、舞蹈排练室、琴房、美术书法教室、图书阅览室、游艺用房等。门厅位置应明显，方便人流疏散，并具有明确的导向性。

3）业务用房应包括录音录像室、文艺创作室、研究整理室、计算机机房等。

4）管理用房应由行政办公室、接待室、会计室、文印打字室及值班室等组成，且应设于对外联系方便、对内管理便捷的部位，并宜自成一区。

5）辅助用房应包括休息室，卫生、洗浴用房，服装、道具、物品仓库，档案室、资料室，车库及设备用房等。

2.1.2.2 馆藏类建筑

1. 图书馆

1）图书馆当与其他建筑合建时，必须满足图书馆的使用功能和环境要求，并自成一区，单独设置出入口。

2）图书馆建筑布局应与其管理方式和服务手段相适应，并应合理安排采编、收藏、借还、阅览之间的运行路线，使读者、管理人员和书刊运送路线便捷畅通，互不干扰。

3）图书馆应按其性质、任务及不同的读者对象设置相应的阅览室或阅览区。当图书馆设有少年儿童阅览区时，少年儿童阅览室应与成人阅览区分隔。珍善本阅览室与珍善本书库应毗邻布置。视障阅览室应方便视障读者使用，并应与盲文书库相连通。缩微阅读应设专门的阅览区，并宜与缩微资料库相连通，其室内家具设施应满足缩微阅读的要求。

4）音像视听室由视听室、控制室和工作间组成，并宜自成区域。

5）超过 300 座规模的报告厅应独立设置，并应与阅览区隔离；报告厅与阅览区毗邻设置时，应设单独对外出入口（图 2-1-7）。

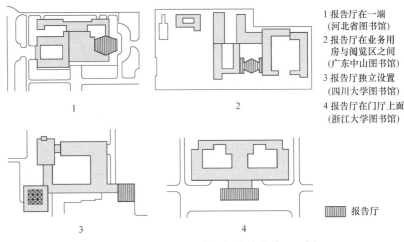

1 报告厅在一端
（河北省图书馆）
2 报告厅在业务用房与阅览区之间
（广东中山图书馆）
3 报告厅独立设置
（四川大学图书馆）
4 报告厅在门厅上面
（浙江大学图书馆）

▨ 报告厅

图 2-1-7　图书馆报告厅与主馆的关系示例

6）目录检索空间宜靠近读者出入口，并应与出纳空间相毗邻，检索设施可分散设置。当目录检索与出纳共处同一空间时，应有明确的分区。

7）图书馆行政办公用房包括行政管理和后勤保障用房，其规模应根据使用要求确定，可组合在建筑中，也可单独设置。

8) 采编用房应与读者活动区分开，并应与典藏室、书库、书刊入口有便捷联系；拆包间应邻近工作人员入口或专设的书刊入口。

2. 档案馆

1) 档案馆建筑应根据其等级、规模和功能设置各类用房，并宜由档案库、对外服务用房、档案业务和技术用房、办公用房和附属用房组成。

2) 档案馆的建筑布局应按照功能分区布置各类用房，并应达到功能合理、流程便捷、内外相互联系又有所分隔，避免交叉。各类用房之间进行档案传送时，不应通过露天通道。

3) 档案库应集中布置、自成一区。除更衣室外，档案库区内不应设置其他用房，且其他用房之间的交通也不得穿越档案库区。

4) 对外服务用房可由服务大厅（含门厅、寄存处等）、展览厅、报告厅、接待室、查阅登记室、目录室、开放档案阅览室、未开放档案阅览室、缩微阅览室、音像档案阅览室、电子档案阅览室、政府公开信息查阅中心、对外利用复印室和利用者休息室、饮水处、公共卫生间等组成。规模较小的档案馆可合并设置。

5) 档案业务和技术用房可由中心控制室、接收档案用房、整理编目用房、保护技术用房、翻拍洗印用房、缩微技术用房、音像档案技术用房、信息化技术用房组成，并应根据档案馆的等级、规模和实际需要选择设置或合并设置。

2.1.2.3 办公类建筑

1. 当办公建筑与其他建筑共建在同一基地内或与其他建筑合建时，应满足办公建筑的使用功能和环境要求，分区明确，宜设置单独出入口。

2. 办公建筑由办公室用房、公共用房、服务用房和设备用房等组成。空间布局应做到功能分区合理、内外交通联系方便、各种流线组织良好，保证办公用房、公共用房和服务用房有良好的办公和活动环境。

3. 对外办事大厅宜靠近出入口或单独分开设置，并与内部办公人员出入口分开。宜根据使用要求设置接待室；专用接待室应靠近使用部门；行政办公建筑的群众来访接待室宜靠近基地出入口并与主体建筑分开单独设置。

2.1.2.4 医疗类建筑

1. 综合医院

1) 门诊、急诊、急救和住院应分别设置无障碍出入口（图2-1-8）。

2) 医院住院部宜增设供医护人员专用的客梯、送餐和污物专用货梯。

3) 妇科、产科和计划生育用房应自成一区，可设单独出入口。

4) 儿科用房设置应自成一区，可设单独出入口。

5) 急诊部应自成一区，应单独设置出入口，便于急救车、担架车、轮椅车的停放。

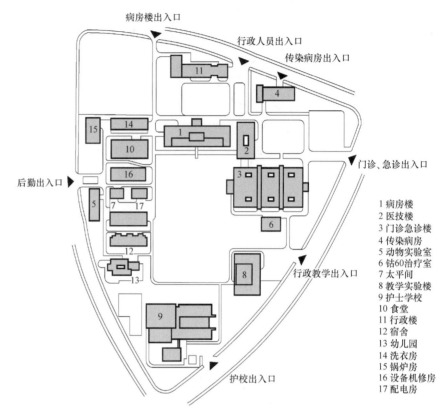

图 2-1-8　上海市第六人民医院各部分出入口的设置

1 病房楼
2 医技楼
3 门诊急诊楼
4 传染病房
5 动物实验室
6 钴60治疗室
7 太平间
8 教学实验楼
9 护士学校
10 食堂
11 行政楼
12 宿舍
13 幼儿园
14 洗衣房
15 锅炉房
16 设备机修房
17 配电房

6）消化道、呼吸道等感染疾病门诊均应自成一区，并应单独设置出入口。

7）住院部应自成一区，设置单独或共用出入口，并应设在医院环境安静、交通方便处，与医技部、手术部和急诊部应有便捷的联系，同时应靠近医院的能源中心、营养厨房、洗衣房等辅助设施。

8）血液透析室用房可设于门诊部或住院部内，应自成一区。

9）手术部应自成一区，宜与外科护理单元邻近，并宜与相关的急诊、介入治疗科、重症监护科（ICU）、病理科、中心（消毒）供应室、血库等路径便捷；手术部不宜设在首层。

10）放射科宜在底层设置，并应自成一区，且应与门、急诊部和住院部邻近布置，并有便捷联系；有条件时，患者通道与医护工作人员通道应分开设置。

11）磁共振检查室宜自成一区或与放射科组成一区，宜与门诊部、急诊部、住院部邻近，并应设置在底层；应避开电磁波和移动磁场的干扰。

12）放射治疗用房宜设在底层、自成一区，其中治疗机房应集中设置。

13）核医学科应自成一区，并应符合国家现行有关防护标准的规定。放射源应设单独出入口。

14）介入治疗用房应自成一区，且应与急诊部、手术部、心血管监护病房有便捷联系。

15）检验科用房应自成一区，微生物学检验应与其他检验分区布置。

16）病理科用房应自成一区，宜与手术部有便捷联系。病理解剖室宜和太平间合建，与停尸房宜有内门相通，并应设工作人员更衣及淋浴设施。

17）超声、电生理、肺功能检查室宜各成一区，与门诊部、住院部应有便捷联系。

18）内窥镜科用房位置应自成一区，与门诊部有便捷联系；各检查室宜分别设置。上、下消化道检查室应分开设置。

19）理疗科可设在门诊部或住院部，应自成一区。

20）输血科（血库）用房宜自成一区，并宜邻近手术部；贮血与配血室应分别设置。

21）中心（消毒）供应室应自成一区，宜与手术部、重症监护和介入治疗等功能用房区域有便捷联系。

22）营养厨房应自成一区，宜邻近病房，并与之有便捷联系通道。

23）洗衣房位置应自成一区，并应按工艺流程进行平面布置。

24）太平间位宜独立建造或设置在住院用房的地下层；解剖室应有门通向停尸间。

2. 传染病医院

1）门诊部的出入口应靠近院区的主要出入口。

2）接诊区可在门诊部靠近入口处设置，也可与急诊部合并设立。

3）门诊部平面布局中，病人候诊区应与医务人员诊断工作区分开布置，并应在医务人员进出诊断工作区出入口处为医务人员设置卫生通过室。

4）急诊部应自成一区，并应单独设置出入口，宜与门诊部、医技部毗邻。

5）医学影像科位置宜方便门诊、急诊及住院病人使用；平面布置应区分病人等候检查区与医务人员诊断工作区，并应在医务人员进出诊断工作区设置卫生通过室。

6）功能检查室位置宜方便门诊、急诊及住院病人使用；平面布置应区分病人等候检查区与医务人员诊断工作区，并应在医务人员进出诊断工作区处设置卫生通过室。

7）血库宜自成一区，并邻近化验科、手术部。

8）中心（消毒灭菌）供应室宜自成一区，靠近手术部布置并与该部有直接联系通道。

9）手术部宜自成一区，与急诊部、外科手术相关的病区相近，并宜与中心供应室、血库、病理科联系方便。

10）药剂科宜自成一区，并应与住院部联系方便。

11）检验科应自成一区，并与门诊及住院部联系方便。

12）病理科宜自成一区，与手术部联系方便，并宜设置运送病理检验废弃物的对外安全通道。

13）住院部宜自成一区，靠近手术部、医学影像科、检验科等，并应与药房、营养厨房等有方便联系通道。

14）重症监护宜自成一区，宜靠近手术部，并安排方便联系的通道。

2.1.2.5 交通枢纽类建筑

1. 交通客运站

1）售票厅的位置应方便旅客购票。四级及以下站级的客运站，售票厅可与候乘厅合用，其余站级的客运站宜单独设置售票厅，并应与候乘厅、行包托运厅联系方便。

2）一、二级交通客运站应分别设置行包托运厅、行包提取厅，且行包托运厅宜靠近售票厅，行包提取厅宜靠近出站口；三、四级交通客运站的行包托运厅和行包提取厅，可设于同一空间内。

3）值班室应临近候乘厅，其使用面积应按最大班人数不少于 2.0m²/人确定，且最小使用面积不应小于 9.0m²。

4）一、二级汽车客运站在出站口处应设补票室，港口客运站在检票口附近宜设补票室。补票室的使用面积不宜小于 10.0m²，并应有防盗设施。

5）站房内应设置旅客服务用房与设施，宜有问讯台（室）、小件寄存处、自助存包柜、邮政、电信、医务室、商业服务设施等。

2. 铁路旅客车站

1）铁路旅客车站的流线设计，旅客、车辆、行李、包裹和邮件的流线应短捷，避免交叉。进、出站旅客流线应在平面或空间上分开（图 2-1-9）。

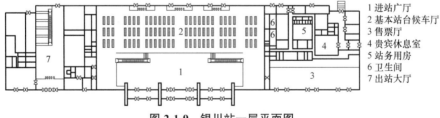

1 进站广厅
2 基本站台候车厅
3 售票厅
4 贵宾休息室
5 站务用房
6 卫生间
7 出站大厅

图 2-1-9　银川站一层平面图

2）旅客站房宜独立设置。当与其他建筑合建时，应保证铁路旅客车站功能的完整和安全。

3）站房内应按功能划分为公共区、设备区和办公区，各区应划分合理，功能明确，便于管理。公共区应设置为开敞、明亮的大空间，旅客服务设施齐备，旅客流线清晰、组织有序。设备区应远离公共区设置，并充分利用地下空间。办公区宜集中设置于站房次要部位，并与公共区有良好的联系条件，与运营有关的用房应靠近站台。

4）候车区（室）普通、软席、军人（团体）和无障碍候车区宜布置在大空间下，并可采用低矮轻质隔断划分各类候车区。贵宾候车室应设置单独出入口和直通车站广场的车行道。

5）售票处特大型、大型站的售票处除应设置在站房进站口附近外，还应在进站通道上设置售票点或自动售票机。中型、小型站的售票处宜设置在站房内候车区附近。当车站为多层站房时，售票处宜分层设置。

6）客货共线铁路旅客车站宜设置行李托取处。特大型、大型站的行李托运和提取应分开设置，行李托运处的位置应靠近售票处，行李提取处宜设置在站房出站口附近。中型和小型站的行李托、取处可合并设置。

7）客运管理用房应根据旅客车站建筑规模及使用需要集中设置，其用房宜包括客运值班室、交接班室、服务员室、补票室、公安值班室、广播室、上水工室、开水间、清扫工具间以及生产用车停车场地等。

8）国境（口岸）站房的客运设施应设出入境和境内两套设施。

2.1.3　洁与污的分区要求

在公共建筑的功能分区中，还有一个洁与污的分区要求。建筑使用的过程中，有些部分在使用中会产生污物，或其使用中会对其他部分产生污染，要求与其他部分有一定的距离或采取一定的隔离措施。

有洁与污要求的建筑类型主要有：文化类建筑（托儿所、幼儿园）、医疗类建筑（综合医院与传染病医院）。

2.1.3.1　托儿所、幼儿园建筑

1. 托儿所、幼儿园在供应区内宜设杂物院，并应与其他部分相隔离。杂物院应有单独的对外出入口（图2-1-10）。

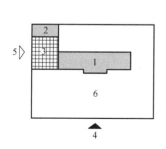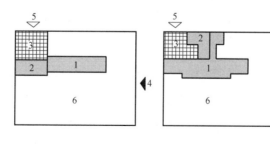

1 儿童生活用房
2 生活服务用房
3 杂物院
4 幼儿园主入口
5 杂物院入口
6 幼儿活动区

图 2-1-10　幼儿园杂物院位置示例

2. 幼儿园生活用房卫生间应临近活动室或寝室，且开门不宜直对寝室或活动室（图2-1-11）。

3. 供应用房应包括厨房、消毒室、洗衣间、开水间、车库等房间，厨房应自成一区，并与幼儿活动用房应有一定距离。

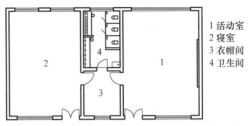

图 2-1-11　幼儿园生活用房卫生间位置示例

2.1.3.2　医疗类建筑

1. 综合医院

1）消化道、呼吸道等感染疾病门诊均应自成一区，并应单独设置出入口。

2）住院用房设传染病房时，应单独设置，并应自成一区。产房应自成一区，入口处应设卫生通过和浴室、卫生间。污洗室应邻近污物出口处，并应设倒便设施和便盆、痰杯的洗涤消毒设施。

3）烧伤病房应设在环境良好、空气清洁的位置，可设于外科护理单元的尽端，宜相对独立或单独设置。

4）血液病房可设于内科护理单元内，亦可自成一区。可根据需要设置洁净病房，洁净病房应自成一区。

5）手术部应分为一般手术部和洁净手术部。平面布置应符合功能流程和洁污分区要求；入口处应设医护人员卫生通过，且换鞋处应采取防止洁污交叉的措施。

6）介入治疗用房应自成一区，洁净区、非洁净区应分设。

7）中心（消毒）供应室应按照污染区、清洁区、无菌区三区布置，并应按单向流程布置，工作人员辅助用房应自成一区；进入污染区、清洁区和无菌区的人员均应卫生通过。

8）洗衣房的污衣入口和洁衣出口处应分别设置。

2. 传染病医院

1）门诊部应按肠道、肝炎、呼吸道门诊等不同传染病种分设不同门诊区域，并应分科设置候诊室、诊室。

2）急诊部入口处应设置筛查区（间），并应在急诊部入口毗邻处设置隔离观察病区或隔离病室。

3）医学影像科供呼吸道传染病病人使用的一般影像检查室可分开独立设置；与其他传染病病人共同使用的大型影像检查室，宜为各检查室设2～3间更衣小间。

4）功能检查室供呼吸道传染病病人使用的常规检查室，可分开独立设置。

5）中心（消毒灭菌）供应室设置应按洁净区、清洁区、污染区分区布置，并应按生产加工单向工艺流程布置；应为进入洁净区与清洁区的工作人员分别设置卫生通过室。

6）住院部平面布置应划分污染区、半污染区与清洁区，并应划分洁污人流、物流通道。

7）重症监护病区呼吸道传染病重症监护病区应采用单床小隔间布置方式，非呼吸道传染病的重症监护病区可按多床大开间和单床小隔间组合布置。

8）洗衣房设置应按衣服、被单的洗涤、消毒、烘干、折叠加工流程布置，污染的衣服、被单接受口与清洁的衣服、被单发送口应分开设置。

2.2 主要使用空间

在建筑设计规范中涉及的建筑类型有较多，这些建筑类型的空间使用性质与组成类型虽然繁多，但概括起来，都可以分为主要使用空间、辅助使用空间和交通联系空间，本节根据高校学生建筑设计课程所接触到的建筑类型，对规范在主要使用空间方面的要求进行介绍。

2.2.1 文教类建筑

2.2.1.1 文化馆建筑

文化馆建筑主要使用空间包括：群众活动用房、业务用房。

1. 文化馆各类用房在使用上应具有可调性和灵活性，并应便于分区使用和统一管理。

2. 文化馆设置儿童、老年人的活动用房时，应布置在三层及三层以下，且朝向良好和出入安全、方便的位置。

3. 群众活动用房宜包括门厅、展览陈列用房、报告厅、排演厅、文化教室、计算机与网络教室、多媒体视听教室、舞蹈排练室、琴房、美术书法教室、图书阅览室、游艺用房等。应采用易清洁、耐磨的地面；严寒地区的儿童和老年人的活动室宜做暖性地面（图2-2-1）。

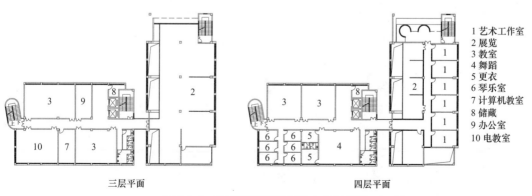

图 2-2-1 福田区彩田东文化中心平面图

1) 展览陈列用房：应由展览厅、陈列室、周转房及库房等组成，且每个展览厅的使用面积不宜小于 65m²；小型馆的展览厅、陈列室宜与门厅合并布置；大型馆的陈列室宜与门厅或走廊合并布置；展览厅内的参观路线应顺畅，并应设置可灵活布置的展板和照明设施；宜以自然采光为主，并应避免眩光及直射光；展览厅、陈列室的出入口的宽度和高度应满足安全疏散和搬运展品及大型版面的要求。

2) 报告厅：应具有会议、讲演、讲座、报告、学术交流等功能，也可用于娱乐活动和教学；规模宜控制在 300 座以下，并应设置活动座椅，且每座使用面积不应小于 1.0m²；应设置讲台、活动黑板、投影幕等，并宜配备标准主席台和贵宾休息室；当规模较小或条件不具备时，报告厅宜与小型排演厅合并为多功能厅。

3) 排演厅：排演厅宜包括观众厅、舞台、控制室、放映室、化妆间、厕所、淋浴更衣间等功能用房。观众厅的规模不宜大于 600 座，观众厅的座椅排列和每座使用面积指标符合《剧场建筑设计规范》的规定。当观众厅为 300 座以下时，可将观众厅做成水平地面、伸缩活动座椅。当观众厅规模超过 300 座时，观众厅的座位排列、走道宽度、视线及声学设计、放映室及舞台设计，应符合国家现行标准《剧场建筑设计规范》、《剧场、电影院和多用途厅堂建筑声学设计规范》的有关规定。

4) 普通教室（小教室）和大教室：普通教室宜按每 40 人一间设置，大教室宜按每 80 人一间设置，且教室的使用面积不应小于 1.4m²/人；文化教室课桌椅的布置及有关尺寸，不宜小于现行国家标准《中小学校设计规范》有关规定；普通教室及大教室均应设黑板、讲台，并应预留电视、投影等设备的安装条件；大教室可根据使用要求设为阶梯地面，并应设置连排式桌椅。

5) 计算机与网络教室：平面布置应符合现行国家标准《中小学校设计规范》对计算机教室的规定，且计算机桌应采用全封闭双人单桌，操作台的布置应方便教学；50 座的教室使用面积不应小于 73m²，25 座的教室使用面积不应小于 54m²；室内净高不应小于 3.0m；宜北向开窗；宜配置相应的管理用房；宜与文化信息资源共享工程服务点、电子图书阅览室合并设置，且合并设置时，应设置国家共享资源接收终端，并应设置统一标识牌。

6) 多媒体视听教室：宜具备多媒体视听、数字电影、文化信息资源共享工程服务等功能，规模宜控制在每间 100～200 人，且当规模较小时，宜与报告厅等功能相近的空间合并设置；室内装修应满足声学要求，且房间门应采用隔声门。

7) 舞蹈排练室：宜靠近排演厅后台布置，并应设置库房、器材储藏室等附属用房；每间的使用面积宜控制在 80～200m²；用于综合排练室使用时，每间的使用面积宜控制在 200～400m²；每间人均使用面积不应小于 6m²；室内净高不应低于 4.5m；地面应平整，且宜做有木龙骨的双层木地板；室内与采光窗相垂直的一面墙上，应设置高度不小于 2.10m（包括镜座）的通长照身镜，且镜座下方应设置不超过 0.30m 高的通长储物箱，其余三面墙上应设置高度不低于 0.90m 的可升降把杆，把杆距墙不宜小于 0.40m；舞蹈排练室的墙面应平直，室内不得设有独立柱及墙壁柱，墙面及顶棚不得有妨碍活动安全的突出物，采暖设施应暗装；舞蹈排练室的采光窗应避免眩光，或设置遮光设施。

8）琴房：琴房的数量可根据文化馆的规模进行确定，且使用面积不应小于 6m²/人；琴房墙面不应相互平行，墙体、地面及顶棚应采用隔声材料或做隔声处理，且房间门应为隔声门，内墙面及顶棚表面应做吸声处理；不宜设在温度、湿度常变的位置，且宜避开直射阳光，并应设具有吸声效果的窗帘。

9）美术书法教室：美术教室应为北向或顶部采光，并应避免直射阳光；人体写生的美术教室，应采取遮挡外界视线的措施；教室墙面应设挂镜线，且墙面宜设置悬挂投影幕的设施。室内应设洗涤池；教室的使用面积不应小于 2.8m²/人，教室容纳人数不宜超过 30 人，准备室的面积宜为 25m²；书法学习桌应采用单桌排列，其排距不宜小于 1.20m，且教室内的纵向走道宽度不应小于 0.70m；有条件时，美术教室、书法教室宜单独设置，且美术教室宜配备教具储存室、陈列室等附属房间，教具储存室宜与美术教室相通。

10）图书阅览室：宜包括开架书库、阅览室、资料室、书报储藏间等，应设于文化馆内静态功能区；阅览室应光线充足，照度均匀，并应避免眩光及直射光；宜设儿童阅览室，并宜临近室外活动场地；阅览桌椅的排列间隔尺寸及每座使用面积，可按现行行业标准《图书馆建筑设计规范》执行；阅览室使用面积可根据服务人群的实际数量确定，也可多点设置阅览角；室内应预留布置书刊架、条形码管理系统、复印机等的空间。

11）游艺室：文化馆应根据活动内容和实际需要设置大、中、小游艺室，并应附设管理及储藏空间，大游艺室的使用面积不应小于 100m²，中游艺室的使用面积不应小于 60m²，小游艺室的使用面积不应小于 30m²；大型馆的游艺室宜分别设置综合活动室、儿童活动室、老人活动室及特色文化活动室，且儿童活动室室外宜附设儿童活动场地。

4. 业务用房部分一般由录音录像室、文艺创作室、研究整理室等组成。

1）录音录像室：录音录像室应包括录音室和录像室，且录音室应由演唱演奏室和录音控制室组成；录像室宜由表演空间、控制室、编辑室组成，编辑室可兼作控制室；录音录像室应布置在静态功能区内最为安静的部位，且不得邻近变电室、空调机房、锅炉房、厕所等易产生噪声的地方，其功能分区宜自成一区。

2）文艺创作室：文艺创作室宜由若干文学艺术创作工作间组成，且每个工作间的使用面积宜为 12m²；应设在静区，并宜与图书阅览室邻近；应设在适合自然采光的朝向，且外窗应设有遮光设施。

3）研究整理室：应由调查研究室、文化遗产整理室和档案室等组成；有条件时，各部分宜单独设置；应设在静态功能区，并宜邻近图书阅览室集中布置；档案室应设在干燥、通风的位置；不宜设在建筑的顶层和底层。档案室应防止日光直射，并应避免紫外线对档案、资料的危害。

4）计算机机房：应包括计算机网络管理、文献数字化、网站管理等用房，并应符合现行国家标准《电子信息系统机房设计规范》的有关规定。

2.2.1.2 中小学校建筑

中小学、中师、幼师建筑主要使用空间包括：普通教室、专用教室（自然教室、美术教室、书法教室、史地教室、语言教室、微型电子计算机教室、音乐教室、合班教室）、公共教学用房（合班教室、图书室、学生活动室、体质测试室、心理咨询室、德育展览室）（图 2-2-2）。

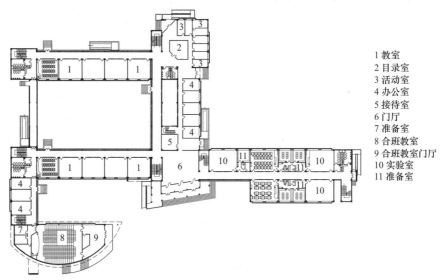

1 教室
2 目录室
3 活动室
4 办公室
5 接待室
6 门厅
7 准备室
8 合班教室
9 合班教室门厅
10 实验室
11 准备室

图 2-2-2 北京某中学综合教学楼平面图

1. 各类小学的主要教学用房不应设在四层以上，各类中学的主要教学用房不应设在五层以上。

2. 中小学校的普通教室与专用教室、公共教学用房间应联系方便。教师休息室宜与普通教室同层设置。各专用教室宜与其教学辅助用房成组布置。教研组教师办公室宜设在其专用教室附近或与其专用教室成组布置。

3. 化学实验室：宜设在建筑物首层。并应附设药品室。化学实验室、化学药品室的朝向不宜朝西或西南。化学实验室的外墙至少应设置 2 个机械排风扇，排风扇下沿应在距楼地面以上 0.10～0.15m 高度处。在排风扇的室内一侧应设置保护罩，采暖地区应为保温的保护罩。

4. 物理实验室：当学校配置 2 个及以上物理实验室时，其中 1 个应为力学实验室。光学、热学、声学、电学等实验可共用同一实验室，并应配置各实验所需的设备和设施。

5. 生物实验室：除应附设仪器室、实验员室、准备室。还应附设药品室、标本陈列室、标本储藏室，宜附设模型室，并宜在附近附设植物培养室，在校园下风方向附设种植园及小动物饲养园。标本陈列室与标本储藏室宜合并设置，实验员室、仪器室、模型室可合并设置。

6. 综合实验室：当中学设有跨学科的综合研习课时，宜配置综合实验室。综合实验室应附设仪器室、准备室；当化学、物理、生物实验室均在邻近布置时，综合实验室可不设仪器室、准备室。

7. 史地教室：应附设历史教学资料储藏室、地理教学资料储藏室和陈列室或陈列廊。

8. 计算机教室：应附设一间辅助用房供管理员工作及存放资料。

9. 语言教室：应附设视听教学资料储藏室。语言教室宜采用架空地板。不架空时，应铺设可敷设电缆槽的地面垫层。

10. 美术教室：应附设教具储藏室，宜设美术作品及学生作品陈列室或展览廊。美术教室应有良好的北向天然采光。当采用人工照明时，应避免眩光。美术教室内应配置挂镜线，挂镜线宜设高低两组。美术教室的墙面及顶棚应为白色。

11. 书法教室：可附设书画储藏室。小学书法教室可兼作美术教室。室内应配置挂镜线，挂镜线宜设高低两组。

12. 音乐教室：应附设乐器存放室。音乐教室讲台上应布置教师用琴的位置。中小学校应有 1 间音乐教室能满足合唱课教学的要求，宜在紧接后墙处设置 2~3 排阶梯式合唱台。应设置五线谱黑板。门窗应隔声。墙面及顶棚应采取吸声措施。

13. 舞蹈教室：宜满足舞蹈艺术课、体操课、技巧课、武术课的教学要求，并可开展形体训练活动。舞蹈教室应附设更衣室，宜附设卫生间、浴室和器材储藏室。应按男女学生分班上课的需要设置。舞蹈教室内应在与采光窗相垂直的一面墙上设通长镜面，镜面含镜座总高度不宜小于 2.10m，镜座高度不大于 0.30m。镜面两侧的墙上及后墙上应装设可升降的把杆，镜面上宜装设固定把杆。把杆升高时的高度应为 0.90m；把杆与墙间的净距不应小于 0.40m。宜采用木地板。当学校有地方或民族舞蹈课时，舞蹈教室设计宜满足其特殊需要。

14. 合班教室：各类小学宜配置能容纳 2 个班的合班教室。当合班教室兼用于唱游课时，室内不应设置固定课桌椅，并应附设课桌椅存放空间。兼作唱游课教室的合班教室应对室内空间进行声学处理。各类中学宜配置能容纳一个年级或半个年级的合班教室。容纳 3 个班及以上的合班教室应设计为阶梯教室。

15. 图书室：应包括学生阅览室、教师阅览室、图书杂志及报刊阅览室、视听阅览室、检录及借书空间、书库、登录、编目及整修工作室。并可附设会议室和交流空间。图书室应位于学生出入方便、环境安静的区域。教师与学生的阅览室宜分开设置，报刊阅览室可以独立设置，也可以在图书室内的公共交流空间设报刊架，开架阅览。

2.2.1.3 托儿所、幼儿园

托儿所、幼儿园建筑主要使用空间是幼儿生活用房，包括活动室、寝室、乳儿室、配乳室、喂奶室等（图 2-2-3）。

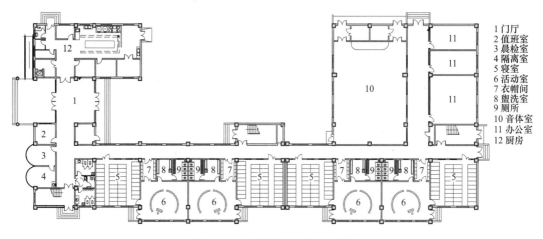

1 门厅
2 值班室
3 晨检室
4 隔离室
5 寝室
6 活动室
7 衣帽间
8 盥洗室
9 厕所
10 音体室
11 办公室
12 厨房

图 2-2-3 山西某幼儿园平面图

1. 托儿所、幼儿园建筑宜按幼儿生活单元组合方法进行设计，各班幼儿生活单元应保持使用的相对独立性。托儿所、幼儿园中的幼儿生活用房不应设置在地下室或半地下室，幼儿园生活用房应布置在三层及以下。托儿所生活用房应布置在首层。当布置在首层确有困难时，可将托大班布置在二层，其人数不应超过 60 人，并应符合有关防火安全疏散的规定。

2. 托儿所生活用房应由乳儿班、托小班、托大班组成，各班应为独立使用的生活单元。宜设公共活动空间。大班生活用房的使用面积及要求宜与幼儿园生活用房相同。

3. 乳儿班、托小班应包括睡眠区、活动区、配餐区、清洁区、储藏区等，各区最小使用面积应符合规定。乳儿班和托小班宜设喂奶室，使用面积不宜小于 10m²。乳儿班和托小班生活单元各功能分区之间宜采取分隔措施，并应互相通视。

4. 托儿所和幼儿园合建时，托儿所应单独分区，并应设独立安全出入口，室外活动场地宜分开。

5. 幼儿园的生活用房应由幼儿生活单元、公共活动空间和多功能活动室组成。公共活动空间可根据需要设置。

6. 幼儿园的生活用房应由幼儿生活单元和公共活动用房组成。幼儿生活单元应设置活动室、寝室、卫生间、衣帽储藏间等基本空间。幼儿生活单元应设置活动室、寝室、卫生间、衣帽储藏间等基本空间。

7. 幼儿园生活单元房间的最小使用面积不应小于规定要求，当活动室与寝室合用时，其房间最小使用面积不应小于 105m^2。

8. 单侧采光的活动室进深不宜大于 6.60m。设置的阳台或室外活动平台不应影响生活用房的日照。

9. 同一个班的活动室与寝室应设置在同一楼层内。寝室应保证每一幼儿设置一张床铺的空间，不应布置双层床。床位侧面或端部距外墙距离不应小于 0.60m。

10. 厕所、盥洗室、淋浴室地面不应设台阶，地面应防滑和易于清洗。

11. 夏热冬冷和夏热冬暖地区，托儿所、幼儿园建筑的幼儿生活单元内宜设淋浴室；寄宿制幼儿生活单元内应设置淋浴室，并应独立设置。

12. 封闭的衣帽储藏室宜设通风设施。

13. 应设多功能活动室，位置宜临近生活单元，其使用面积宜每人 0.65m^2，且不应小于 90m^2。单独设置时宜与主体建筑用连廊连通，连廊应做雨篷，严寒和寒冷地区应做封闭连廊。

2.2.2　馆藏类建筑

2.2.2.1　图书馆建筑

图书馆建筑主要使用空间包括：藏书、借书、阅览、出纳、检索用房（图 2-2-4）。

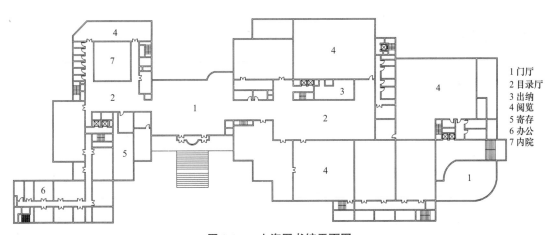

1 门厅
2 目录厅
3 出纳
4 阅览
5 寄存
6 办公
7 内院

图 2-2-4　上海图书馆平面图

1. 图书馆建筑布局应与其管理方式和服务手段相适应，并应合理安排采编、收藏、借还、阅览之间的运行路线，使读者、管理人员和书刊运送路线便捷畅通，互不干扰。图书馆藏阅空间的柱网尺寸、层高、荷载设计应有较大的适应性和使用的灵活性。图书馆的四层及四层以上设有阅览室时，应设置为读者服务的电梯，并应至少设一台无障碍电梯。

2. 藏书空间：包括基本书库、开架书库、特藏书库等形式。图书馆建筑设计可根据具体情况选择书库形式。书库的平面布局和书架排列应有利于天然采光和自然通风，并应缩短书刊取送距离。书架宜垂直于开窗的外墙布置。书库采用竖向条形窗时，窗口应正对行道，书架档头可靠墙。书库采用横向条形窗且窗宽大于书架之间的行道宽度时，书架档头不应靠墙，书架与外墙之间应留有通道。基本书库的结构形式和柱网尺寸应适合所采用的管理方式和所选书架的排列要求。特藏书库应单独设置。珍善本书库的出入口应设置缓冲间，并在其两侧分别设置密闭门。卫生间、开水间或其他经常有积水的场所不应设置在书库内部及其直接上方。二层至五层的书库应设置书刊提升设备，六层及六层以上的书库应设专用货梯。书刊提升设备的位置宜邻近书刊出纳台。同层的书库与阅览区的楼、地面宜采用同一标高。

3. 阅览空间：图书馆应按其性质、任务及不同的读者对象设置相应的阅览室或阅览区。阅览室（区）应光线充足、照度均匀。阅览室（区）应根据管理模式在入口附近设置相应的管理设施。珍善本阅览室与珍善本书库应毗邻布置。舆图阅览室应能容纳大型阅览桌，并应有完整的大片墙面和悬挂大幅舆图的设施。缩微阅读应设专门的阅览区，并宜与缩微资料库相连通，其室内家具设施应满足缩微阅读的要求。音像视听室由视听室、控制室和工作间组成，并宜自成区域。珍善本书、舆图、音像资料和电子阅览室的外窗均应有遮光设施。少年儿童阅览室应与成人阅览区分隔。视障阅览室应方便视障读者使用，并应与盲文书库相连通。当阅览室（区）设置老年人及残障读者的专用座席时，应邻近管理台布置。

4. 目录检索宜包括在线公共目录查询系统、书本目录和卡片目录等检索方式，可根据实际需要确定。目录检索空间宜靠近读者出入口，并应与出纳空间相毗邻，检索设施可分散设置。当目录检索与出纳共处同一空间时，应有明确的分区。中心出纳台（总出纳台）应毗邻基本书库设置。出纳台与基本书库之间的通道不应设置踏步；当高差不可避免时，应采用坡度不大于1∶8的坡道。

2.2.2.2 档案馆建筑

档案馆主要使用空间包括：档案库、查阅档案用房、档案业务和技术用房、办公用房。档案馆应根据等级、规模和职能配置各类用房（图2-2-5）。

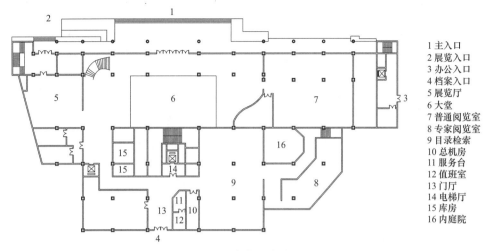

图 2-2-5　广东省档案馆平面图

1 主入口
2 展览入口
3 办公入口
4 档案入口
5 展览厅
6 大堂
7 普通阅览室
8 专家阅览室
9 目录检索
10 总机房
11 服务台
12 值班室
13 门厅
14 电梯厅
15 库房
16 内庭院

1. 档案库可包括纸质档案库、音像档案库、光盘库、缩微拷贝片库、母片库、特藏库、实物档案库、图书资料库、其他特殊载体档案库等，并应根据档案馆的等级、规模和实际需要选择设置或合并设置。档案库应集中布置、自成一区。除更衣室外，档案库区内不应设置其他用房，且其他用房之间的交通也不得穿越档案库区。档案库区或档案库入口处应设缓冲间，其面积不应小于 6m²；当设专用封闭外廊时，可不再设缓冲间。档案库区内比库区外楼地面应高出 15mm，并应设置密闭排水口。每个档案库应设两个独立的出入口，且不宜采用串通或套间布置方式。

2. 档案库净高不应低于 2.60m。档案库内档案装具布置应成行垂直于有窗的墙面。档案装具间的通道应与外墙采光窗相对应，当无窗时，应与管道通风孔开口方向相对应。当档案库与其他用房同层布置且楼地面有高差时，应满足无障碍通行的要求。母片库不应设外窗。珍贵档案存储应专设特藏库。

3. 阅览室：自然采光的窗地面积比不应小于 1/5；应避免阳光直射和眩光，窗宜设遮阳设施；室内应能自然通风；每个阅览座位使用面积：普通阅览室每座不应小于 3.5m²；专用阅览室每座不应小于 4.0m²；若采用单间时，房间使用面积不应小于 12.0m²；阅览桌上应设置电源；室内应设置防盗监控系统。

4. 缩微阅览室：应避免阳光直射；宜采用间接照明，阅览桌上应设局部照明；室内应设空调或机械通风设备。

5. 档案业务和技术用房可由中心控制室、接收档案用房、整理编目用房、保护技术用房、翻拍洗印用房、缩微技术用房、音像档案技术用房、信息化技术用房组成，并应根据档案馆的等级、规模和实际需要选择设置或合并设置。

6. 查阅档案用房可由接待室、查阅登记室、目录室、普通阅览室、专用阅览室、缩微阅览室、声像室、展览厅、复印室和休息室等组成。规模较小的档案馆根据使用要求可合并设置。阅览室设计应符合下列要求：天然采光的窗地面积比不应小于 1：5，应避免阳光直射和眩光，窗宜设遮阳设施。单面采光的阅览室进深与窗墙高度比不应大于 2：1，双面采光不应大于 4：1。室内应有自然通风，室内应设置自动防盗监控系统。

7. 档案业务和技术用房可由缩微用房、翻拍洗印用房、计算机房、静电复印室、翻版胶印室、理化试验室、声像档案技术处理室、中心控制室、裱糊室、装订室、接收室、除尘室、熏蒸室、去酸室以及整理编目室、编研室、出版发行室等组成。应根据档案馆的等级、规模和实际需要选择设置上述用房。

2.2.3 博物馆建筑

博物馆建筑主要使用空间包括：陈列区、藏品库区（图 2-2-6）。

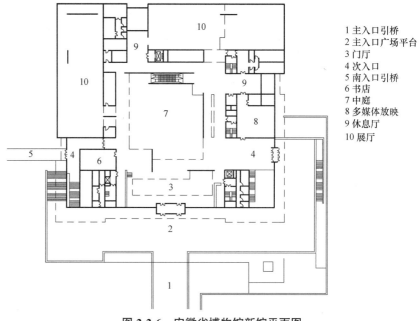

图 2-2-6 安徽省博物馆新馆平面图

1 主入口引桥
2 主入口广场平台
3 门厅
4 次入口
5 南入口引桥
6 书店
7 中庭
8 多媒体放映
9 休息厅
10 展厅

1. 陈列展览区：应满足陈列内容的系统性、顺序性和观众选择性参观的需要；观众流线的组织应避免重复、交叉、缺漏，其顺序宜按顺时针方向；除小型馆外，临时展厅应能独立开放、布展、撤展；当个别展厅封闭维护或布展调整时，其他展厅应能正常开放。展厅的平面设计应符合分间及面积应满足陈列内容（或展项）完整性、展品布置及展线长度的要求，并应满足展陈设计适度调整的需要；应满足观众观展、通行、休息和抄录、临摹的需要；展厅单跨时的跨度不宜小于 8m，多跨时的柱距不宜小于 7m。展厅净高应满足展品展示、安装的要求，顶部灯光对展品入射角的要求，以及安全监控设备覆盖面的要求；顶部空调送风口边缘距藏品顶部直线距离不应少于 1.0m。特殊展厅的空间尺寸、设备、设施及附属设备间等应根据工艺要求设计。陈列展览区的合理观众人数应为其全部展厅合理限值之和，高峰时段最大容纳观众人数应为其全部展厅高峰限值之和。

2. 藏品库区：应由库前区和库房区组成，建筑面积应满足现有藏品保管的需要，并应满足工艺确定的藏品增长预期的要求，或预留扩建的余地；当设置多层库房时，库前区宜设于地面层；体积较大或重量大于 500kg 的藏品库房宜设于地面层；开间或柱网尺寸不宜小于 6m；当收藏对温湿度敏感的藏品时，应在库房区总门附近设置缓冲间。

3. 采用藏品柜（架）存放藏品的库房应符合库房内主通道净宽应满足藏品运送的要求，并不应小于 1.20m；两行藏品柜间通道净宽应满足藏品存取、运送的要求，并不应小于 0.80m；藏品柜端部与墙面净距不宜小于 0.60m；藏品柜背与墙面的净距不宜小于 0.15m。

2.2.4 观演类建筑

2.2.4.1 剧场

剧场建筑主要使用空间包括：观众厅、舞台、乐池（图 2-2-7）。

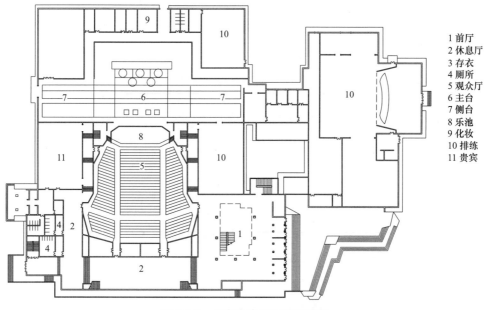

1 前厅
2 休息厅
3 存衣
4 厕所
5 观众厅
6 主台
7 侧台
8 乐池
9 化妆
10 排练
11 贵宾

图 2-2-7 北京市中国剧院平面图

1. 规范主要适用于观众容量大于 300 座的剧场建筑。剧场建筑根据使用性质及观演条件可分为歌舞剧、话剧、戏曲三类戏剧演出。当剧场为多用途时，其技术要求应按其主要使用性质确定，其他用途应适当兼顾。剧场建筑规模按观众座席数量进行划分为：特大型 1500 座以上；大型 1201～1500 座；中型

801～1200 座；小型小于 800 座。剧场的建筑等级根据观演技术要求可分为特等、甲等、乙等三个等级。特等剧场的技术指标要求不应低于甲等剧场。

2. 剧场建筑应进行舞台工艺和声学设计，且建筑设计应与舞台工艺和声学设计同步、协调进行。

3. 观众厅

1）观众厅的视线设计宜使观众能看到舞台面表演区的全部。当受条件限制时，应使位于视觉质量不良位置的观众能看到表演区的 80%。

2）观众厅的视点选择应：对于镜框式舞台剧场，视点宜选在舞台面台口线中心处。对于大台唇式、伸出式舞台剧场，视点应按实际需要，将设计视点适当外移。对于岛式舞台，视点应选在表演区的边缘。当受条件限制时，视点可适当上移，但不得超过舞台面 0.30m；也可向台口线或表演区边缘后方移动，但不得大于 1.00m。

3）观众厅视线超高值（C 值）的设计应符合下列规定：视线超高值不应小于 0.12m。当隔排计算视线超高值时，座席排列应错排布置，并应保证视线直接看到视点。对于儿童剧场、伸出式、岛式舞台剧场，视线超高值宜适当增加。

4）舞台面距第一排座席地面的高度应：对于镜框式舞台面，不应小于 0.60m，且不应大于 1.10m。对于伸出式舞台面，宜为 0.30～0.60m；对于附有镜框式舞台的伸出式舞台，第一排座席地面可与主舞台面齐平。对于岛式舞台台面，不宜高于 0.30m，可与第一排座席地面齐平。

5）对于观众席与视点之间的最远视距，歌舞剧场不宜大于 33m；话剧和戏曲剧场不宜大于 28m；伸出式、岛式舞台剧场不宜大于 20m。

6）对于观众视线最大俯角，镜框式舞台的楼座后排不宜大于 30°，靠近舞台的包厢或边楼座不宜大于 35°；伸出式、岛式舞台剧场的观众视线俯角不宜大于 30°。

7）观众厅的座席应紧凑，应满足视线、声学设计、排距、扶手中距、疏散等要求。剧场应设置有靠背的固定座椅。当包厢座位不超过 12 个时，可设活动座椅。甲等剧场不应小于 0.80m²/座。乙等剧场不应小于 0.70m²/座。座椅扶手中距，硬椅不应小于 0.50m，软椅不应小于 0.55m。

8）座席排距，短排法：硬椅不应小于 0.80m，软椅不应小于 0.90m，台阶式地面排距应适当增大，椅背到后面一排最突出部分的水平距离不应小于 0.30m。长排法：硬椅不应小于 1.00m；软椅不应小于 1.10m，台阶式地面排距应适当增大，椅背到后面一排最突出部分水平距离不应小于 0.50m。靠后墙设置座位时，楼座及池座最后一排座位排距应至少增大 0.12m。在座位升起大于 0.50m 时，应适当增高靠背高度。

9）座位排列数目，短排法：双侧有走道时不宜超过 22 座，单侧有走道时不宜超过 11 座；超过限额时，每增加一个座位，排距应增大 25mm。长排法：双侧有走道时不应超过 50 座，单侧有走道时不应超过 25 座。观众席应预留轮椅坐席，且坐席深度不应小于 1.10m，宽度不应小于 0.80m，位置应方便行动障碍者入席及疏散，并应设置国际通用标志。

4. 舞台

1) 镜框式舞台的台口宽度、高度和主舞台的宽度、进深、净高等均应与演出剧种、观众厅容量、舞台设备、使用功能及建筑等级相适应。台唇和耳台最窄处的宽度不应小于 1.50m。主舞台和台唇、耳台的台面应采用木地板，台面应平整防滑，并应避免反光。主舞台台口镜框应避免反光。

2) 主舞台应分别设置进入后台上场的门和下场的门，且门的位置应便于演员上下场和跑场，不应设置在天幕后方。门的净宽不应小于 1.50m，净高不应小于 2.40m。

5. 乐池

1) 歌舞剧场的舞台应设乐池，其他演出剧种的剧场根据演出需要确定是否设置乐池。剧场设置乐池的面积应按容纳乐队人数进行计算，演奏员平均每人不应小于 $1m^2$，伴唱每人不应小于 $0.25m^2$，乐池面积不宜小于 $80m^2$。

2) 乐池开口进深不应小于乐池进深的 2/3。乐池进深与宽度之比不应小于 1∶3。对于乐池地面至舞台面的高度，在开口位置不宜大于 2.20m，台唇下净高不宜低于 1.85m。

3) 乐池两侧均应设通往主舞台和台仓的通道，且通道口的净宽不宜小于 1.20m，净高不宜小于 1.80m。乐池开口部分可做成机械式升降平台。对于设有乐池的剧场，耳台通道应设活动栏杆。

2.2.4.2 电影院

电影院建筑主要使用空间为观众厅（图 2-2-8）。

1 门厅
2 观众厅
3 入场通道
4 办公室
5 卫生间
6 疏散通道

图 2-2-8 中影国际影城平面图

1. 电影院的规模按总座位数可划分为特大型、大型、中型和小型四个规模。特大型电影院的总座位数应大于 1800 个，观众厅不宜少于 11 个；大型电影院的总座位数宜为 1201~1800 个，观众厅宜为 8~10 个；中型电影院的总座位数宜为 701~1200 个，观众厅宜为 5~7 个；小型电影院的总座位数宜小于等于 700 个，观众厅不宜少于 4 个。

2. 观众厅设计应与银幕的设置空间统一考虑，观众厅的长度不宜大于 30m，观众厅长度与宽度的比例宜为（1.5±0.2）∶1；观众厅体形设计，应避免声聚焦、回声等声学缺陷；观众厅净高度不宜小于视点高度、银幕高度与银幕上方的黑框高度（0.5~1.0m）三者的总和；新建电影院的观众厅不宜设置楼座；乙级及以上电影院观众厅每座平均面积不宜小于 1.0m²，丙级电影院观众厅每座平均面积不宜小于 0.6m²。

3. 观众厅视距、视点高度、视角、放映角及视线超高值。观众厅的地面升高应满足无遮挡视线的要求。

4. 每排座位的数量：短排法：两侧有纵走道且硬椅排距不小于 0.80m 或软椅排距不小于 0.85m 时，每排座位的数量不应超过 22 个，在此基础上排距每增加 50mm，座位可增加 2 个；当仅一侧有纵走道时，上述座位数相应减半；长排法：两侧有走道且硬椅排距不小于 1.0m 或软椅排距不小于 1.1m 时，每排座位的数量不应超过 44 个；当仅一侧有纵走道时，上述座位数相应减半。

5. 观众厅内走道和座位排列：观众厅内走道的布局应与观众座位片区容量相适应，与疏散门联系顺畅，且其宽度应符合疏散宽度的规定；两条横走道之间的座位不宜超过 20 排，靠后墙设置座位时，横走道与后墙之间的座位不宜超过 10 排；小厅座位可按直线排列，大、中厅座位可按直线与弧线两种方法单独或混合排列；观众厅内座位楼地面宜采用台阶式地面，前后两排地坪相差不宜大于 0.45m；观众厅走道最大坡度不宜大于 1∶8。当坡度为 1∶10~1∶8 时，应做防滑处理；当坡度大于 1∶8 时，应采用台阶式踏步；走道踏步高度不宜大于 0.16m 且不应大于 0.20m；供轮椅使用的坡道应符合现行行业标准《无障碍设计规范》中的有关规定。

2.2.4.3 体育建筑

体育建筑主要使用空间包括：运动场地（比赛场地和训练场地）、看台（图 2-2-9）。

1. 运动场地：运动场地包括比赛场地和练习场地，其规格和设施标准应符合各运动项目规则的有关规定。

1）运动场地界线外围必须按照规则满足缓冲距离、通行宽度及安全防护等要求。裁判和记者工作区域要求、运动场地上空净高尺寸应满足比赛和练习的要求。比赛场地与观众看台之间应有分隔和防护，保证运动员和观众的

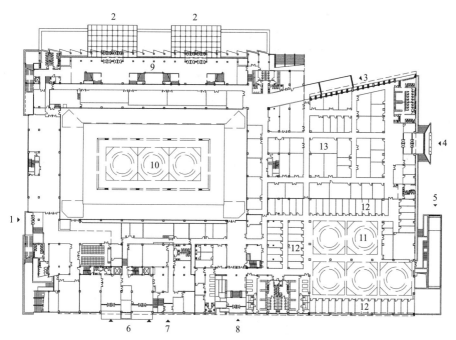

図 2-2-9 中国农业大学体育馆平面图

1 媒体入口
2 观众入口
3 场馆经营入口
4 赛事管理入口
5 地库入口
6 贵宾入口
7 安保入口
8 运动员入口
9 观众入口大厅
10 赛场
11 训练场
12 运动员休息
13 赛事管理用房

安全，避免观众对比赛场地的干扰。室外练习场地外围及场地之间，应设置围网，以方便使用和管理。

2）场地地面材料应满足不同比赛和训练的要求并符合规则规定；在多功能使用时，应考虑地面材料变更和铺设的可能性；应满足运动项目对场地的背景、划线、颜色等方面的有关要求；场地应满足不同比赛项目的照度要求；应考虑场地运动器械的安装、固定、更换和搬运需求。

3）场地的对外出入口应不少于二处，其大小应满足人员出入方便、疏散安全和器材运输的要求。

4）室外运动场地布置方向（以长轴为准）应为南北向。室外场地应采取有效的排水措施，设置必要的洒水设备。

2．看台

1）看台设计应使观众有良好的视觉条件和安全方便的疏散条件。看台平面布置应根据比赛场地和运动项目，使多数席位处于视距短、方位好的位置。在正式比赛时，根据各项比赛的特殊需要应考虑划分专用座席区。

2）观众席纵走道之间的连续座位数目，室内每排不宜超过 26 个；室外每排不宜超过 40 个。当仅一侧有纵走道时，座位数目应减半。

3）主席台的规模、包厢的设置和位置可根据使用情况决定，主席台和包厢宜设单独的出入口，并选择视线较佳的位置。主席台应与其休息室联系方便，并能直接通达比赛场地，与一般观众席之间宜适当分隔。

4）看台应进行视线设计，应根据运动项目的不同特点，使观众看到比赛场地的全部或绝大部分，且看到运动员的全身或主要部分；对于综合性比赛场地，应以占用场地最大的项目为基础；也可以主要项目的场地为基础，适当兼顾其他。

5）坐席俯视角宜控制在 28°～30° 范围内；视线升高差（C 值）应保证后排观众的视线不被前排观众遮挡，每排 C 值不应小于 0.06m；在技术、经济合理的情况下，视点位置及 C 值等可采用较高的标准，每排 C 值宜选用 0.12m。

6）室外看台罩棚的大小（覆盖观众看台的面积）可根据设施等级和使用要求等多种因素确定，主席台（贵宾席）、评论员和记者席等宜全部覆盖。

2.2.5 办公类建筑

办公建筑主要使用空间包括：办公用房和公共用房（图 2-2-10）。

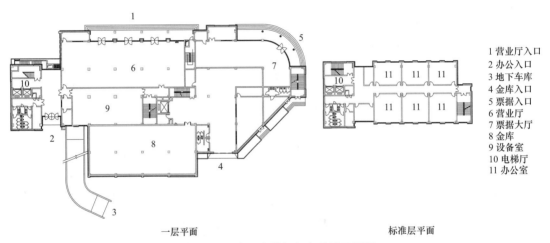

| 1 营业厅入口 |
| 2 办公入口 |
| 3 地下车库 |
| 4 金库入口 |
| 5 票据入口 |
| 6 营业厅 |
| 7 票据大厅 |
| 8 金库 |
| 9 设备室 |
| 10 电梯厅 |
| 11 办公室 |

一层平面　　　　　　　　　　标准层平面

图 2-2-10　常州市某银行办公楼平面图

1. 办公室用房宜包括普通办公室和专用办公室。专用办公室宜包括设计绘图室和研究工作室等。办公用房宜有良好的天然采光和自然通风，并不宜布置在地下室。办公室宜有避免西晒和眩光的措施。

1）普通办公室：宜设计成单间式办公室、开放式办公室或半开放式办公室；开放式和半开放式办公室在布置吊顶上的通风口、照明、防火设施等时，宜为自行分隔或装修创造条件，有条件的工程宜设计成模块式吊顶；带有独立卫生间的单元式办公室和公寓式办公室的卫生间宜直接对外通风采光，条件不允许时，应有机械通风措施；机要部门办公室应相对集中，与其他部门宜适当分隔；值班办公室可根据使用需要设置；设有夜间值班室时，宜设专用卫生间；普通办公室每人使用面积不应小于 6m²，单间办公室净面积不应小于 10m²。

2）专用办公室：设计绘图室宜采用开放式或半开放式办公室空间，并用灵活隔断、家具等进行分隔；研究工作室（不含实验室）宜采用单间式；自然科学研究工作室宜靠近相关的实验室；手工绘图室，每人使用面积不应小于6m²；研究工作室每人使用面积不应小于7m²。

2. 公共用房宜包括会议室、对外办事厅、接待室、陈列室等。

1）会议室：根据需要可分设中、小会议室和大会议室。中、小会议室可分散布置。小会议室使用面积宜为30m²，中会议室使用面积宜为60m²；中、小会议室每人使用面积：有会议桌的不应小于2.00m²/人，无会议桌的不应小于1.00m²/人。大会议室应根据使用人数和桌椅设置情况确定使用面积，平面长宽比不宜大于2：1，宜有音频视频、灯光控制、通信网络等设施，并应有隔声、吸声和外窗遮光措施；大会议室所在层数、面积和安全出口的设置等应符合国家现行有关防火标准的规定。会议室应根据需要设置相应的休息、储藏及服务空间。

2）接待室：应根据需要和使用要求设置接待室；专用接待室应靠近使用部门；行政办公建筑的群众来访接待室宜靠近基地出入口，与主体建筑分开单独设置；宜设置专用茶具室、洗消室、卫生间和储藏空间等。

3）陈列室应根据需要和使用要求设置。专用陈列室应对陈列效果进行照明设计，避免阳光直射及眩光，外窗宜设遮光设施。

2.2.6 医疗类建筑

2.2.6.1 综合医院

综合医院主要使用空间包括：门诊用房、急诊用房、住院用房、医技用房（图2-2-11）。

1. 门诊用房：公共部分应设置门厅、挂号、问讯、病历、预检分诊、记账、收费、药房、候诊、采血、检验、输液、注射、门诊办公、卫生间等用房和为患者服务的公共设施；门诊部应设在靠近医院交通入口处，应与医技用房邻近，并应处理好门诊内各部门的相互关系，流线应合理并避免院内感染。

1）候诊用房：门诊宜分科候诊，门诊量小时可合科候诊；利用走道单侧候诊时，走道净宽不应小于2.40m，两侧候诊时，走道净宽不应小于3.00m；双人诊查室的开间净尺寸不应小于3.00m。

2）诊查用房：使用面积不应小于12.00m²；单人诊查室的开间净尺寸不应小于2.50m，使用面积不应小于8.00m²。

3）妇科、产科和计划生育用房：应自成一区，设单独出入口。妇科应增设隔离诊室、妇科检查室及专用卫生间，宜采用不多于2个诊室合用1个妇科检查室的组合方式。产科和计划生育应增设休息室及专用卫生间。妇科可增设手术室、休息室；产科可增设人流手术室、咨询室。各室应有阻隔外界

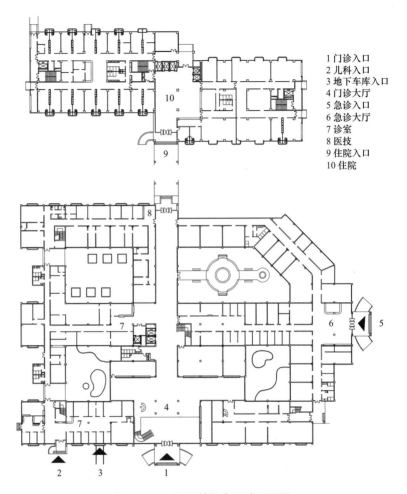

1 门诊入口
2 儿科入口
3 地下车库入口
4 门诊大厅
5 急诊入口
6 急诊大厅
7 诊室
8 医技
9 住院入口
10 住院

图 2-2-11　浙江某综合医院平面图

视线的措施。

4）儿科用房：应自成一区，可设单独出入口。应增设预检、候诊、儿科专用卫生间、隔离诊查和隔离卫生间等用房。隔离区宜有单独对外出口。可单独设置挂号、药房、注射、检验和输液等用房。候诊处面积每患儿不应小于 1.50m²。

5）耳鼻喉科：应增设内镜检查（包括食道镜等）、治疗的用房；可设置手术、测听、前庭功能、内镜检查（包括气管镜、食道镜等）等用房。

6）眼科用房：应增设初检（视力、眼压、屈光）、诊查、治疗、检查、暗室等用房；初检室和诊查室宜具备明暗转换装置；宜设置专用手术室。

7）口腔科：应增设 X 线检查、镶复、消毒洗涤、矫形等用房；诊查单元每椅中距不应小于 1.80m，椅中心距墙不应小于 1.20m；镶复室宜考虑有良好的通风；可设资料室。

8）门诊手术用房：门诊手术用房可与手术部合并设置；门诊手术用房应

由手术室、准备室、更衣室、术后休息室和污物室组成。手术室平面尺寸不宜小于 3.60m×4.80m。

9）预防保健用房：应设宣教、档案、儿童保健、妇女保健、免疫接种、更衣、办公等用房；可增设心理咨询用房。

10）感染疾病门诊：消化道、呼吸道等感染疾病门诊均应自成一区，并应单独设置出入口。感染门诊应根据具体情况设置分诊、接诊、挂号、收费、药房、检验、诊查、隔离观察、治疗、医护人员更衣、缓冲、专用卫生间等功能用房。

2. 急诊部应自成一区，应单独设置出入口，便于急救车、担架车、轮椅车的停放；急诊、急救应分区设置；急诊部与门诊部、医技部、手术部应有便捷的联系；设置直升机停机坪时，应与急诊部有快捷的通道。

急诊用房应设接诊分诊、护士站、输液、观察、污洗、杂物贮藏、值班更衣、卫生间等用房；急救部分应设抢救、抢救监护等用房；急诊部分应设诊查、治疗、清创、换药等用房；可独立设挂号、收费、病历、药房、检验、X 线检查、功能检查、手术、重症监护等用房；输液室应由治疗间和输液间组成。

3. 住院用房

1）住院部应自成一区，设置单独或共用出入口，并应设在医院环境安静、交通方便处，与医技部、手术部和急诊部应有便捷的联系，同时应靠近医院的能源中心、营养厨房、洗衣房等辅助设施。

2）1 个护理单元宜设 40～50 张病床，专科病房或因教学科研需要可根据具体情况确定。设传染病房时，应单独设置，并应自成一区。护理单元应设病房、抢救、患者和医护人员卫生间、盥洗、浴室、护士站、医生办公、处置、治疗、更衣、值班、配餐、库房、污洗等用房；可设患者就餐、活动、换药、患者家属谈话、探视、示教等用房。

3）污洗室应邻近污物出口处，并应设倒便设施和便盆、痰杯的洗涤消毒设施。病房不应设置开敞式垃圾井道。

4）监护用房：重症监护病房（ICU）宜与手术部、急诊部邻近，并应有快捷联系；心血管监护病房（CCU）宜与急诊部、介入治疗科室邻近，并应有快捷联系；应设监护病房、治疗、处置、仪器、护士站、污洗等用房；护士站的位置宜便于直视观察患者；监护病床的床间净距不应小于 1.20m；单床间不应小于 12.00m²。

5）儿科病房：宜设配奶室、奶具消毒室、隔离病房和专用卫生间等用房；可设监护病房、新生儿病房、儿童活动室；每间隔离病房不应多于 2 床；浴室、卫生间设施应适合儿童使用；窗和散热器等设施应采取安全防护措施。

6) 妇产科病房：妇科应设检查和治疗用房。产科应设产前检查、待产、分娩、隔离待产、隔离分娩、产期监护、产休室等用房。隔离待产和隔离分娩用房可兼用。妇科、产科两科合为 1 个单元时，妇科的病房、治疗室、浴室、卫生间与产科的产休室、产前检查室、浴室、卫生间应分别设置。产科宜设手术室。产房应自成一区，入口处应设卫生通过和浴室、卫生间。待产室应邻近分娩室，宜设专用卫生间。分娩室平面净尺寸宜为 4.20m×4.80m，剖腹产手术室宜为 5.40m×4.80m。洗手池的位置应使医护人员在洗手时能观察临产产妇的动态。母婴同室或家庭产房应增设家属卫生通过，并应与其他区域分隔。家庭产房的病床宜采用可转换为产床的病床。

7) 婴儿室：应邻近分娩室；应设婴儿间、洗婴池、配奶室、奶具消毒室、隔离婴儿室、隔离洗婴池、护士室等用房；婴儿间宜朝南，应设观察窗，并应有防鼠、防蚊蝇等措施；洗婴池应贴邻婴儿间，水龙头离地面高度宜为 1.20m，并应有防止蒸汽窜入婴儿间的措施；配奶室与奶具消毒室不应与护士室合用。

8) 烧伤病房：应设在环境良好、空气清洁的位置，可设于外科护理单元的尽端，宜相对独立或单独设置；应设换药、浸浴、单人隔离病房、重点护理病房及专用卫生间、护士室、洗涤消毒、消毒品贮藏等用房；入口处应设包括换鞋、更衣、卫生间和淋浴的医护人员卫生通过通道；可设专用处置室、洁净病房。

9) 血液病房：血液病房可设于内科护理单元内，亦可自成一区。可根据需要设置洁净病房，洁净病房应自成一区。洁净病区应设准备、患者浴室和卫生间、护士室、洗涤消毒用房、净化设备机房。入口处应设包括换鞋、更衣、卫生间和淋浴的医护人员卫生通道。患者浴室和卫生间可单独设置，并应同时设有淋浴器和浴盆。洁净病房应仅供一位患者使用，洁净标准应符合规范规定，并应在入口处设第二次换鞋、更衣处。洁净病房应设观察窗，并应设置家属探视窗及对讲设备。

10) 血液透析室：可设于门诊部或住院部内，应自成一区；应设患者换鞋与更衣、透析、隔离透析治疗、治疗、复洗、污物处理、配药、水处理设备等用房；入口处应设包括换鞋、更衣的医护人员卫生通过通道；治疗床(椅)之间的净距不宜小于 1.20m，通道净距不宜小于 1.30m。

4. 医技用房

医技用房包括手术部用房、放射科、核医学科、检验科、病理科、功能检查室、内窥镜室、理疗科、输血科、药剂科用房、中心（消毒）供应室。

1) 手术部用房：手术部应自成一区，宜与外科护理单元邻近，并宜与相关的急诊、介入治疗科、重症监护科（ICU）、病理科、中心（消毒）供应室、血库等路径便捷；手术部不宜设在首层；平面布置应符合功能流程和洁污分区要求；入口处应设医护人员卫生通过，且换鞋处应采取防止洁污交叉的措施；通往外部的门应采用弹簧门或自动启闭门。

2）手术室：应根据需要选用手术室平面尺寸，特大型，7.50m×5.70m；大型，5.70m×5.40m；中型，5.40m×4.80m；小型，4.80m×4.20m。每2～4 间手术室宜单独设立 1 间刷手间，可设于清洁区走廊内。刷手间不应设门。洁净手术室的刷手间不得和普通手术室共用。每间手术室不得少于 2 个洗手水龙头，并应采用非手动开关。推床通过的手术室门，净宽不宜小于1.40m，且宜设置自动启闭装置。手术室可采用天然光源或人工照明，当采用天然光源时，窗洞口面积与地板面积之比不得大于 1/7，并应采取遮阳措施。

3）放射科：应设放射设备机房（CT 扫描室、透视室、摄片室）、控制、暗室、观片、登记存片和候诊等用房；可设诊室、办公、患者更衣等用房；胃肠透视室应设调钡处和专用卫生间。照相室最小净尺寸宜为 4.50m×5.40m，透视室最小净尺寸宜为 6.00m×6.00m。放射设备机房门的净宽不应小于 1.20m，净高不应小于 2.80m，计算机断层扫描（CT）室的门净宽不应小于 1.20m，控制室门净宽宜为 0.90m。透视室与 CT 室的观察窗净宽不应小于 0.80m，净高不应小于 0.60m。照相室观察窗的净宽不应小于 0.60m，净高不应小于 0.40m。

4）核医学科：应自成一区，并应符合国家现行有关防护标准的规定。放射源应设单独出入口。平面布置应按"控制区、监督区、非限制区"的顺序分区布置。控制区应设于尽端，并应有贮运放射性物质及处理放射性废弃物的设施。非限制区进监督区和控制区的出入口处均应设卫生通过。

5）检验科：应自成一区，微生物学检验应与其他检验分区布置；微生物学检验室应设于检验科的尽端。应设临床检验、生化检验、微生物检验、血液实验、细胞检查、血清免疫、洗涤、试剂和材料库等用房；可设更衣、值班和办公等用房。检验科应设通风柜、仪器室（柜）、试剂室（柜）、防振天平台，并应有贮藏贵重药物和剧毒药品的设施。细菌检验的接种室与培养室之间应设传递窗。

6）病理科：应自成一区，宜与手术部有便捷联系。病理解剖室宜和太平间合建，与停尸房宜有内门相通，并应设工作人员更衣及淋浴设施。应设置取材、标本处理（脱水、染色、蜡包埋、切片）、制片、镜检、洗涤消毒和卫生通过等用房；设置病理解剖和标本库用房。

7）功能检查科：超声、电生理、肺功能检查室宜各成一区，与门诊部、住院部应有便捷联系。应设检查室（肺功能、脑电图、肌电图、脑血流图、心电图、超声等）、处置、医生办公、治疗、患者、医护人员更衣和卫生间等用房。检查床之间的净距不应小于 1.50m，宜有隔断设施。心脏运动负荷检查室应设氧气终端。

8) 内窥镜室：应设内窥镜（上消化道内窥镜、下消化道内窥镜、支气管镜、胆道镜等）检查、准备、处置、等候、休息、卫生间、患者和医护人员更衣等用房。下消化道检查应设置卫生间、灌肠室。可设观察室。检查室应设置固定于墙上的观片灯，宜配置医疗气体系统终端。内窥镜科区域内应设置内镜洗涤消毒设施，且上、下消化道镜应分别设置。

9) 输血科：宜自成一区，并宜邻近手术部；贮血与配血室应分别设置。输血科应设置配血、贮血、发血、清洗、消毒、更衣、卫生间等用房。

10) 药剂科：门诊药房应设发药、调剂、药库、办公、值班和更衣等用房；住院药房应设摆药、药库、发药、办公、值班和更衣等用房；中药房应设置中成药库、中草药库和煎药室；可设一级药品库、办公、值班和卫生间等用房。发药窗口的中距不应小于1.20m。贵重药、剧毒药、麻醉药、限量药的库房，以及易燃、易爆药物的贮藏处，应有安全设施。

11) 中心（消毒）供应室：污染区应设收件、分类、清洗、消毒和推车清洗中心（消毒）用房；清洁区应设敷料制备、器械制备、灭菌、质检、一次性用品库、卫生材料库和器械库等用房；无菌区应设无菌物品储存用房；应设办公、值班、更衣和浴室、卫生间等用房。中心（消毒）供应室应满足清洗、消毒、灭菌、设备安装、室内环境要求。

2.2.6.2 疗养院

疗养院建筑主要使用空间包括：疗养用房、理疗用房和医技用房（图2-2-12）。

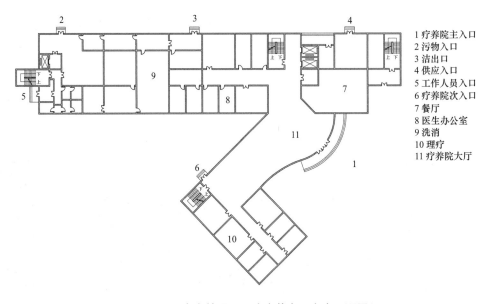

1 疗养院主入口
2 污物入口
3 洁出口
4 供应入口
5 工作人员入口
6 疗养院次入口
7 餐厅
8 医生办公室
9 洗消
10 理疗
11 疗养院大厅

图2-2-12　南方某国际医院疗养中心方案平面图

1. 疗养用房

1) 疗养用房宜由疗养室、疗养员活动室、医护用房、清洁间、库房、饮水设施、公共卫生间和服务员工作间等组成，并宜按病种或疗养员床位数分成若干个互不干扰的疗养单元。

2) 每个疗养单元的床位数，可根据收治疗养的对象、护理条件等具体情况确定，宜为30～50床。

3) 疗养单元应具有良好的室内外环境，疗养室及疗养员活动室应具有良好的朝向和视景，且不应设置在半地下室及地下室；位于严寒及寒冷地区疗养院的疗养室、疗养活动室宜为南向布置；疗养单元内宜以单间疗养室为主，可根据需求设置一定数量的套间疗养室，并可按规模和条件设置少量的家庭单元式疗养室；疗养单元内如设心脑血管病疗区，医护用房应设监护室；疗养室及疗养员活动室净高不宜低于2.6m，医护用房净高不宜低于2.4m，走道及其他辅助用房净高不应低于2.2m；疗养单元内宜设置探视人员卫生间。

4) 疗养室基本参数及设施应符合下列规定：

(1) 疗养室应为每位疗养员设独立使用的储物空间；

(2) 疗养室宜设阳台，净深不宜小于1.5m，长廊式阳台可根据需要分隔；

(3) 疗养室室内过道净宽不应小于1.2m；

(4) 疗养室的门，净宽不宜小于1.1m，其上宜设观察窗；

(5) 疗养室单排床位数不宜超过3床，床位两侧应留出护理操作所需的空间，临墙床的长边距墙面的间距不应小于0.6m，两床长边的间距不应小于0.85m；

(6) 疗养室室内宜设餐厨、晾衣设施。

5) 疗养室内卫生间设施应符合下列规定：

(1) 卫生间应配置洗面盆、洗浴器、便器3种卫生洁具，有条件时宜设洗衣机位；

(2) 门的有效通行净宽不应小于0.8m；

(3) 卫生间宜采用外开门或推拉门，门锁装置应内外均可开启；

(4) 卫生间应采取有效的通风排气措施。

6) 疗养员活动室可采用封闭式、半封闭式或敞开式，宜设置在每个疗养单元的入口处，或中心附近，与护理站相邻，并应符合下列规定：

(1) 活动室应采光和通风良好；

(2) 活动室宜设阳台，阳台进深不宜小于1.5m；

(3) 活动室的门净宽不应小于1.0m，其上应设观察窗。

2. 理疗用房

1) 疗养院应充分有效地利用自然疗养因子，并宜视其性质、规模选择设置人工疗养因子和与其匹配的理疗用房及体疗用房。理疗用房宜集中设置、相对独立。

2）人工疗养因子的理疗用房可由电疗、光疗、蜡疗、声疗、磁疗治疗室及配套的医护人员办公室、更衣室等辅助用房组成。

3. 医技用房

疗养院应设置医技用房，根据疗养院的规模、性质，可设置与其匹配的基础检查室及医疗设备用房，可包括检验、X光室、心电图室、超声波室、化验室，根据需要还可设置影像检查、核医学诊断等科室。

2.2.7 交通枢纽类建筑

2.2.7.1 交通客运站

交通客运站主要使用空间包括：候乘厅和售票厅。设计应做到功能分区明确，人流、物流安排合理，有利安全营运和方便使用（图2-2-13）。

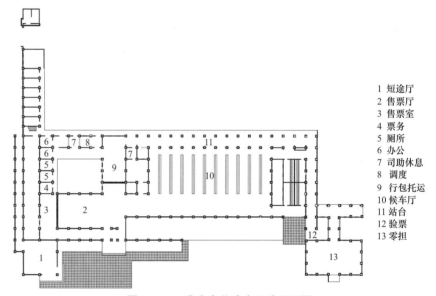

1 短途厅
2 售票厅
3 售票室
4 票务
5 厕所
6 办公
7 司助休息
8 调度
9 行包托运
10 候车厅
11 站台
12 验票
13 零担

图 2-2-13　淮安市公路客运站平面图

1. 候乘厅：普通旅客候乘厅的使用面积应按旅客最高聚集人数计算，且每人不应小于1.1m²；一、二级交通客运站应设重点旅客候乘厅，其他站级可根据需要设置；一、二级交通客运站应设母婴候乘厅，其他站级可根据需要设置，并应邻近检票口。母婴候乘厅内宜设置婴儿服务设施和专用厕所；候乘厅内应设无障碍候乘区，并应邻近检票口；候乘厅与站台或上下船廊道之间应满足无障碍通行要求；候乘厅座椅排列方式应有利于组织旅客检票；候乘厅每排座椅不应超过20座，座椅之间走道净宽不应小于1.3m，并应在两端设不小于1.5m通道；港口客运站候乘厅座椅的数量不宜小于旅客最高聚集人数的40%；当候乘厅与入口不在同层时，应设置自动扶梯和无障碍电梯或无障碍坡道；候乘厅的检票口应设导向栏杆，通道应顺直，且导向栏杆应采用柔性或可移动栏杆，栏杆高度不应低于 1.2m；候乘厅内应设饮水设施，并应与盥洗间和厕所分设。

2. 售票厅：售票厅的位置应方便旅客购票。四级及以下站级的客运站，售票厅可与候乘厅合用，其余站级的客运站宜单独设置售票厅，并应与候乘厅、行包托运厅联系方便。

2.2.7.2 铁路旅客车站

铁路旅客车站主要使用空间包括：集散厅、候车室、售票用房、行李、包裹用房（图 2-2-14）。

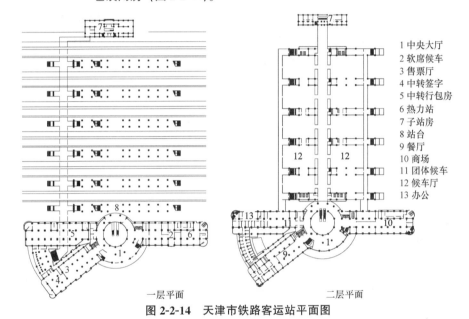

1 中央大厅
2 软席候车
3 售票厅
4 中转签字
5 中转行包房
6 热力站
7 子站房
8 站台
9 餐厅
10 商场
11 团体候车
12 候车厅
13 办公

一层平面　　　　　　　二层平面

图 2-2-14　天津市铁路客运站平面图

1. 中型及以上的旅客车站宜设进站、出站集散厅。客货共线铁路车站应按最高聚集人数确定其使用面积，客运专线铁路车站应按高峰小时发送量确定其使用面积，且均不宜小于 $0.2m^2$/人。集散厅应有快速疏导客流的功能。特大型、大型站的站房内应设置自动扶梯和电梯，中型站的站房宜设置自动扶梯和电梯。进站集散厅内应设置问询、邮政、电信等服务设施。大型及以上站的出站集散厅内应设置电信、厕所等服务设施。

2. 候车室：客货共线铁路旅客车站站房可根据车站规模设普通、软席、军人（团体）、无障碍候车区及贵宾候车室。

3. 集散厅：特大型、大型站可设进站广厅，进站广厅入口处应至少设一处方便残疾人使用的坡道。最高聚集人数 4000 人及以上的旅客车站，且站房楼层高差 6m 及以上时，宜设自动扶梯和电梯，其数量各不宜少于两台，其中应至少有一台能满足残疾人使用的电梯。

4. 候车室：根据旅客车站建筑规模，可设普通、母婴、软席、贵宾、军人（团体）和老弱残等候车室。普通、软席、军人（团体）和无障碍候车区宜布置在大空间下，并可采用低矮轻质隔断划分各类候车区。利用自然采光和通风的候车区（室），其室内净高宜根据高跨比确定，并不宜小于3.6m。窗地比不应小于1/6，上下窗宜设开启扇，并应有开闭设施。候车室座椅的排列方向应有利于旅客通向进站检票口。普通候车室的座椅间走道净宽度不得小于1.3m。候车区（室）应设进站检票口。候车区应设饮水处，并应与盥洗间和厕所分开设置。

5. 贵宾候车室：中型及以上站宜设贵宾候车室。特大型站宜设两个贵宾候车室，每个使用面积不宜小于150m²；大型站宜设一个贵宾候车室，使用面积不宜小于120m²；中型站可设一个贵宾候车室，使用面积不宜小于60m²。贵宾候车室应设置单独出入口和直通车站广场的车行道。贵宾候车室内应设厕所、盥洗间、服务员室和备品间。

2.2.8 旅馆类建筑

旅馆建筑主要使用空间包括：公共部分和客房部分（图2-2-15）。

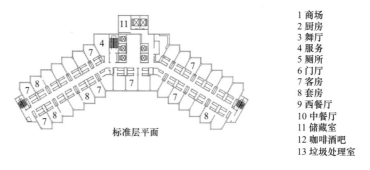

1 商场
2 厨房
3 舞厅
4 服务
5 厕所
6 门厅
7 客房
8 套房
9 西餐厅
10 中餐厅
11 储藏室
12 咖啡酒吧
13 垃圾处理室

标准层平面

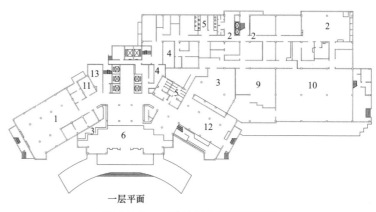

一层平面

图2-2-15 上海市千鹤宾馆平面图

1. 公共部分：旅馆建筑应根据其等级、类型、规模、服务特点、经营管理要求以及当地气候、旅馆建筑周边环境和相关设施情况，设置客房部分、公共部分及辅助部分。

1）旅馆建筑门厅（大堂）：门厅（大堂）内各功能分区应清晰、交通流线应明确，有条件时可设分门厅；门厅（大堂）内或附近应设总服务台、旅客休息区、公共卫生间、行李寄存空间或区域；总服务台位置应明显，其形式应与旅馆建筑的管理方式、等级、规模相适应，台前应有等候空间，前台办公室宜设在总服务台附近；乘客电梯厅的位置应方便到达，不宜穿越客房区域。

2）餐厅：旅馆建筑应根据性质、等级、规模、服务特点和附近商业饮食设施条件设置餐厅。

3）旅馆建筑的宴会厅、会议室、多功能厅等应根据用地条件、布局特点、管理要求设置。

4）旅馆建筑应按等级、需求等配备商务、商业设施。三级至五级旅馆建筑宜设商务中心、商店或精品店；一级和二级旅馆建筑宜设零售柜台、自动售货机等设施。

5）健身、娱乐设施应根据旅馆建筑类型、等级和实际需要进行设置，四级和五级旅馆建筑宜设健身、水疗、游泳池等设施。

2. 客房类型分为：套间、单床间、双床间（双人床间）、多床间。多床间内床位数不宜多于 4 床。不宜设置在无外窗的建筑空间内；客房、会客厅不宜与电梯井道贴邻布置；客房内应设有壁柜或挂衣空间。无障碍客房应设置在距离室外安全出口最近的客房楼层，并应设在该楼层进出便捷的位置。公寓式旅馆建筑客房中的卧室及采用燃气的厨房或操作间应直接采光、自然通风。度假旅馆建筑客房宜设阳台。相邻客房之间、客房与公共部分之间的阳台应分隔，且应避免视线干扰。

2.2.9 商业建筑

2.2.9.1 商店建筑

商店建筑主要使用空间包括：营业区、仓储区两部分（图 2-2-16）。

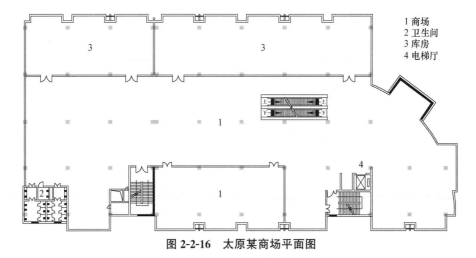

图 2-2-16 太原某商场平面图

建筑内外应组织好交通，人流、货流应避免交叉，并应有防火、安全分区。

1. 营业厅：应按商品的种类、选择性和销售量进行分柜、分区或分层，且顾客密集的销售区应位于出入方便区域；营业厅内的柱网尺寸应根据商店规模大小、零售业态和建筑结构选型等进行确定，应便于商品展示和柜台、货架布置，并应具有灵活性。通道应便于顾客流动，并应设有均匀的出入口。营业厅内通道的最小净宽度应符合规范规定。

营业厅内或近旁宜设置附加空间或场地，服装区宜设试衣间；宜设检修钟表、电器、电子产品等的场地；销售乐器和音响器材等的营业厅宜设试音室，且面积不应小于 2m²。

自选营业厅：营业厅内宜按商品的种类分开设置自选场地；厅前应设置顾客物品寄存处、进厅闸位、供选购用的盛器堆放位及出厅收款位等，且面积之和不宜小于营业厅面积的 8%；应根据营业厅内可容纳顾客人数，在出厅处按每 100 人设收款台 1 个（含 0.60m 宽顾客通过口）；面积超过 1000m² 的营业厅宜设闭路电视监控装置。

2. 仓储：商店建筑应根据规模、零售业态和需要等设置供商品短期周转的储存库房、卸货区、商品出入库及与销售有关的整理、加工和管理等用房。储存库房可分为总库房、分部库房、散仓。

3. 仓储部分应根据商店规模大小、经营需要而设置供商品短期周转的储存库房（总库房、分部库房、散仓）和与商品出入库、销售有关的整理、加工和管理等用房，分部库房、散仓应靠近营业厅内有关售区，便于商品的搬运，少干扰顾客。单建的储存库房或设在建筑内的储存库房应符合国家现行有关防火标准的规定，并应满足防盗、通风、防潮和防鼠等要求；分部库房、散仓应靠近营业厅内的相关销售区，并宜设置货运电梯。

2.2.9.2　饮食建筑

饮食建筑主要使用空间包括：用餐区域、厨房区域（图 2-2-17）。

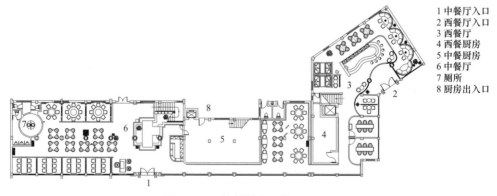

1 中餐厅入口
2 西餐厅入口
3 西餐厅
4 西餐厨房
5 中餐厨房
6 中餐厅
7 厕所
8 厨房出入口

图 2-2-17　杭州某小区餐厅平面图

饮食建筑设计标准适用于新建、扩建和改建的有就餐空间的饮食建筑设计，包括单建和附建在旅馆、商业、办公等公共建筑中的饮食建筑。不适用于中央厨房、集体用餐配送单位、医院和疗养院的营养厨房设计。

按经营方式、饮食制作方式及服务特点划分，饮食建筑可分为餐馆、快餐店、饮品店、食堂四类。

饮食建筑按建筑规模可分为特大型、大型、中型和小型。特大型，建筑面积＞3000m² 或座位数＞1000 座；大型，500m²＜建筑面积≤3000m² 或 250 座＜座位数≤1000 座；中型，150m²＜建筑面积≤500m² 或 75 座＜座位数≤250 座；小型，建筑面积≤150m² 或座位数≤75 座。

食堂依据服务人数分为特大型、大型、中型和小型。特大型，人数＞5000；大型，1000＜人数≤5000；中型，100＜人数≤1000；小型，人数≤100。

1. 用餐区域

1）用餐区域的室内净高应符合下列规定：

(1) 用餐区域不宜低于 2.6m，设集中空调时，室内净高不应低于 2.4m。

(2) 设置夹层的用餐区域，室内净高最低处不应低于 2.4m。

2）用餐区域采光、通风应良好。天然采光时，侧面采光窗洞口面积不宜小于该厅地面面积的 1/6。直接自然通风时，通风开口面积不应小于该厅地面面积的 1/16。无自然通风的餐厅应设机械通风排气设施。

3）用餐区域的室内各部分面层均应采用不易积垢、易清洁的材料。

4）食堂用餐区域售饭口（台）应采用光滑、不渗水和易清洁的材料。

2. 厨房区域

1）餐馆、快餐店和食堂的厨房区域可根据使用功能选择设置主食加工区(间)、副食加工区（间）、厨房专间、备餐区（间）、餐用具洗涤消毒间与餐用具存放区（间），餐用具洗涤消毒间应单独设置。饮品店的厨房区域可根据经营性质选择设置加工区（间）、冷、热饮料加工区（间）点心、简餐等制作的房间。

2）餐用具洗涤消毒间应单独设置。

3）厨房区域应按原料进入、原料处理、主食加工、副食加工、备餐、成品供应、餐用具洗涤消毒及存放的工艺流程合理布局，食品加工处理流程应为生进熟出单一流向。

4）厨房区域各类加工制作场所的室内净高不宜低于 2.5m。厨房区域加工间天然采光时，其侧面采光窗洞口面积不宜小于地面面积的 1/6；自然通风时，通风开口面积不应小于地面面积的 1/10。

2.3 交通空间

对于建筑的内部空间来说，交通空间是空间组合不可缺少的部分。交通空间的位置和大小直接对建筑的使用和安全产生影响。交通空间的形态在空间组合方面，使各种空间联系更加合理、更加紧密。交通空间是建筑空间组合中的组织者。交通空间的形式、大小和部位，主要取决于功能关系和建筑空间处理的需要。交通空间要求有适宜的高度、宽度和形状，流线简单明确，能够对人流活动起着明确的导向作用。概括起来，建筑的交通空间，一般可以分为水平交通、垂直交通和枢纽交通等三种基本的空间形式，本节将分别进行介绍。

2.3.1　水平交通的要求（过道、过厅、通廊）

水平交通空间主要包括过道、过厅、通廊等部分，是联系同一标高空间的交通手段。其位置和形式由不同建筑类型的功能和形式决定，如幼儿园的走道地面有高差时，幼儿经常通行和安全疏散的走道不应设有台阶，当有高差时，应设置防滑坡道，其坡度不应大于1∶12。综合医院通行推床的通道，净宽不应小于2.40m。有高差者应用坡道相接，坡道坡度应按无障碍坡道设计。候诊用房利用走道单侧候诊时，走道净宽不应小于2.40m，两侧候诊时，走道净宽不应小于3.00m。康复病房走道两侧墙面宜装扶墙拉手。疗养院主要建筑物的走道应满足使用轮椅者的要求。

2.3.2　垂直交通的要求（楼梯、坡道、电梯、自动扶梯）

垂直交通的构件或设备主要包括楼梯、坡道、电梯、自动扶梯等，是联系不同标高空间的交通手段。随着建筑层数的增加，垂直交通愈显重要。对于高层建筑尤其是超高层建筑，垂直交通成为主要的交通形式。这时候，规范的约束性也更加明显，主要表现在对交通空间的设置条件和形式做出了明确要求。

2.3.2.1　楼梯

1. 楼梯是多层建筑空间中最常见也是必不可少的垂直交通形式，楼梯的数量、位置、宽度和楼梯间形式应满足使用方便和安全疏散的要求。

2. 当一侧有扶手时，梯段净宽应为墙体装饰面至扶手中心线的水平距离，当双侧有扶手时，梯段净宽应为两侧扶手中心线之间的水平距离。当有凸出物时，梯段净宽应从凸出物表面算起。梯段净宽除应符合现行国家标准《建筑设计防火规范》及国家现行相关专用建筑设计标准的规定外，供日常主要交通用的楼梯的梯段净宽应根据建筑物使用特征，按每股人流宽度为0.55m＋(0～0.15) m的人流股数确定，并不应少于两股人流。(0～0.15) m为人流在行进中人体的摆幅，公共建筑人流众多的场所应取上限值。

3. 当梯段改变方向时，扶手转向端处的平台最小宽度不应小于梯段净宽，并不得小于1.2m。当有搬运大型物件需要时，应适量加宽。直跑楼梯的中间平台宽度不应小于 0.9m。

4. 每个梯段的踏步级数不应少于 3 级，且不应超过 18 级。

5. 楼梯平台上部及下部过道处的净高不应小于 2.0m，梯段净高不应小于 2.2m。梯段净高为自踏步前缘（包括每个梯段最低和最高一级踏步前缘线以外 0.3m 范围内）量至上方突出物下缘间的垂直高度。

6. 楼梯应至少于一侧设扶手，梯段净宽达三股人流时应两侧设扶手，达四股人流时宜加设中间扶手。室内楼梯扶手高度自踏步前缘线量起不宜小于 0.9m。楼梯水平栏杆或栏板长度大于 0.5m 时，其高度不应小于 1.05m（图 2-3-1～图 2-3-4）。

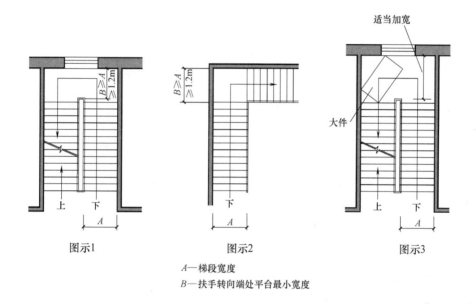

A—梯段宽度
B—扶手转向端处平台最小宽度

图 2-3-1　梯段宽度示意图

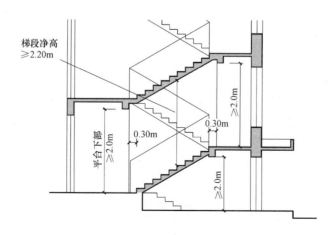

图 2-3-2　楼梯净高示意图

D≥3股人流(1.65m)
双侧扶手

D≥4股人流(2.2m)
设中间扶手

图 2-3-3 扶手设置位置示意图

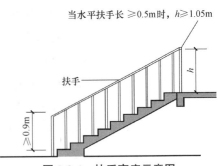

当水平扶手长 ≥0.5m时，h≥1.05m

扶手

≥0.9m

图 2-3-4 扶手高度示意图

7. 梯段内每个踏步高度、宽度应一致，相邻梯段的踏步高度、宽度宜一致（表2-3-1）。螺旋楼梯和扇形踏步离内侧扶手中心0.250m处的踏步宽度不应小于0.220m。踏步应采取防滑措施。

楼梯踏步最小宽度和最大高度（m）   表 2-3-1

楼梯类别		最小宽度	最大高度
住宅楼梯	住宅公共楼梯	0.260	0.175
	住宅套内楼梯	0.220	0.200
宿舍楼梯	小学宿舍楼梯	0.260	0.150
	其他宿舍楼梯	0.270	0.165
老年人建筑楼梯	住宅建筑楼梯	0.300	0.150
	公共建筑楼梯	0.320	0.130
托儿所、幼儿园楼梯		0.260	0.130
小学校楼梯		0.260	0.150
人员密集且竖向交通繁忙的建筑和大、中学校楼梯		0.280	0.160
其他建筑楼梯		0.260	0.175
超高层建筑核心筒内楼梯		0.250	0.180
检修及内部服务楼梯		0.220	0.200

注：螺旋楼梯和扇形踏步离内侧扶手中心0.250m处的踏步宽度不应小于0.220m。

2.3.2.2 坡道

坡道以其连续性的优点广泛应用于多种建筑空间内，坡道设置应符合下列规定：

1. 室内坡道坡度不宜大于1：8，室外坡道坡度不宜大于1：10；

2. 当室内坡道水平投影长度超过15.0m时，宜设休息平台，平台宽度应根据使用功能或设备尺寸所需缓冲空间而定（图2-3-5）；

3. 坡道应采取防滑措施；当坡道总高度超过0.7m时，应在临空面采取防护设施；

4. 供轮椅使用的坡道宜设计成直线形、直角形或折返形。轮椅坡道的净

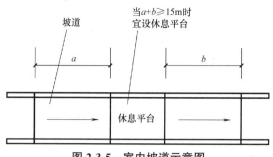

图 2-3-5　室内坡道示意图

宽度不应小于 1.00m，无障碍出入口的轮椅坡道净宽度不应小于 1.20m。轮椅坡道的高度超过 300mm 且坡度大于 1∶20 时，应在两侧设置扶手，坡道与休息平台的扶手应保持连贯，扶手应符合规范的相关规定。轮椅坡道的坡面应平整、防滑、无反光。轮椅坡道起点、终点和中间休息平台的水平长度不应小于 1.50m。

5. 非机动车库出入口宜采用直线形坡道，当坡道长度超过 6.8m 或转换方向时，应设休息平台，平台长度不应小于 2.00m，并应能保持非机动车推行的连续性。

对于不同的建筑类型还有各自的特殊要求：比如博物馆建筑内藏品、展品的运送通道为坡道时，坡道的坡度不应大于 1∶20。中小学校边演示边实验的阶梯式实验室的纵向走道应有便于仪器药品车通行的坡道，宽度不应小于 0.70m。当展览建筑的主要展览空间在二层或二层以上时，应设置自动扶梯或大型客梯运送人流，并应设置货梯或货运坡道。

2.3.2.3　电梯

1. 电梯因其快速、省力的特点被应用在高层建筑或有特殊要求的多层建筑中，电梯设置应符合下列规定：

1) 电梯不应作为安全出口。

2) 电梯台数和规格应经计算后确定并满足建筑的使用特点和要求。

3) 高层公共建筑和高层宿舍建筑的电梯台数不宜少于 2 台，12 层及 12 层以上的住宅建筑的电梯台数不应少于 2 台，并应符合现行国家标准《住宅设计规范》的规定。

4) 电梯的设置，单侧排列时不宜超过 4 台，双侧排列时不宜超过 2 排×4 台。

5) 高层建筑电梯分区服务时，每服务区的电梯单侧排列时不宜超过 4 台，双侧排列时不宜超过 2 排×4 台。

6) 当建筑设有电梯目的选层控制系统时，电梯单侧排列或双侧排列的数量可超出规定的合理设置（图 2-3-6）。

7) 电梯候梯厅的深度应符合表 2-3-2 的规定。

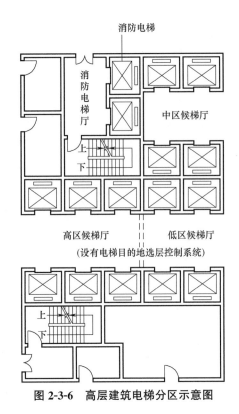

图 2-3-6 高层建筑电梯分区示意图

候梯厅深度 表 2-3-2

电梯类别	布置方式	候梯厅深度
住宅电梯	单台	$\geqslant B$，且$\geqslant 1.5\text{m}$
	多台单侧排列	$\geqslant B_{max}$，且$\geqslant 1.8\text{m}$
	多台双侧排列	$\geqslant$相对电梯B_{max}之和，且$< 3.5\text{m}$
公共建筑电梯	单台	$\geqslant 1.5B$，且$\geqslant 1.8\text{m}$
	多台单侧排列	$\geqslant 1.5B_{max}$，且$\geqslant 2.0\text{m}$ 当电梯群为 4 台时应$\geqslant 2.4\text{m}$
	多台双侧排列	$\geqslant$相对电梯B_{max}之和，且$< 4.5\text{m}$
病床电梯	单台	$\geqslant 1.5B$
	多台单侧排列	$\geqslant 1.5B_{max}$
	多台双侧排列	$\geqslant$相对电梯B_{max}之和

注：B 为轿厢深度，B_{max} 为电梯群中最大轿厢深度。

8) 电梯不应在转角处贴邻布置，且电梯井不宜被楼梯环绕设置 (图 2-3-7)。

9) 电梯井道和机房不宜与有安静要求的用房贴邻布置，否则应采取隔振、隔声措施。

10) 电梯机房应有隔热、通风、防尘等措施，宜有自然采光，不得将机房顶板作水箱底板及在机房内直接穿越水管或蒸汽管。

11）消防电梯的布置应符合现行国家标准《建筑设计防火规范》的有关规定；

12）专为老年人及残疾人使用的建筑，其乘客电梯应设置监控系统，梯门宜装可视窗，并应符合现行国家标准《无障碍设计规范》的有关规定。

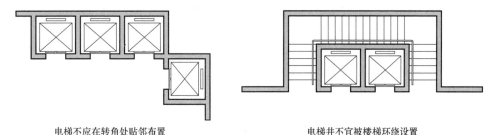

电梯不应在转角处贴邻布置　　　　　　　　　电梯井不宜被楼梯环绕设置

图 2-3-7　电梯位置设置示意图

2. 不同的建筑类型在设置电梯时有一些差别：

1）图书馆的四层及四层以上设有阅览室时，应设置为读者服务的电梯，并应至少设一台无障碍电梯。

2）档案馆建筑四层及四层以上的对外服务用房、档案业务和技术用房应设电梯。两层或两层以上的档案库应设垂直运输设备。

3）博物馆建筑内当藏品、展品需要垂直运送时应设专用货梯，专用货梯不应与观众、员工电梯或其他工作货梯合用，且应设置可关闭的候梯间。

4）电影院设置电梯或自动扶梯不宜贴邻观众厅设置。当贴邻设置时，应采取隔声、减振等措施。

5）办公建筑四层及四层以上或楼面距室外设计地面高度超过 12m 应设电梯。乘客电梯位置应有明确的导向标识，并应能便捷到达。超高层办公建筑的乘客电梯应分层分区停靠。

6）医院建筑中二层医疗用房宜设电梯；三层及三层以上的医疗用房应设电梯，且不得少于 2 台。供患者使用的电梯和污物梯，应采用病床梯。医院住院部宜增设供医护人员专用的客梯、送餐和污物专用电梯。

7）疗养院建筑不宜超过四层，若超过四层应设置电梯。货梯电梯井道不应与有安静要求的用房贴邻。

8）传染病医院两层的医疗用房宜设电梯，三层及三层以上的医疗用房应设电梯，且不得少于两台。当病房楼高度超过 24m 时，应单设专用污物梯。供病人使用的电梯和污物梯，应采用专用病床规格电梯。

9）铁路旅客车站特大型、大型站的站房内应设置自动扶梯和电梯，中型站的站房宜设置自动扶梯和电梯。

10）四级、五级旅馆建筑 2 层宜设乘客电梯，3 层及 3 层以上应设乘客电梯。一级、二级、三级旅馆建筑 3 层宜设乘客电梯，4 层及 4 层以上应设乘客电梯；乘客电梯的台数、额定载重量和额定速度应通过设计和计算确定；主要乘客电梯位置应有明确的导向标识，并应能便捷抵达；客房部分宜至少设置两部乘客电梯，四级及以上旅馆建筑公共部分宜设置自动扶梯或专用乘客电梯。服务电梯应根据旅馆建筑等级和实际需要设置，且四级、五级旅馆建筑应设服务电梯；电梯厅深度应符合现行国家标准《民用建筑设计统一标准》的规定，且当客房与电梯厅正对面布置时，电梯厅的深度不应包括客房与电梯厅之间的走道宽度。

11）大型和中型商店的营业区宜设乘客电梯、自动扶梯、自动人行道；多层商店宜设置货梯或提升机。

12）位于二层及二层以上的餐馆、饮品店和位于三层及三层以上的快餐店宜设置乘客电梯；位于二层及二层以上的大型和特大型食堂宜设置自动扶梯。

13）四层及以上的多层机动车库或地下三层及以下机动车库应设置乘客电梯，电梯的服务半径不宜大于 60m。

14）六层及六层以上宿舍或居室最高入口层楼面距室外设计地面的高度大于 15m 时，宜设置电梯；高度大于 18m 时，应设置电梯，并宜有一部电梯供担架平入。

15）二层及以上老年人居住建筑应配置可容纳担架的电梯。十二层及十二层以上的老年人居住建筑，每单元设置电梯不应少于两台，其中应设置一台可容纳担架的电梯。候梯厅深度不应小于多台电梯中最大轿厢深度，且不应小于 1.8m，候梯厅应设置扶手。

2.3.2.4　自动扶梯、自动人行道

自动扶梯具有连续快速输送大量人流的优点，自动扶梯设置应符合下列规定：

1. 自动扶梯和自动人行道不应作为安全出口。

2. 出入口畅通区的宽度从扶手带端部算起不应小于 2.5m，人员密集的公共场所其畅通区宽度不宜小于 3.5m。

3. 扶梯与楼层地板开口部位之间应设防护栏杆或栏板。

4. 栏板应平整、光滑和无突出物；扶手带顶面距自动扶梯前缘、自动人行道踏板面或胶带面的垂直高度不应小于 0.9m。

5. 扶手带中心线与平行墙面或楼板开口边缘间的距离：当相邻平行交叉设置时，两梯（道）之间扶手带中心线的水平距离不应小于 0.5m，否则应采取措施防止障碍物引起人员伤害。

6. 自动扶梯的梯级、自动人行道的踏板或胶带上空，垂直净高不应小于 2.3m。

7. 自动扶梯的倾斜角不宜超过 30°，额定速度不宜大于 0.75m/s；当提升

高度不超过 6.0m，倾斜角小于等于 35°时，额定速度不宜大于 0.5m/s；当自动扶梯速度大于 0.65m/s 时，在其端部应有不小于 1.6m 的水平移动距离作为导向行程段。

8. 倾斜式自动人行道的倾斜角不应超过 12°，额定速度不应大于 0.75m/s。当踏板的宽度不大于 1.1m，并且在两端出入口踏板或胶带进入梳齿板之前的水平距离不小于 1.6m 时，自动人行道的最大额定速度可达到 0.9m/s。

9. 当自动扶梯和层间相通的自动人行道单向设置时，应就近布置相匹配的楼梯。

10. 设置自动扶梯或自动人行道所形成的上下层贯通空间，应符合现行国家标准《建筑设计防火规范》的有关规定。

11. 当自动扶梯或倾斜式自动人行道呈剪刀状相对布置时，以及与楼板、梁开口部位侧边交错部位，应在产生的锐角口前部 1.0m 范围内设置防夹、防剪的预警阻挡设施。

12. 自动扶梯和自动人行道宜根据负载状态（无人、少人、多数人、载满人）自动调节为低速或全速的运行方式。

2.3.3 交通枢纽的要求

交通枢纽作为满足人流集散、方向转换、空间过渡等功能要求的空间，在建筑中占有重要地位。主要包括门厅和出入口等空间形式。不同建筑类型的交通枢纽空间在具体功能和设置要求方面有各自的特点。

2.3.3.1 门厅

一般情况下，门厅是建筑的主要交通枢纽空间，除了交通转换等作用外，通常还设置一些辅助空间或设施，有很具体的使用功能。

1. 办公建筑的门厅内可附设传达、收发、会客、服务、问讯、展示等功能房间（场所）；根据使用要求也可设商务中心、咖啡厅、警卫室、快递储物间等；楼梯、电梯厅宜与门厅邻近设置，并应满足消防疏散的要求；严寒和寒冷地区的门厅应设门斗或其他防寒设施；夏热冬冷地区门厅与高大中庭空间相连时宜设门斗。

2. 旅馆建筑门厅（大堂）内各功能分区应清晰、交通流线应明确，有条件时可设分门厅；旅馆建筑门厅（大堂）内或附近应设总服务台、旅客休息区、公共卫生间、行李寄存空间或区域；乘客电梯厅的位置应方便到达，不宜穿越客房区域（图 2-3-8）。

3. 图书馆门厅应根据管理和服务的需要设置验证、咨询、收发、寄存和门禁监控等功能设施；多雨地区，门厅内应设置存放雨具的设施；严寒地区门厅应设门斗或采取其他防寒措施，寒冷地区门厅宜设门斗或采取其他防寒措施。

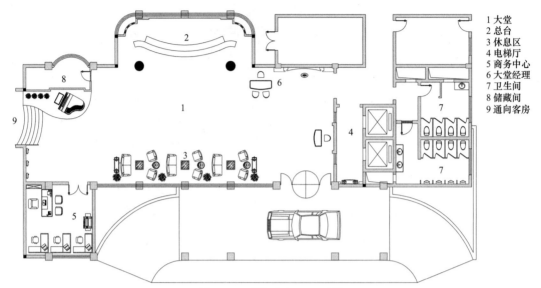

1 大堂
2 总台
3 休息区
4 电梯厅
5 商务中心
6 大堂经理
7 卫生间
8 储藏间
9 通向客房

图 2-3-8　某酒店门厅平面图

2.3.3.2　出入口

出入口是建筑的室内外过渡空间，与建筑的使用性质密切相关，例如在医院建筑中门诊、急诊、急救和住院应分别设置无障碍出入口。门诊、急诊、急救和住院主要出入口处，应有机动车停靠的平台，并应设雨篷。严寒地区宿舍的出入口应设防寒门斗，保温门或其他防寒设施。严寒、寒冷地区幼儿园建筑主体建筑的主要出入口应设挡风门斗，其双层门中心距离不应小于 1.6m。

第3章　规范在防火设计方面的规定

防火设计是建筑设计的重要内容之一。建筑火灾的发生往往会带来巨大的经济损失，甚至会造成使用者的重大人身伤亡。在建筑设计中，设计师既要依据使用功能、空间与平面特征和人员的特点，采取提高本质安全的工艺防火措施和控制火源的措施，防止发生火灾，也要合理确定建筑物的平面布局、耐火等级和构件的耐火极限，进行必要的防火分隔，设置合理的安全疏散设施与有效的灭火、报警与防排烟等设施，以控制和扑灭火灾，实现保护人身安全，减少火灾危害。因此，一个好的建筑方案从设计之初就应该将建筑防火设计作为重要因素考虑在内。

在进行建筑设计时主要遵守的建筑设计防火规范是《建筑设计防火规范》。另外，建筑设计还应符合《建筑内部装修设计防火规范》和《汽车库、修车库、停车场设计防火规范》等有关规定。

建筑设计防火规范在防火要求方面复杂而且严格，涉及防火设计的各个方面。考虑到本教材的篇幅和编写目的是为了配合高校学生的建筑设计课程而进行的，所以只选择与公共建筑有关部分，将规范内过细部分和计算部分去掉，而选取概念部分和骨架部分作为论述的主要内容。

建筑设计防火对策大致可分为两类，一类是通过预防失火、早期发现、及时扑救初起的火灾等积极的防火策略；另一类是在火灾后不使火灾扩大，利用建筑构件划分防火分区的消极防火策略。建筑设计防火基本流程是从总图防火、建筑平面布置防火、划分防火分区、安全疏散、室内装修防火以及设置防烟防火设备几个方面展开。

希望通过对本章的学习能够了解防火设计的基本概念，建立防火设计的基本知识框架，掌握建筑方案设计阶段防火设计要点。为了便于对防火规范的学习和理解，本章依据建筑设计防火的基本流程，将其归纳为建筑分类和耐火等级、总平面布局防火设计、建筑平面布置防火设计、建筑防火分区设计、安全疏散和灭火救援、构造防火与消防设施、停车空间防火设计、建筑内部装修防火设计，八个方面来阐述建筑防火设计。

基本概念：

建筑防火设计基本概念包括：材料的燃烧性能、耐火极限、民用建筑的耐火等级、建筑的防火间距、防火墙、防火分区、防火门、安全出口、封闭楼梯间、防烟楼梯间、地下室、半地下室等。

1. 材料的燃烧性能：分为非燃烧体、难燃烧体和燃烧体三种状态。

1) 非燃烧体：用非燃烧材料做成的构件，非燃烧材料指在空气中受到火烧或高温作用时不起火、不微燃、不炭化的材料，如金属材料和天然或人工的无机矿物材料。

2) 难燃烧体：用难燃烧材料做成的构件或用燃烧材料做成而用非燃烧材料做保护层的构件。难燃烧材料指在空气中受到火烧或高温作用时难起火、难微燃、难炭化，当火源移走后燃烧或微燃立即停止的材料。如沥青混凝土、经过防火处理的木材、用有机物填充的混凝土和水泥刨花板等。

3) 燃烧体：用燃烧材料做成的构件。燃烧材料指在空气中受到火烧或高温作用时立即起火或微燃，且火源移走后仍继续燃烧或微燃的材料。如木材等。

2. 耐火极限：在标准耐火试验条件下，建筑构件、配件或结构从受到火的作用时起，至失去承载能力、完整性或隔热性时止所用时间，用小时表示。

3. 民用建筑的耐火等级：组成建筑物的基本构件包括：墙、柱、梁、楼板、屋顶承重构件、疏散楼梯、吊顶。民用建筑按照这些基本构件的燃烧性能和耐火极限，来确定该建筑的耐火等级。民用建筑的耐火等级分为一、二、三、四级。相反，根据分级及其对应建筑构件的耐火性能，也可以用于确定既有建筑的耐火等级。

4. 建筑的防火间距：防止着火建筑在一定时间内引燃相邻建筑，便于消防扑救的间隔距离。一般为 6~12m，特殊情况可为 3.5m。

5. 防火墙：防止火灾蔓延至相邻建筑或相邻水平防火分区且耐火极限不低于 3.00h 的不燃性墙体。

6. 防火分区：在建筑内部采用防火墙、楼板及其他防火分隔设施分隔而成，能在一定时间内防止火灾向同一建筑的其余部分蔓延的局部空间。

7. 防火门：用不燃材料制作，起到隔离明火和高温的专用门，按照耐火极限分为三级：

1) 甲级防火门：耐火极限不低于 1.2h 的防火门。

2) 乙级防火门：耐火极限不低于 0.9h 的防火门。

3) 丙级防火门：耐火极限不低于 0.6h 的防火门。

8. 安全出口：供人员安全疏散用的楼梯间和室外楼梯的出入口或直通室内外安全区域的出口。

9. 封闭楼梯间：在楼梯间入口处设置门，以防止火灾的烟和热气进入的楼梯间。

10. 防烟楼梯间：在楼梯间入口处设置防烟的前室、开敞式阳台或凹廊（统称前室）等设施，且通向前室和楼梯间的门均为防火门，以防止火灾的烟和热气进入的楼梯间（图 3-0-1）。

11. 地下室：房间地面低于室外设计地面的平均高度大于该房间平均净高 1/2 者。

12. 半地下室：房间地面低于室外设计地面的平均高度大于该房间平均净高 1/3，且不大于 1/2 者（图 3-0-2）。

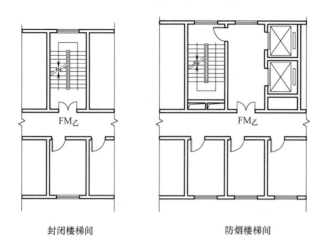

封闭楼梯间   防烟楼梯间

图 3-0-1 封闭楼梯间、防烟楼梯间图示图

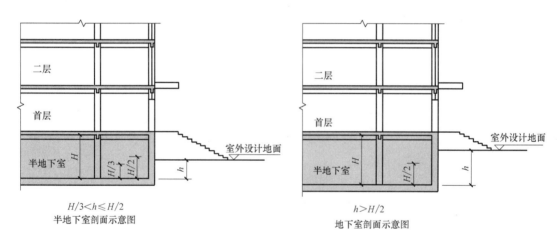

$H/3 < h \leqslant H/2$
半地下室剖面示意图

$h > H/2$
地下室剖面示意图

H：地下室或半地下室房间平均净高
h：房间地平面低于室外地面的平均高度

图 3-0-2 半地下室、地下室剖面示意图

3.1 民用建筑分类和耐火等级

在进行建筑设计时，首先要确定建筑的防火类别和耐火等级，然后才能依据其建筑分类与耐火等级进行相应的防火设计。《建筑设计防火规范》将民用建筑划分为住宅建筑和公共建筑两大类，并进一步根据其建筑高度、功能、火灾危险性和扑救难易程度等进行分类。

3.1.1 民用建筑的分类

民用建筑根据其建筑高度和层数可分为单、多层民用建筑和高层民用建筑。对于公共建筑，规范以24m作为区分多层和高层公共建筑的标准。建筑高度大于24m的单层公共建筑，不按高层建筑进行防火设计。对于住宅建筑，以27m作为区分多层和高层住宅建筑的标准；对于高层住宅建筑，又以54m划分为一类和二类。高层民用建筑根据其建筑高度、使用功能和楼层的建筑面积可分为一类和二类。民用建筑的分类应符合表3-1-1的规定。

民用建筑的分类   表 3-1-1

名称	高层民用建筑		单、多层民用建筑
	一类	二类	
住宅建筑	建筑高度大于54m的住宅建筑（包括设置商业服务网点的住宅建筑）	建筑高度大于27m,但不大于54m的住宅建筑（包括设置商业服务网点的住宅建宅建筑）	建筑高度不大于27m的住宅建筑（包括设置商业服务网点的住宅建筑）
公共建筑	1. 建筑高度大于50m的公共建筑 2. 建筑高度24m以上部分任一楼层建筑面积大于1000m²的商店、展览、电信、邮政、财贸金融建筑和其他多种功能组合的建筑 3. 医疗建筑、重要公共建筑、独立建造的老年人照料设施 4. 省级及以上的广播电视和防灾指挥调度建筑、网局级和省级电力调度建筑 5. 藏书超过100万册的图书馆、书库	除一类高层公共建筑外的其他高层公共建筑	1. 建筑高度大于24m的单层公共建筑 2. 建筑高度不大于24m的其他公共建筑

3.1.2 民用建筑的耐火等级

民用建筑的耐火等级分级是为了便于根据建筑自身结构的防火性能来确定该建筑的其他防火要求。相反，根据这个分级及其对应建筑构件的耐火性能，也可以用于确定既有建筑的耐火等级。民用建筑的耐火等级可分为一、二、三、四级。不同耐火等级建筑相应构件的燃烧性能和耐火极限不应低于规范规定。

民用建筑的耐火等级应根据其建筑高度、使用功能、重要性和火灾扑救难度等确定。并应符合下列规定：

1. 地下或半地下建筑（室）和一类高层建筑的耐火等级不应低于一级；
2. 单、多层重要公共建筑和二类高层建筑的耐火等级不应低于二级。
3. 除木结构建筑外，老年人照料设施的耐火等级不应低于三级。

3.2 总平面布局防火设计

在进行群体建筑组合时，除了要考虑总体功能分区、流线组织、建筑与环境的关系之外。为确保各建筑的消防安全，要合理确定建筑位置远离危险源、保持建筑之间适当防火间距、设置消防车道以及便于消防扑救预留救援场地和入口等方面考虑，进行总平面布局。

3.2.1 建筑布局与防火间距

首先，要避免在发生火灾危险性大的建筑附近布置民用建筑，以从根本上防止和减少这些建筑发生火灾时对民用建筑的影响。这类建筑主要包括：甲、乙类厂房和仓库，甲、乙、丙类液体储罐，可燃液体和可燃气体储罐以及可燃材料堆场等。

其次，对于民用建筑之间，各幢建筑物间要留出足够的安全距离。设计时要综合考虑灭火救援时需要的扑救和人员疏散场地，防止火势向邻近建筑蔓延以及节约用地等因素，规范规定了民用建筑之间的防火间距要求。民用建筑之间的防火间距不应小于表 3-2-1 的规定（图 3-2-1、图 3-2-2）。

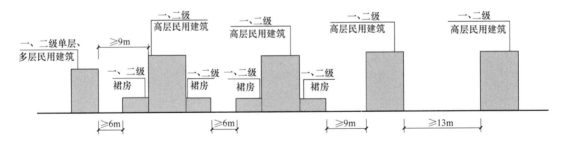

图 3-2-1　一、二级民用建筑之间的防火间距

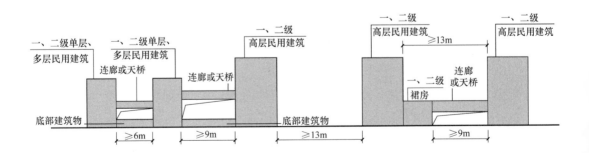

图 3-2-2　相邻建筑通过连廊、天桥或底部建筑等连接时的防火间距

民用建筑之间的防火间距（m）   表 3-2-1

建筑类别		高层民用建筑	裙房和其他民用建筑		
		一、二级	一、二级	三级	四级
高层民用建筑	一、二级	13	9	11	14
裙房和其他 民用建筑	一、二级	9	6	7	9
	三级	11	7	8	10
	四级	14	9	10	12

注：① 相邻两座单、多层建筑，当相邻外墙为不燃性墙体且无外露的可燃性屋檐，每面外墙上无防火保护的门、窗、洞口不正对开设且该门、窗、洞口的面积之和不大于外墙面积的5％时，其防火间距可按本表的规定减少25％。

② 两座建筑相邻较高一面外墙为防火墙，或高出相邻较低一座一、二级耐火等级建筑的屋面15m及以下范围内的外墙为防火墙时，其防火间距不限。

③ 相邻两座高度相同的一、二级耐火等级建筑中相邻任一侧外墙为防火墙，屋顶的耐火极限不低于1.00h时，其防火间距不限。

④ 相邻两座建筑中较低一座建筑的耐火等级不低于二级，相邻较低一面外墙为防火墙且屋顶无天窗，屋顶的耐火极限不低于1.00h时，其防火间距不应小于3.5m；对于高层建筑，不应小于4m。

⑤ 相邻两座建筑中较低一座建筑的耐火等级不低于二级且屋顶无天窗，相邻较高一面外墙高出较低一座建筑的屋面15m及以下范围内的开口部位设置甲级防火门、窗，或设置防火分隔水幕或防火卷帘时，其防火间距不应小于3.5m；对于高层建筑，不应小于4m。

⑥ 相邻建筑通过连廊、天桥或底部的建筑物等连接时，其间距不应小于本表的规定。

⑦ 防火等级低于四级的既有建筑，其耐火等级可按四级确定。

⑧ 建筑高度大于100m的民用建筑与相邻建筑的防火间距。当符合允许减小的条件时，仍不应减小。

除高层民用建筑外，数座一、二级耐火等级的住宅建筑或办公建筑，当建筑物的占地面积总和不大于2500m²时，建筑可成组布置，但组内建筑物之间的间距不宜小于4m。组与组或组与相邻建筑物的防火间距不应小于表 3-2-1 的规定（图 3-2-3）。

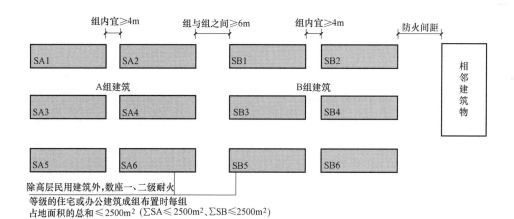

图 3-2-3　组与组或组与相邻建筑物防火间距平面示意图

3.2.2 消防车道与登高操作场地

在总体布局设计和建筑设计中，合理布局和保持适当的防火间距是个体建筑的有效防火措施。但是当火灾发生时，消防救援也是重要措施之一。当火灾发生后为了扑救工作创造便利条件，在总平面设计是要合理设计消防车道与登高操作场地。

对于总长度和沿街的长度过长的沿街建筑，特别是U形或L形的建筑，如果不对其长度进行限制，会给灭火救援和内部人员的疏散带来不便，延误灭火时机。街区内的道路应考虑消防车的通行，道路中心线间的距离不宜大于160m。当建筑物沿街道部分的长度大于150m或总长度大于220m时，应设置穿过建筑物的消防车道。确有困难时，应设置环形消前车道（图3-2-4）。

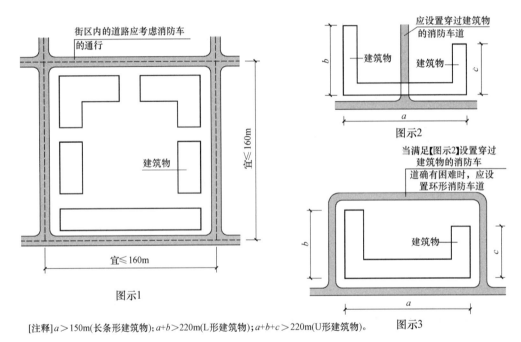

[注释] $a>150$m（长条形建筑物）；$a+b>220$m（L形建筑物）；$a+b+c>220$m（U形建筑物）。

图 3-2-4　环形消防车道示意图

高层民用建筑，超过3000个座位的体育馆，超过2000个座位的会堂，占地面积大于3000m²的商店建筑、展览建筑等单、多层公共建筑店设置环形消防车道，确有困难时，可沿建筑的两个长边设置消防车道；对于高层住宅建筑和山坡地或河道边临空建造的高层民用建筑，可沿建筑的一个长边设置消防车道，但该长边所在建筑立面应为消防车登高操作面（图3-2-5）。

有封闭内院或天井的建筑物，当内院或天井的短边长度大于24m时，宜设置进入内院或天井的消防车道；当该建筑物沿街时，应设置连通街道和内院的人行通道（可利用楼梯间），其间距不宜大于80m（图3-2-6）。

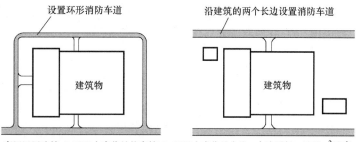

高层民用建筑，>3000个座位的体育馆，>2000个座位的会堂，占地面积>3000m²的商店建筑、展览建筑等单、多层公共建筑

图 3-2-5　环形消防车道平面示意图

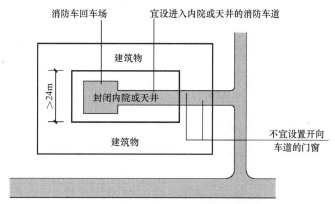

图 3-2-6　进入内院或天井的消防车道

消防车道应符合下列要求：车道的净宽度和净空高度均不应小于 4.0m；转弯半径应满足消防车转弯的要求；消防车道与建筑之间不应设置妨碍消防车操作的树木、架空管线等障碍物；消防车道靠建筑外墙一侧的边缘距离建筑外墙不宜小于 5m；消防车道的坡度不宜大于 8%。

环形消防车道至少应有两处与其他车道连通。尽头式消防车道应设置回车道或回车场，回车场的面积不应小于 12m×12m；对于高层建筑，不宜小于 15m×15m；供重型消防车使用时，不宜小于 18m×18m（图 3-2-7）。

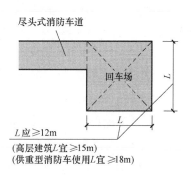

图 3-2-7　消防车回车场平面示意图

消防车道不宜与铁路正线平交，确需平交时，应设置备用车道，且两车道的间距不应小于一列火车的长度（图 3-2-8）。

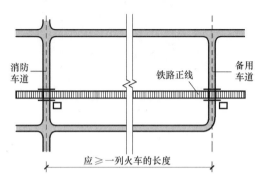

【注释】据成都铁路局提供的数据，目前一列火车的长度 ≤900m。对于存在通行特殊超长火车的地方，需根据铁路部门提供的数据确定。

图 3-2-8　消防车与铁道平交平面示意图

供消防车取水的天然水源和消防水池应设置消防车道。消防车道的边缘距离取水点不宜大于 2m。

3.2.3　救援场地和入口

对于高层建筑，特别是布置有裙房的高层建筑，要认真考虑合理布置，确保登高消防车能够靠近高层建筑主体，便于登高消防车开展灭火救援。高层建筑应至少沿一个长边或周边长度的 1/4 且不小于一个长边长度的底边连续布置消防车登高操作场地，该范围内的裙房进深不应大于 4m。

建筑高度不大于 50m 的建筑，连续布置消防车登高操作场地确有困难时，可间隔布置，但间隔距离不宜大于 30m，且消防车登高操作场地的总长度仍应符合上述规定（图 3-2-9）。

消防车登高操作场地应符合下列规定：

1. 场地与厂房、仓库、民用建筑之间不应设置妨碍消防车操作的树木、架空管线等障碍物和车库出入口。

2. 场地的长度和宽度分别不应小于 15m 和 10m。对于建筑高度大于 50m 的建筑，场地的长度和宽度分别不应小于 20m 和 10m。

3. 场地应与消防车道连通，场地靠建筑外墙一侧的边缘距离建筑外墙不宜小于 5m，且不应大于 10m，场地的坡度不宜大于 3%。

为使消防员能尽快安全到达着火层，在建筑与消防车登高操作场地相对应的范围内设置直通室外的楼梯或直通楼梯间的入口十分必要，特别是高层建筑和地下建筑。建筑物与消防车登高操作场地相对应的范围内，应设置直通室外的楼梯或直通楼梯间的入口。

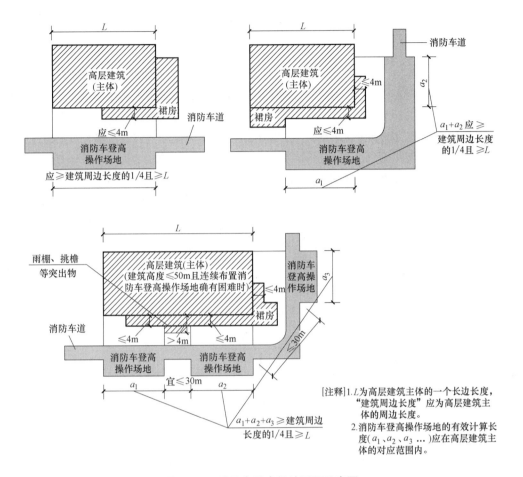

图 3-2-9　消防车登高场地平面示意图

过去，绝大部分建筑均开设有外窗。而现在，不仅仓库、洁净厂房无外窗或外窗开设少，而且一些大型公共建筑，如商场、商业综合体、设置玻璃幕墙或金属幕墙的建筑等，在外墙上均很少设置可直接开向室外并可供人员进入的外窗。而在实际火灾事故中，大部分建筑的火灾在消防队到达时均已发展到比较大的规模，从楼梯间进入有时难以直接接近火源，但灭火时只有将灭火剂直接作用于火源或燃烧的可燃物，才能有效灭火。因此，在建筑的外墙设置可供专业消防人员使用的入口，对于方便消防员灭火救援十分必要。救援窗口的设置既要结合楼层走道在外墙上的开口、还要结合避难层、避难间以及救援场地，在外墙上选择合适的位置进行设置。

供消防救援人员进入的窗口的净高度和净宽度均不应小于 1.0m，下沿距室内地面不宜大于 1.2m，间距不宜大于 20m 且每个防火分区不应少于 2 个，设置位置应与消防车登高操作场地相对应。窗口的玻璃应易于破碎，并应设置可在室外易于识别的明显标志。

3.3 建筑平面布置防火设计

民用建筑的功能多样，往往有多种用途或功能的房间布置在同一座建筑内。不同使用功能空间的火灾危险性及人员疏散要求也各不相同，通常要进行分隔。设计时重点关注危险的设备、危险的房间、特殊的场所、特殊人群和救援设施场所等在建筑平面、空间的位置。通过合理组合布置建筑内不同用途的房间以及疏散走道、疏散楼梯间等，可以将火灾危险性大的空间相对集中并方便划分为不同的防火分区，或将这样的空间布置在对建筑结构、人员疏散影响较小的部位等，以尽量降低火灾的危害。

危险的设备主要指燃油或燃气的锅炉、油浸电力变压器、充有可燃油的高压电容器、多油开关等；危险的房间是指锅炉房、变压器室、储油间、高压电容器室、多油开关室、柴油发动机房等；特殊的场所是指商店、观众厅、会议厅、多功能厅、歌舞厅、卡拉OK厅、放映厅、网吧、厨房等；特殊人群是指幼儿、老人、病人等；救援场所是指消防控制室、泵房、灭火装置设备间、储藏间等。

3.3.1 危险的房间

除为满足民用建筑使用功能所设置的附属库房外。民用建筑内不应设置生产车间和其他库房。经营、存放和使用甲、乙类火灾危险性物品的商店、作坊和储藏间，严禁附设在民用建筑内。

燃油或燃气锅炉、油浸变压器、充有可燃油的高压电容器和多油开关等，宜设置在建筑外的专用房间内；确需贴邻民用建筑布置时，应采用防火墙与所贴邻的建筑分隔，且不应贴邻人员密集场所，该专用房间的耐火等级不应低于二级；确需布置在民用建筑内时，不应布置在人员密集场所的上一层、下一层或贴邻（图3-3-1）。

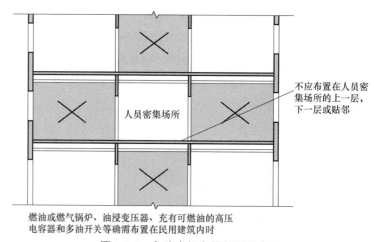

图 3-3-1　危险房间布置剖面示意图

3.3.2 特殊的场所

商店建筑、展览建筑采用三级耐火等级建筑时，不应超过2层；采用四级耐火等级建筑时，应为单层。营业厅、展览厅设置在三级耐火等级的建筑内时，应布置在首层或二层；设置在四级耐火等级的建筑内时，应布置在首层。营业厅、展览厅不应设置在地下三层及以下楼层。地下或半地下营业厅、展览厅不应经营、储存和展示甲、乙类火灾危险性物品。

教学建筑、食堂、菜市场采用三级耐火等级建筑时，不应超过2层；采用四级耐火等级建筑时，应为单层；设置在三级耐火等级的建筑内时，应布置在首层或二层；设置在四级耐火等级的建筑内时，应布置在首层。

剧场、电影院、礼堂宜设置在独立的建筑内；采用三级耐火等级建筑时，不应超过2层；确需设置在其他民用建筑内时，至少应设置1个独立的安全出口和疏散楼梯，并应符合下列规定：

1. 应采用耐火极限不低于2.00h的防火隔墙和甲级防火门与其他区域分隔。

2. 设置在一、二级耐火等级的建筑内时，观众厅宜布置在首层、二层或三层；确需布置在四层及以上楼层时，一个厅、室的疏散门不应少于2个，且每个观众厅的建筑面积不宜大于400m²。

3. 设置在三级耐火等级的建筑内时，不应布置在三层及以上楼层。

4. 设置在地下或半地下时，宜设置在地下一层，不应设置在地下三层及以下楼层。

建筑内的会议厅、多功能厅等人员密集的场所，宜布置在首层、二层或三层。设置在三级耐火等级的建筑内时，不应布置在三层及以上楼层。确需布置在一、二级耐火等级建筑的其他楼层时，应符合下列规定：

1. 一个厅、室的疏散门不应少于2个，且建筑面积不宜大于400m²。

2. 设置在地下或半地下时，宜设置在地下一层，不应设置在地下三层及以下楼层。

歌舞厅、录像厅、夜总会、卡拉OK厅（含具有卡拉OK功能的餐厅）、游艺厅（含电子游艺厅）、桑拿浴室（不包括洗浴部分）、网吧等歌舞娱乐放映游艺场所（不含剧场、电影院）的布置应符合下列规定：

1. 不应布置在地下二层及以下楼层。

2. 宜布置在一、二级耐火等级建筑内的首层、二层或三层的靠外墙部位。

3. 不宜布置在袋形走道的两侧或尽端。

4. 确需布置在地下一层时，地下一层的地面与室外出入口地坪的高差不应大于10m。

5. 确需布置在地下或四层及以上楼层时，一个厅、室的建筑面积不应大于200m²。

除商业服务网点外，住宅建筑与其他使用功能的建筑合建时，住宅部分与非住宅部分的安全出口和疏散楼梯应分别独立设置；为住宅部分服务的地上车库应设置独立的疏散楼梯或安全出口。

设置商业服务网点的住宅建筑，其居住部分与商业服务网点之间应采用耐火极限不低于2.00h且无门、窗、洞口的防火隔墙和1.50h的不燃性楼板完全分隔，住宅部分和商业服务网点部分的安全出口和疏散楼梯应分别独立设置。

3.3.3 特殊人群空间

托儿所、幼儿园的儿童用房和儿童游乐厅等儿童活动场所宜设置在独立的建筑内，且不应设置在地下或半地下；当采用一、二级耐火等级的建筑时，不应超过3层；采用三级耐火等级的建筑时，不应超过2层；采用四级耐火等级的建筑时，应为单层；确需设置在其他民用建筑内时，应符合下列规定：

1. 设置在一、二级耐火等级的建筑内时，应布置在首层、二层或三层。

2. 设置在三级耐火等级的建筑内时，应布置在首层或二层。

3. 设置在四级耐火等级的建筑内时，应布置在首层。

4. 设置在高层建筑内时，应设置独立的安全出口和疏散楼梯。

5. 设置在单、多层建筑内时，宜设置独立的安全出口和疏散楼梯。

老年人照料设施宜独立设置。当老年人照料设施与其他建筑上、下组合时，老年人照料设施宜设置在建筑的下部。当老年人照料设施中的老年人公共活动用房、康复与医疗用房设置在地下、半地下时，应设置在地下一层，每间用房的建筑面积不应大于200m²且使用人数不应大于30人。老年人照料设施中的老年人公共活动用房、康复与医疗用房设置在地上四层及以上时，每间用房的建筑面积不应大于200m²且使用人数不应大于30人。

医院和疗养院的住院部分不应设置在地下或半地下。医院和疗养院的住院部分采用三级耐火等级建筑时，不应超过2层；采用四级耐火等级建筑时，应为单层；设置在三级耐火等级的建筑内时，应布置在首层或二层；设置在四级耐火等级的建筑内时，应布置在首层。医院和疗养院的病房楼内相邻护理单元之间应采用耐火极限不低于2.00h的防火隔墙分隔，隔墙上的门应采用乙级防火门，设置在走道上的防火门应采用常开防火门。

3.3.4 救援场所

设置火灾自动报警系统和需要联动控制的消防设备的建筑（群）应设置消防控制室。消防控制室的设置应符合下列规定：

1. 单独建造的消防控制室，其耐火等级不应低于二级。

2. 附设在建筑内的消防控制室，宜设置在建筑内首层或地下一层，并宜布置在靠外墙部位。

3. 不应设置在电磁场干扰较强及其他可能影响消防控制设备正常工作的房间附近。

4. 疏散门应直通室外或安全出口。

消防水泵房的设置应符合下列规定：

1. 单独建造的消防水泵房，其耐火等级不应低于二级。

2. 附设在建筑内的消防水泵房，不应设置在地下三层及以下或室内地面与室外出入口地坪高差大于 10m 的地下楼层。

3. 疏散门应直通室外或安全出口。

3.4 建筑防火分区设计

建筑防火分区是指采用防火分隔措施划分出的，能在一定时间内防止火灾向同一建筑的其余部分蔓延的空间区域。把建筑划分为若干个防火分区，这样一旦有火灾发生，就能有效地把火势控制在一定范围内，减少火灾损失，同时可以为人员疏散、消防扑救提供有利条件。

防火分区是空间分区，但为了理解方便，可以按水平防火分区、垂直防火分区、特殊和重要房间的防火分隔，三个层次来认识。水平防火分区指用防火墙、防火门或防火卷帘等防火分隔物，按规定的面积标准，将各楼层的水平方向分隔出的防火区域。它可以阻止火灾在楼层的水平方向蔓延。竖向防火分区是指用耐火性能好的钢筋混凝土楼板及窗间墙，在建筑物的垂直方向对每个楼层进行的防火分隔，以防止火灾从起火楼层向其他楼层蔓延。特殊部位和重要房间的防火分隔是指用具有一定耐火能力的分隔物将建筑内部某些特殊部位和重要房间等加以分隔，可以使其不受到火灾蔓延的影响，为火灾扑救、人员疏散创造条件。特殊部位和重要房间主要有各种竖向井道、附设在建筑物中的消防控制室、设置贵重设备和贵重物品的房间，火灾危险性大的房间以及通风空调机房等。

不同耐火等级建筑的允许建筑高度或层数、防火分区最大允许建筑面积应符合表 3-4-1 的规定（图 3-4-1）。

不同耐火等级建筑的允许建筑高度或层数、防火分区最大允许建筑面积　　表 3-4-1

名称	耐火等级	允许建筑高度或层数	防火分区的最大允许建筑面积（m²）	备注
高层民用建筑	一、二级	按表 3-1-1 确定	1500	对于体育馆、剧场的观众厅，防火分区的最大允许建筑面积可适当增加
单、多层民用建筑	一、二级	按表 3-1-1 确定	2500	

名称	耐火等级	允许建筑高度或层数	防火分区的最大允许建筑面积(m²)	备注
单、多层民用建筑	三级	5层	1200	
	四级	2层	600	
地下或半地下建筑(室)	一级	—	500	设备用房的防火分区最大允许建筑面积不应大于1000m²

注：① 表中规定的防火分区最大允许建筑面积，当建筑内设置自动灭火系统对，可按本表的规定增加1.0倍；局部设置时，防火分区的增加面积可按该局部面积的1.0倍计算。

② 裙房与高层建筑主体之间设置防火墙时，裙房的防火分区可按单、多层建筑的要求确定。

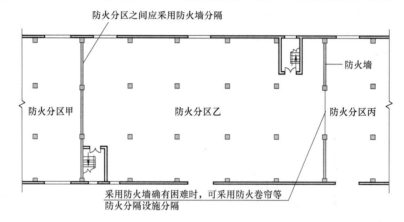

图 3-4-1　防火分区平面示意图

3.5　安全疏散和灭火救援

建筑发生火灾时，为避免室内人员由于火烧、烟雾中毒和房屋倒塌而造成伤害，必须尽快撤离现场；室内物资也要尽快抢救出来，以减少火灾损失；同时，消防人员也要迅速接近起火部位。为此，在建筑设计时交通组织设计的内容中包括安全疏散设计。安全疏散设计应根据建筑物的用途、容纳人数、面积大小和人们在火灾时心理状态等情况，合理布置安全设施，为人们安全疏散提供有利条件，这对避免或减少伤亡事故有着十分重要的意义。安全疏散的设计内容包括依据建筑的防火等级确定安全出口和疏散门的位置、数量、宽度，疏散楼梯的形式和疏散距离，避难区域的防火保护措施。

3.5.1　安全疏散与避难

民用建筑应根据其建筑高度、规模、使用功能和耐火等级等因素合理设置安全疏散和避难设施。安全出口和疏散门的位置、数量、宽度及疏散楼梯间的形式，应满足人员安全疏散的要求。

建筑的安全疏散和避难设施主要包括疏散门、疏散走道、安全出口或疏散楼梯（包括室外楼梯）、避难走道、避难间或避难层、疏散指示标志和应急照明，有时还要考虑疏散诱导广播等。

3.5.1.1 安全出口和疏散门

疏散门是房间直接通向疏散走道的房门、直接开向疏散楼梯间的门（如住宅的户门）或室外的门，不包括套间内的隔间门或住宅套内的房间门；安全出口是直接通向室外的房门或直接通向室外疏散楼梯、室内的疏散楼梯间及其他安全区的出口，是疏散门的一个特例。设计时要符合以下规定：

1. 建筑内的安全出口和疏散门应分散布置，且建筑内每个防火分区或一个防火分区的每个楼层、每个住宅单元每层相邻两个安全出口以及每个房间相邻两个疏散门最近边缘之间的水平距离不应小于5m（图3-5-1）。

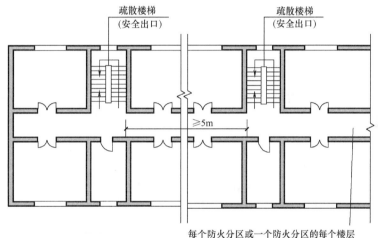

图 3-5-1 两个安全出口最近边缘水平距离示意图

2. 建筑的楼梯间宜通至屋面，通向屋面的门或窗应向外开启（图3-5-2）

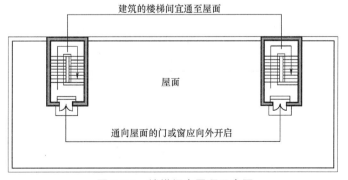

图 3-5-2 楼梯间出屋顶示意图

3. 自动扶梯和电梯不应计作安全疏散设施。

4. 除人员密集场所外，建筑面积不大于500m²、使用人数不超过30人且埋深不大于10m的地下或半地下建筑（室），当需要设置2个安全出口时，其中一个安全出口可利用直通室外的金属竖向梯。除歌舞娱乐放映游艺场所外，防火分区建筑面积不大于 200m² 的地下或半地下设备间、防火分区建筑面积不大于 50m² 且经常停留人数不超过 15 人的其他地下或半地下建筑（室），可设置 1 个安全出口或 1 部疏散楼梯。建筑面积不大于 200m² 的地下或半地下设备间、建筑面积不大于 50m² 且经常停留人数不超过 15 人的其他地下或半地下房间，可设置 1 个疏散门。

5. 直通建筑内附设汽车库的电梯，应在汽车库部分设置电梯候梯厅，并应采用耐火极限不低于 2.00h 的防火隔墙和乙级防火门与汽车库分隔（图 3-5-3）。

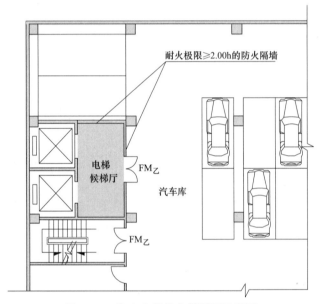

图 3-5-3　汽车库部分电梯平面示意图

6. 高层建筑直通室外的安全出口上方，应设置挑出宽度不小于 1.0m 的防护挑檐（图 3-5-4）。

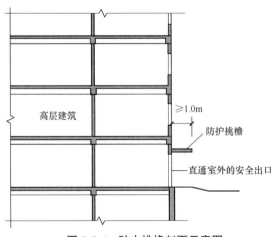

图 3-5-4　防火挑檐剖面示意图

7. 公共建筑内每个防火分区或一个防火分区的每个楼层，其安全出口的数量应经计算确定，且不应少于 2 个。符合下列条件之一的公共建筑，可设置 1 个安全出口或 1 部疏散楼梯：

1）除托儿所、幼儿园外，建筑面积不大于 200m² 且人数不超过 50 人的单层公共建筑或多层公共建筑的首层；

2）除医疗建筑，老年人建筑，托儿所、幼儿园的儿童用房，儿童游乐厅等儿童活动场所和歌舞娱乐放映游艺场所等外，符合表 3-5-1 规定的公共建筑。

可设置 1 部疏散楼梯的公共建筑 表 3-5-1

耐火等级	最多层数	每层最大建筑面积（m²）	人数
一、二级	3 层	200	第二、三层的人数之和不超过 50 人
三级	3 层	200	第二、三层的人数之和不超过 25 人
四级	2 层	200	第二层的人数之和不超过 15 人

8. 一、二级耐火等级公共建筑内的安全出口全部直通室外确有困难的防火分区，可利用通向相邻防火分区的甲级防火门作为安全出口，但应符合下列要求：

1）利用通向相邻防火分区的甲级防火门作为安全出口时，应采用防火墙与相邻防火分区进行分隔。

2）建筑面积大于 1000m² 的防火分区，直通室外的安全出口不应少于 2 个；建筑面积不大于 1000m² 的防火分区，直通室外的安全出口不应少于 1 个。

3）该防火分区通向相邻防火分区的疏散净宽度不应大于其按规定计算所需疏散总净宽度的 30%，建筑各层直通室外的安全出口总净宽度不应小于按规定计算所需疏散总净宽度。

9. 高层公共建筑的疏散楼梯，当分散设置确有困难且从任一疏散门至最近疏散楼梯间入口的距离不大于 10m 时，可采用剪刀楼梯间，但应符合下列规定（图 3-5-5）：

1）楼梯间应为防烟楼梯间。

2）梯段之间应设置耐火极限不低于 1.00h 的防火隔墙。

3）楼梯间的前室应分别设置。

10. 设置不少于 2 部疏散楼梯的一、二级耐火等级多层公共建筑，如顶层局部升高，当高出部分的层数不超过 2 层、人数之和不超过 50 人且每层建筑面积不大于 200m² 时，高出部分可设置 1 部疏散楼梯，但至少应另外设置 1 个直通建筑主体上人平屋面的安全出口，且上人屋面应符合人员安全疏散的要求（图 3-5-6）。

11. 一类高层公共建筑和建筑高度大于 32m 的二类高层公共建筑，其疏

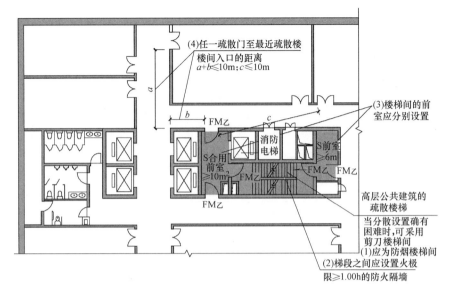

图 3-5-5　高层公共建筑剪刀楼梯间平面示意图

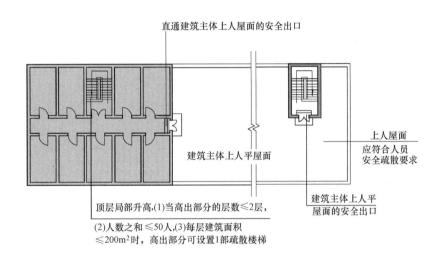

图 3-5-6　一、二级耐火等级多层公共建筑平面示意图

散楼梯应采用防烟楼梯间。裙房和建筑高度不大于 32m 的二类高层公共建筑，其疏散楼梯应采用封闭楼梯间。当裙房与高层建筑主体之间设置防火墙时，裙房的疏散楼梯可按单、多层建筑的要求确定。

12. 下列多层公共建筑的疏散楼梯，除与敞开式外廊直接相连的楼梯间外，均应采用封闭楼梯间：

1）医疗建筑、旅馆及类似使用功能的建筑。

2）设置歌舞娱乐放映游艺场所的建筑。

3）商店、图书馆、展览建筑、会议中心及类似使用功能的建筑。

4）6 层及以上的其他建筑。

13. 老年人照料设施的疏散楼梯或疏散楼梯间宜与敞开式外廊直接连通，不能与敞开式外廊直接连通的室内疏散楼梯应采用封闭楼梯间。建筑高度大于24m的老年人照料设施，其室内疏散楼梯应采用防烟楼梯间。

建筑高度大于32m的老年人照料设施，宜在32m以上部分增设能连通老年人居室和公共活动场所的连廊，各层连廊应直接与疏散楼梯、安全出口或室外避难场地连通。

14. 公共建筑内的客、货电梯宜设置电梯候梯厅，不宜直接设置在营业厅、展览厅、多功能厅等场所内。老年人照料设施内的非消防电梯应采取防烟措施，当火灾情况下需用于辅助人员疏散时，该电梯及其设置应符合规范有关消防电梯及其设置的要求。

15. 公共建筑内房间的疏散门数量应经计算确定且不应少于2个。除托儿所、幼儿园、老年人建筑、医疗建筑、教学建筑内位于走道尽端的房间外，符合下列条件之一的房间可设置1个疏散门：

1) 位于两个安全出口之间或袋形走道两侧的房间，对于托儿所、幼儿园、老年人建筑，建筑面积不大于50m²；对于医疗建筑、教学建筑，建筑面积不大于75m²；对于其他建筑或场所，建筑面积不大于120m²。

2) 位于走道尽端的房间，建筑面积小于50m²且疏散门的净宽度不小于0.90m，或由房间内任一点至疏散门的直线距离不大于15m、建筑面积不大于200m²且疏散门的净宽度不小于1.40m。

3) 歌舞娱乐放映游艺场所内建筑面积不大于50m²且经常停留人数不超过15人的厅、室。

16. 剧场、电影院、礼堂和体育馆的观众厅或多功能厅，其疏散门的数量应经计算确定且不应少于2个，并应符合下列规定：

1) 对于剧场、电影院、礼堂的观众厅或多功能厅，每个疏散门的平均疏散人数不应超过250人；当容纳人数超过2000人时，其超过2000人的部分，每个疏散门的平均疏散人数不应超过400人。

2) 对于体育馆的观众厅，每个疏散门的平均疏散人数不宜超过400~700人。

17. 建筑内的疏散门应符合下列规定：

1) 民用建筑和厂房的疏散门，应采用向疏散方向开启的平开门，不应采用推拉门、卷帘门、吊门、转门和折叠门。除甲、乙类生产车间外，人数不超过60人且每樘门的平均疏散人数不超过30人的房间，其疏散门的开启方向不限。

2) 仓库的疏散门应采用向疏散方向开启的平开门，但丙、丁、戊类仓库首层靠墙的外侧可采用推拉门或卷帘门。

3) 开向疏散楼梯或疏散楼梯间的门，当其完全开启时，不应减少楼梯平台的有效宽度。

4）人员密集场所内平时需要控制人员随意出入的疏散门和设置门禁系统的住宅、宿舍、公寓建筑的外门，应保证火灾时不需使用钥匙等任何工具即能从内部易于打开，并应在显著位置设置具有使用提示的标识。

3.5.1.2　疏散楼梯间与疏散楼梯

疏散楼梯是供人们在火灾发生的紧急情况下安全疏散的安全通道，也是消防员进入建筑进行灭火救援的主要路径。依据其楼梯间形式可分为防烟楼梯间、封闭楼梯间、室外疏散楼梯、敞开楼梯等。设置疏散楼梯应依据建筑的性质、规模、高度、容纳人数等情况合理确定楼梯的形式、数量、宽度。

1. 疏散楼梯间应符合下列规定：

1）楼梯间应能天然采光和自然通风，并宜靠外墙设置。靠外墙设置时，楼梯间、前室及合用前室外墙上的窗口与两侧门、窗、洞口最近边缘的水平距离不应小于 1.0m（图 3-5-7）。

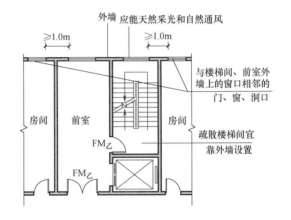

图 3-5-7　楼梯间示意图

（1）楼梯间内不应设置烧水间、可燃材料储藏室、垃圾道。

（2）楼梯间内不应有影响疏散的凸出物或其他障碍物。

（3）封闭楼梯间、防烟楼梯间及其前室，不应设置卷帘。

（4）楼梯间内不应设置甲、乙、丙类液体管道。

（5）封闭楼梯间、防烟楼梯间及其前室内禁止穿过或设置可燃气体管道。敞开楼梯间内不应设置可燃气体管道，当住宅建筑的敞开楼梯间内确需设置可燃气体管道和可燃气体计量表时，应采用金属管和设置切断气源的阀门（图 3-5-8）。

2）封闭楼梯间除应符合以上规定外，尚应符合下列规定：

（1）不能自然通风或自然通风不能满足要求时，应设置机械加压送风系统或采用防烟楼梯间。

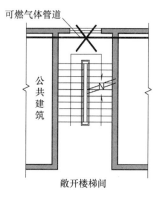

图 3-5-8　敞开楼梯间示意图

（2）除楼梯间的出入口和外窗外，楼梯间的墙上不应开设其他门、窗、洞口（图 3-5-9）。

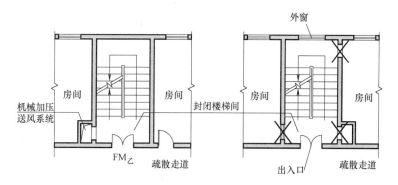

不能自然通风或自然通风不能满足要求时，应设置机械加压送风系统或采用防烟楼梯间。

除楼梯间的出入口和外窗外，楼梯间的墙上不应开设其他门、窗、洞口。

图 3-5-9　封闭楼梯间示意图

（3）高层建筑、人员密集的公共建筑，其封闭楼梯间的门应采用乙级防火门，并应向疏散方向开启；其他建筑，可采用双向弹簧门。

（4）楼梯间的首层可将走道和门厅等包括在楼梯间内形成扩大的封闭楼梯间，但应采用乙级防火门等与其他走道和房间分隔（图 3-5-10）。

3）防烟楼梯间除应符合以上规定外，尚应符合下列规定：

（1）应设置防烟设施。

（2）前室可与消防电梯间前室合用。

（3）前室的使用面积：公共建筑，不应小于 6.0m²；住宅建筑，不应小于 4.5m²。

（4）与消防电梯间前室合用时，合用前室的使用面积：公共建筑，不应小于 10.0m²；住宅建筑，不应小于 6.0m²。

（5）疏散走道通向前室以及前室通向楼梯间的门应采用乙级防火门。

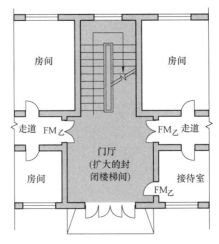

图 3-5-10　扩大封闭楼梯间示意图

（6）除住宅建筑的楼梯间前室外，防烟楼梯间和前室内的墙上不应开设除疏散门和送风口外的其他门、窗、洞口（图 3-5-11）。

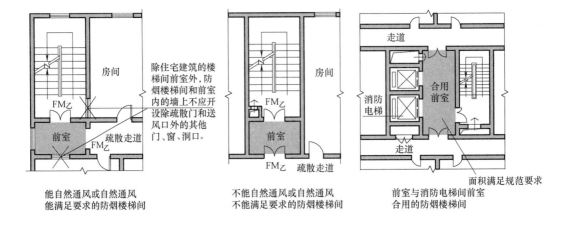

能自然通风或自然通风　　　不能自然通风或自然通风　　　前室与消防电梯间前室
能满足要求的防烟楼梯间　　　不能满足要求的防烟楼梯间　　　合用的防烟楼梯间

图 3-5-11　封闭楼梯间示意图

（7）楼梯间的首层可将走道和门厅等包括在楼梯间前室内形成扩大的前室，但应采用乙级防火门等与其他走道和房间分隔。

4）除通向避难层错位的疏散楼梯外，建筑内的疏散楼梯间在各层的平面位置不应改变。除住宅建筑套内的自用楼梯外，地下或半地下建筑（室）的疏散楼梯间，应符合下列规定：

（1）室内地面与室外出入口地坪高差大于 10m 或 3 层及以上的地下、半地下建筑（室），其疏散楼梯应采用防烟楼梯间；其他地下或半地下建筑（室），其疏散楼梯应采用封闭楼梯间。

（2）应在首层采用耐火极限不低于 2.00h 的防火隔墙与其他部位分隔并应直通室外，确需在隔墙上开门时，应采用乙级防火门。

(3) 建筑的地下或半地下部分与地上部分不应共用楼梯间时，应在首层采用耐火极限不低于 2.00h 的防火隔墙和乙级防火门将地下或半地下部分与地上部分的连通部位完全分隔，并应设置明显的标志 (图 3-5-12)。

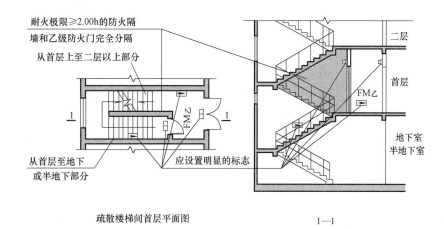

疏散楼梯间首层平面图

1—1

图 3-5-12　地下室、半地下室与地上共用楼梯间示意图

2. 疏散楼梯应符合下列规定：

1) 室外疏散楼梯应符合下列规定：

(1) 栏杆扶手的高度不应小于 1.10m，楼梯的净宽度不应小于 0.90m。

(2) 倾斜角度不应大于 45°。

(3) 梯段和平台均应采用不燃材料制作。平台的耐火极限不应低于 1.00h，梯段的耐火极限不应低于 0.25h。

(4) 通向室外楼梯的门应采用乙级防火门，并应向外开启。

(5) 除疏散门外，楼梯周围 2m 内的墙面上不应设置门、窗、洞口。疏散门不应正对梯段 (图 3-5-13)。

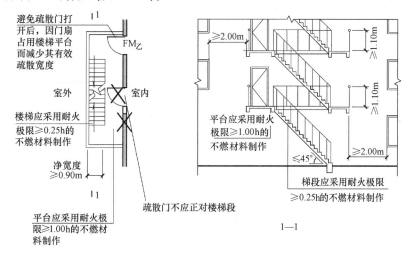

1—1

图 3-5-13　室外疏散楼梯示意图

2）疏散用楼梯和疏散通道上的阶梯不宜采用螺旋楼梯和扇形踏步；确需采用时，踏步上、下两级所形成的平面角度不应大于 10°，且每级离扶手 250mm 处的踏步深度不应小于 220mm。

3）建筑内的公共疏散楼梯，其两梯段及扶手间的水平净距不宜小于 150mm（图 3-5-14）。

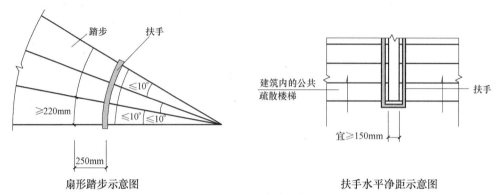

扇形踏步示意图　　　　　　　　　扶手水平净距示意图

图 3-5-14　疏散楼梯示意图

4）高度大于 10m 的三级耐火等级建筑应设置通至屋顶的室外消防梯。室外消防梯不应面对老虎窗，宽度不应小于 0.6m，且宜从离地面 3.0m 高处设置。

3.5.1.3 疏散宽度

为了保证建筑发生火灾后人员能够快速有效的疏散到安全区域，根据人员疏散的基本需要，确定民用建筑中疏散门、安全出口与疏散走道和疏散楼梯的最小净宽度。计算出的总疏散宽度，在确定不同位置的门洞宽度或梯段宽度时，需要仔细分配其宽度并根据通过的人流股数进行校核和调整，尽量均匀设置并满足本条的要求。

1. 公共建筑内疏散门和安全出口的净宽度不应小于 0.90m，疏散走道和疏散楼梯的净宽度不应小于 1.10m（图 3-5-15）。

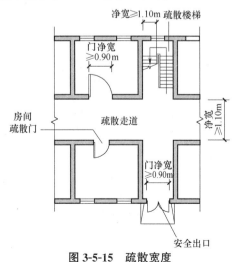

图 3-5-15　疏散宽度

高层公共建筑内楼梯间的首层疏散门、首层疏散外门、疏散走道和疏散楼梯的最小净宽度应符合表 3-5-2 的规定。

高层公共建筑内楼梯间的首层疏散门、首层疏散外门、
疏散走道和疏散楼梯的最小净宽度（m） 表 3-5-2

建筑类别	楼梯间的首层疏散门、首层疏散外门	走道		疏散楼梯
		单面布房	双面布房	
高层医疗建筑	1.30	1.40	1.50	1.30
其他高层公共建筑	1.20	1.30	1.40	1.20

2. 人员密集的公共场所、观众厅的疏散门不应设置门槛，其净宽度不应小于 1.40m，且紧靠门口内外各 1.40m 范围内不应设置踏步（图 3-5-16）。

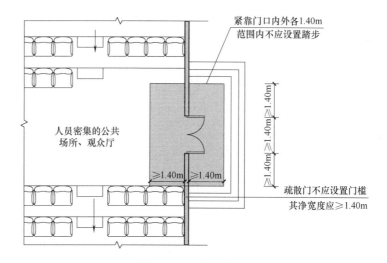

图 3-5-16 疏散宽度

人员密集的公共场所的室外疏散通道的净宽度不应小于 3.00m，并应直接通向宽敞地带。

3. 剧场、电影院、礼堂、体育馆等场所的疏散走道、疏散楼梯、疏散门、安全出口的各自总净宽度，应符合下列规定：

1）观众厅内疏散走道的净宽度应按每 100 人不小于 0.60m 计算，且不应小于 1.00m；边走道的净宽度不宜小于 0.80m。

布置疏散走道时，横走道之间的座位排数不宜超过 20 排；

纵走道之间的座位数：剧场、电影院、礼堂等，每排不宜超过 22 个；体育馆，每排不宜超过 26 个；前后排座椅的排距不小于 0.90m 时，可增加 1.0 倍，但不得超过 50 个；仅一侧有纵走道时，座位数应减少一半（图 3-5-17）。

2）剧场、电影院、礼堂等场所供观众疏散的所有内门、外门、楼梯和走道的各自总净宽度，应根据疏散人数按每 100 人的最小疏散净宽度另行计算确定。

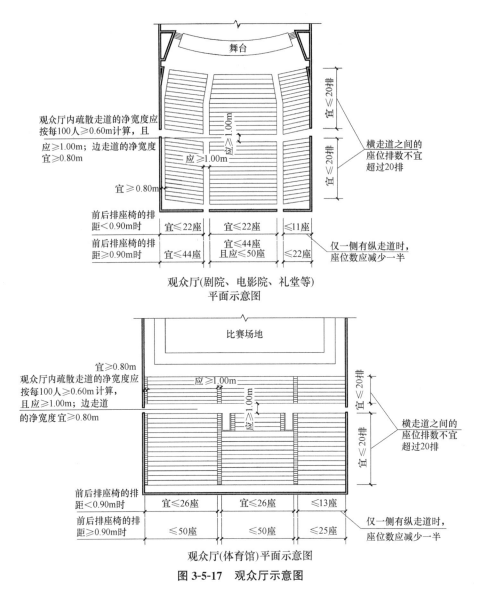

图 3-5-17 观众厅示意图

3) 体育馆供观众疏散的所有内门、外门、楼梯和走道的各自总净宽度,应根据疏散人数按每 100 人的最小疏散净宽度另行计算确定。

4) 有等场需要的入场门不应作为观众厅的疏散门。

4. 除剧场、电影院、礼堂、体育馆外的其他公共建筑,其房间疏散门、安全出口、疏散走道和疏散楼梯的各自总净宽度,应符合下列规定:

1) 每层的房间疏散门、安全出口、疏散走道和疏散楼梯的各自总净宽度,应根据疏散人数按每 100 人的最小疏散净宽度不小于表 3-5-3 的规定计算确定。当每层疏散人数不等时,疏散楼梯的总净宽度可分层计算,地上建筑内下层楼梯的总净宽度应按该层及以上疏散人数最多一层的人数计算;地下建筑内上层楼梯的总净宽度应按该层及以下疏散人数最多一层的人数计算。

每层的房间疏散门、安全出口、疏散走道和疏散楼梯的每 100 人最小疏散净宽度（m/百人）

表 3-5-3

建筑层数		建筑耐火等级		
		一、二级	三级	四级
地上楼层	1～2 层	0.65	0.75	1.00
	3 层	0.75	1.00	—
	≥4 层	1.00	1.25	—
地下楼层	与地面出入口地面的高差 $\Delta H \leqslant 10m$	0.75	—	—
	与地面出入口地面的高差 $\Delta H > 10m$	1.00	—	—

2）地下或半地下人员密集的厅、室和歌舞娱乐放映游艺场所，其房间疏散门、安全出口、疏散走道和疏散楼梯的各自总净宽度，应根据疏散人数按每 100 人不小于 1.00m 计算确定。

3）首层外门的总净宽度应按该建筑疏散人数最多一层的人数计算确定，不供其他楼层人员疏散的外门，可按本层的疏散人数计算确定。

4）歌舞娱乐放映游艺场所中录像厅的疏散人数，应根据厅、室的建筑面积按不小于 1.0 人/m² 计算；其他歌舞娱乐放映游艺场所的疏散人数，应根据厅、室的建筑面积按不小于 0.5 人/m² 计算。

5）有固定座位的场所，其疏散人数可按实际座位数的 1.1 倍计算。

6）展览厅的疏散人数应根据展览厅的建筑面积和人员密度计算，展览厅内的人员密度不宜小于 0.75 人/m²。

5. 人员密集的公共建筑不宜在窗口、阳台等部位设置封闭的金属栅栏，确需设置时，应能从内部易于开启；窗口、阳台等部位宜根据其高度设置适用的辅助疏散逃生设施。

3.5.1.4 疏散距离

安全疏散距离是控制安全疏散设计的基本要素，疏散距离越短，人员的疏散过程越安全。该距离的确定既要考虑人员疏散的安全，也要兼顾建筑功能和平面布置的要求，对不同火灾危险性场所和不同耐火等级建筑有所区别。

公共建筑的安全疏散距离应符合下列规定：

1. 直通疏散走道的房间疏散门至最近安全出口的直线距离不应大于表 3-5-4 的规定。

直通疏散走道的房间疏散门至最近安全出口的直线距离（m）

表 3-5-4

名称	位于两个安全出口之间的疏散门			位于袋形走道两侧或尽端的疏散门		
	一、二级	三级	四级	一、二级	三级	四级
托儿所、幼儿园 老年人照料设施	25	20	15	20	15	10
歌舞娱乐放映游艺场所	25	20	15	9	—	—

名称			位于两个安全出口之间的疏散门			位于袋形走道两侧或尽端的疏散门		
			一、二级	三级	四级	一、二级	三级	四级
医疗建筑	单、多层		35	30	25	20	15	10
	高层	病房部分	24	—	—	12	—	—
		其他部分	30	—	—	15	—	—
教学建筑	单、多层		35	30	25	22	20	10
	高层		30	—	—	15	—	—
高层旅馆、展览建筑			30	—	—	15	—	—
其他建筑	单、多层		40	35	25	22	20	15
	高层		40	—	—	20	—	—

注：① 建筑内开向敞开式外廊的房间疏散门至最近安全出口的直线距离可按本表的规定增加5m。

　② 直通疏散走道的房间疏散门至最近敞开楼梯间的直线距离，当房间位于两个楼梯间之间时，应按本表的规定减少5m；当房间位于袋形走道两侧或尽端时，应按本表的规定减少2m。

　③ 建筑物内全部设置自动喷水灭火系统时，其安全疏散距离可按本表的规定增加25%。

2. 楼梯间应在首层直通室外，确有困难时，可在首层采用扩大的封闭楼梯间或防烟楼梯间前室。当层数不超过4层且未采用扩大的封闭楼梯间或防烟楼梯间前室时，可将直通室外的门设置在离楼梯间不大于15m处。

3. 房间内任一点至房间直通疏散走道的疏散门的直线距离，不应大于表3-5-4规定的袋形走道两侧或尽端的疏散门至最近安全出口的直线距离。

4. 一、二级耐火等级建筑内疏散门或安全出口不少于2个的观众厅、展览厅、多功能厅、餐厅、营业厅等。其室内任一点至最近疏散门或安全出口的直线距离不应大于30m；当疏散门不能直通室外地面或疏散楼梯间时，应采用长度不大于10m的疏散走道通至最近的安全出口。当该场所设置自动喷水灭火系统时，室内任一点至最近安全出口的安全疏散距离可分别增加25%（图3-5-18）。

3.5.2 灭火救援设施

3.5.2.1 消防楼梯

当高层建筑发生火灾时，常常会因为电源中断把人困在电梯里，一旦火势蔓延至此，将会危及人员安全。未设置防烟前室、防水设施和备用电源的普通电梯，既不能用于紧急情况下的人流疏散，又难以供消防人员扑救。对于高层建筑，消防电梯能节省消防员的体力，使消防员能快速接近着火区域，提高战斗力和灭火效果。对于地下建筑，由于排烟、通风条件很差，受当前装备的限制，消防员通过楼梯进入地下的困难较大，设置消防电梯，有利于满足灭火作战和火场救援的需要。

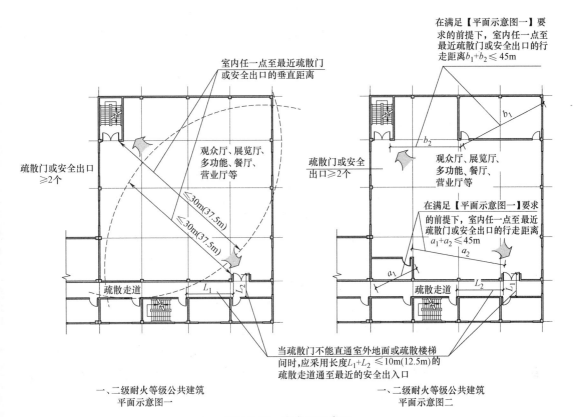

图 3-5-18 观众厅示意图

1. 下列建筑应设消防电梯：

1) 建筑高度大于 33m 的住宅建筑。

2) 一类高层公共建筑和建筑高度大于 32m 的二类高层公共建筑、5 层及以上且总建筑面积大于 3000m² （包括设置在其他建筑内五层及以上楼层）的老年人照料设施。

3) 设置消防电梯的建筑的地下或半地下室，埋深大于 10m 且总建筑面积大于 3000m² 的其他地下或半地下建筑（室）。

2. 消防电梯应分别设置在不同防火分区内，且每个防火分区不应少于 1 台。

3. 符合消防电梯要求的客梯或货梯可兼作消防电梯。

4. 消防电梯应符合下列规定：

1) 消防电梯应能每层停靠。

2) 电梯的载重量不应小于 800kg。

3) 电梯从首层至顶层的运行时间不宜大于 60s。

4) 电梯的动力与控制电缆、电线、控制面板应采取防水措施。

5) 在首层的消防电梯入口处应设置供消防队员专用的操作按钮。

6) 电梯轿厢的内部装修应采用不燃材料；电梯轿厢内部应设置专用消防对讲电话。

5. 消防电梯应设置前室，并应符合下列规定：

1）前室宜靠外墙设置，并应在首层直通室外或经过长度不大于30m的通道通向室外。

2）前室的使用面积不应小于6.0m²；与防烟楼梯间合用的前室，应符合防火分隔和最小面积的规定。

3）除前室的出入口、前室内设置的正压送风口，前室内不应开设其他门、窗、洞口。

4）前室或合用前室的门应采用乙级防火门，不应设置卷帘。

6. 消防电梯井、机房与相邻电梯井、机房之间应设置耐火极限不低于2.00h的防火隔墙，隔墙上的门应采用甲级防火门。

7. 消防电梯的井底应设置排水设施，排水井的容量不应小于2m³，排水泵的排水量不应小于10L/s。消防电梯间前室的门口宜设置挡水设施。

3.5.2.2 直升机停机坪

对于高层建筑，特别是建筑高度超过100m且标准层建筑面积大于2000m²的公共建筑的高层建筑，人员疏散及消防救援难度大，设置屋顶直升机停机坪，可为消防救援提供条件。屋顶直升机停机坪的设置要尽量结合城市消防站建设和规划布局。宜在屋顶设置直升机停机坪或供直升机救助的设施，并应符合下列规定：

1. 设置在屋顶平台上时，距离设备机房、电梯机房、水箱间、共用天线等突出物不应小于5m。

2. 建筑通向停机坪的出口不应少于2个，每个出口的宽度不宜小于0.90m。

3. 四周应设置航空障碍灯，并应设置应急照明。

4. 在停机坪的适当位置应设置消火栓。

5. 其他要求应符合国家现行航空管理有关标准的规定（图3-5-19）。

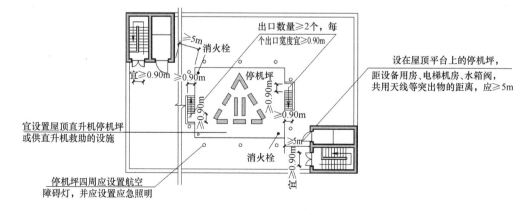

建筑高度＞100m且标准层建筑面积＞2000m²的

图3-5-19 停机坪示意图

3.6 构造防火与消防设施

构造防火和消防设施分别属于消极的和积极的防火策略。在建筑防火设计中起到不可替代的作用。由于消防给水和灭火设备的专业性很强，在此不做详述。本节将重点介绍防火分隔物、防烟与排烟设备设计要求。

3.6.1 防火分隔物

1. 防火分隔物的作用

在建筑物内设置耐火极限较高的防火分隔物，能起到阻止火势蔓延的作用。建筑设计必须按房屋耐火等级限制的占地面积和防火分隔物间距长度设置防火分隔物。

2. 防火分隔物的类型

室内防火分隔物的类型有：防火墙、防火门、防火卷帘、舞台防火幕及等。

1) 防火墙

为保证建筑物的防火安全，防止火势由外部向内部、或由内部向外部，或内部之间的蔓延，就要用防火墙把建筑物的空间分隔成若干防火区，限制燃烧面积，并在防火分隔墙或楼板上必须开设的孔洞处安装可靠的防火门窗。从建筑平面看，防火墙有纵横之分。与屋脊方向垂直的是横向防火墙，与屋脊方向一致的是纵向防火墙。从防火墙的位置分，有内墙防火墙、外墙防火墙和室外独立的防火墙等。内墙防火墙是将房屋内部划分成若干防火分区的内部分隔墙；外墙防火墙是在两幢建筑物间因防火间距不够而设置无门窗的外墙；室外独立的防火墙是当建筑物间的防火间距不够，又不便于使用外防火墙时，可采用室外独立防火墙，用以遮盖对面的热辐射和冲击波的作用。

防火墙能在火灾初期和灭火过程中，将火灾有效地限制在一定空间内，阻断火灾在防火墙一侧而不蔓延到另一侧。防火墙应直接设置在建筑的基础或框架、梁等承重结构上，框架、梁等承重结构的耐火极限不应低于防火墙的耐火极限（图 3-6-1）。

防火墙应从楼地面基层隔断至梁、楼板或屋面板的底面基层。当高层厂房（仓库）屋顶承重结构和屋面板的耐火极限低于 1.00h，其他建筑屋顶承重结构和屋面板的耐火极限低于 0.50h 时，防火墙应高出屋面 0.5m 以上。

通常屋顶是不开口的，一旦开口则有可能成为火灾蔓延的通道，因而也需要进行有效的防护。否则，防火墙的作用将被削弱，甚至失效。防火墙横截面中心线水平距离天窗端面不小于 4.0m，能在一定程度上阻止火势蔓延，但设计还是要尽可能加大该距离，或设置不可开启窗扇的乙级防火窗或火灾

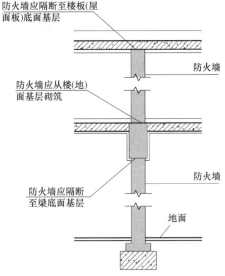

图 3-6-1　防火墙示意图

时可自动关闭的乙级防火窗等，以防止火灾蔓延（图 3-6-2）。

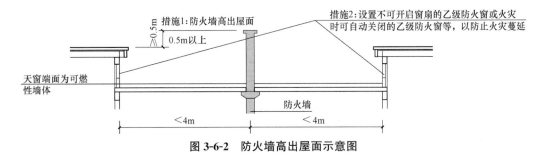

图 3-6-2　防火墙高出屋面示意图

对于难燃或可燃外墙，为阻止火势通过外墙横向蔓延，要求防火墙凸出外墙外表面 0.4m 以上，且应在防火墙两侧每侧各不小于 2.0m 范围内的外墙和屋面采用不燃性的墙体，并不得开设孔洞。不燃性外墙具有一定耐火极限且不会被引燃，允许防火墙不凸出外墙。建筑外墙为不燃性墙体时，防火墙可不凸出墙的外表面，紧靠防火墙两侧的门、窗、洞口之间最近边缘的水平距离不应小于 2.0m；采取设置乙级防火窗等防止火灾水平蔓延的措施时，该距离不限。

为了防止火势从一个防火分区通过窗口烧到另一个防火分区，不宜在 U、L 形等建筑物的转角处设置防火墙，如必须设置在转角处附近，则内转角两侧墙上的门、窗、洞口之间最近的水平距离不要小于 4m，采取设置乙级防火窗等防止火灾水平蔓延的措施时，则可不受 4m 距离的限制（图 3-6-3）。

为了有效地保证一个防火分区起火时不致蔓延到另一个防火分区。在防火墙上最好不要开门、窗、洞口，如必须开设时，应设置不可开启或火灾时能自动关闭的甲级防火门、窗。可燃气体和甲、乙、丙类液体的管道严禁穿

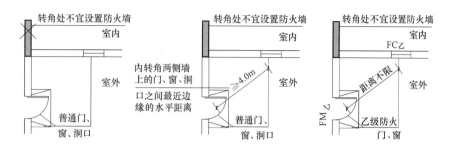

图 3-6-3 转角处防火墙示意图

过防火墙。防火墙内不应设置排气道。

为防止建筑物内的高温烟气和火势穿过防火墙上的开口和孔隙等蔓延扩散，以保证防火分区的防火安全。如水管、输送无火灾危险的液体管道等因条件限制必须穿过防火墙时，要用弹性较好的不燃材料或防火封堵材料将管道周围的缝隙紧密填塞，穿过防火墙处的管道保温材料，应采用不燃材料。对于采用塑料等遇高温或火焰易收缩变形或烧蚀的材质的管道，要采取措施使该类管道在受火后能被封闭，以防止火势和烟气穿过防火分隔体。

防火墙的构造应该使其能在火灾中保持足够的稳定性能，以发挥隔烟阻火作用，不会因高温或邻近结构破坏而引起防火墙的倒塌，致使火势蔓延。耐火等级较低一侧的建筑结构或其中燃烧性能和耐火极限较低的结构，在火灾中易发生垮塌，从而可能以侧向力或下拉力作用于防火墙，设计应考虑这一因素。此外，在建筑物室内外建造的独立防火墙，也要考虑其高度与厚度的关系以及墙体的内部加固构造，使防火墙具有足够的稳固性与抗力。

2) 防火门

防火门是一种防火分隔物，按其防火极限分，可分为 1.2h、0.90h、0.60h 三级。按其燃烧性能分，可分为非燃烧体防火门和难燃烧体防火门两类。

一般来说，为保证防火墙的工作效能，消灭薄弱部位，在防火墙上最好不要开门，但为了工作联系或运输需要，便要在开门窗处用防火门窗来补救。然而，对此门窗要求不能像防火墙那样有 4.00h 的耐火极限，这是因为材料和构造限制所致。如果要满足 4.00h 耐火极限的防火门，这样的门必然过于笨重，不便于正常使用；另一方面一般具有 1.00h 以上耐火极限的防火门，对争取时间等待消防队到达火场已经足够。所以在防火墙上开门，安装具有 1.20h 以上的耐火极限的防火门便能基本保证安全。

防火门不仅要有较高的耐火极限，而且还应能保证关闭严密，使之不窜火，不窜烟。以下是防火门使用的几点规定：1.20h 耐火极限的防火门，适用于防火墙及防火分隔墙上。0.90h 耐火极限的防火门，适用于封闭楼梯间、通向楼梯间前室和楼梯的门，以及单元住宅内，开向公共楼梯间的户门。耐火极限 0.60h 的防火门，可用于电缆井、管道井、排烟道等管井壁上，用作检查门。

在一般情况下，为了便于防火分隔、疏散与正常通行，规定了防火门的耐火极限和开启方式等。建筑内设置防火门的部位，一般为火灾危险性大或性质重要房间的门以及防火墙、楼梯间及前室上的门等。为避免烟气或火势通过门洞窜入疏散通道内，保证疏散通道在一定时间内的相对安全，防火门在平时要尽量保持关闭状态；为方便平时经常有人通行而需要保持常开的防火门，要采取措施使之能在着火时以及人员疏散后能自行关闭，如设置与报警系统联动的控制装置和闭门器等。除允许设置常开防火门的位置外，其他位置的防火门均应采用常闭防火门。常闭防火门应在其明显位置设置"保持防火门关闭"等提示标识。除管井检修门和住宅的户门外，防火门应具有自行关闭功能。双扇防火门应具有按顺序自行关闭的功能。设置在建筑变形缝附近时，防火门应设置在楼层较多的一侧，并应保证防火门开启时门扇不跨越变形缝。在现实中，防火门因密封条在未达到规定的温度时不会膨胀，不能有效阻止烟气侵入，这对宾馆、住宅、公寓、医院住院部等场所在发生火灾后的人员安全带来隐患。故要求防火门在正常使用状态下关闭后具备防烟性能（图 3-6-4）。

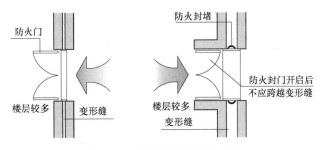

图 3-6-4　变形缝附近的防火门

3）防火卷帘

在设置防火墙确有困难的场所，可采用防火卷帘作防火分区分隔。防火卷帘是一种防火分隔物，一般用钢板或铝合金板等金属材料制成。通常被设置在建筑物的外墙门、窗、洞口的部位，尤其是敞开的电梯间、商场的大型营业厅、潮湿的卖场、展览馆的外门、大厅及某些高层建筑的外墙门、窗、洞口等部位（当防火间距不能满足要求时）。面积较大的防火卷帘，宜设水幕保护（图 3-6-5）。

防火分隔部位设置防火卷帘时，应符合下列规定：除中庭外，当防火分隔部位的宽度不大于 30m 时，防火卷帘的宽度不应大于 10m；当防火分隔部位的宽度大于 30m 时，防火卷帘的宽度不应大于该部位宽度的 1/3，且不应大于 20m（图 3-6-6）。

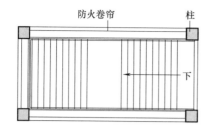

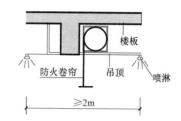

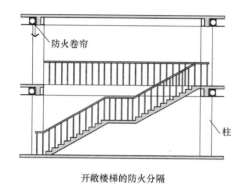

开敞楼梯的防火分隔

采用单版防火卷帘代替防火墙作防火分隔时，在其两侧间应设自动喷水灭火系统保护，其喷头间距不应小于2m；当采用耐火极限不小于3.0h的复合防火卷帘，且两侧在50cm范围内无可燃构件和可燃物时，可不设自动喷头保护

防火卷帘作防火分隔

图 3-6-5 防火卷帘

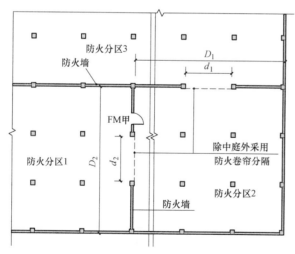

[注释]

D: 某一防火分隔区域与相邻防火分隔区域两两之间需要进行分隔的部位的总宽度；

d: 防火卷帘的宽度

当 $D_1(D_2) \leqslant 30m$，$d_1(d_2) \leqslant 10m$；

当 $D_1(D_2) > 30m$ 时，$d_1(d_2) \leqslant 1/3D_1(D_2)$，且 $d_1(d_2) \leqslant 20m$

图 3-6-6 防火卷帘

防火卷帘应具有火灾时靠自重自动关闭功能。除另有规定外，防火卷帘的耐火极限不应低于所设置部位墙体的耐火极限要求。防火卷帘应具有防烟性能，与楼板、梁、墙、柱之间的空隙应采用防火封堵材料封堵。需在火灾时自动降落的防火卷帘，应具有信号反馈的功能。

4）舞台防火幕

大型、特大型剧场舞台台口应设防火幕。中型剧场的特等、甲等剧场及高层民用建筑中超过800个座位的剧场舞台台口宜设防火幕。防火幕开关应设置在上场口一侧舞台台口内墙上。舞台区通向舞台区外各处的洞口均应设甲级防火门或设置防火分隔水幕，运景洞口应采用特级防火卷帘或防火幕（图3-6-7）。

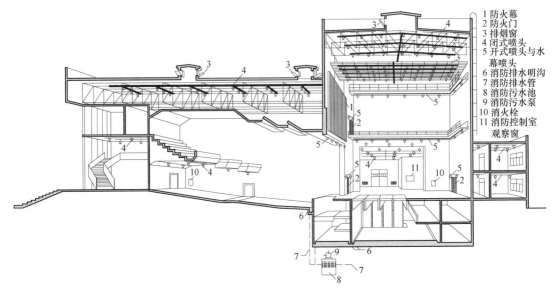

1 防火幕
2 防火门
3 排烟窗
4 闭式喷头
5 开式喷头与水
　幕喷头
6 消防排水明沟
7 消防排水管
8 消防污水池
9 消防污水泵
10 消火栓
11 消防控制室
　观察窗

图 3-6-7　剧场防火、排烟系统示意图

5) 公共建筑入口的防火分隔

大型公共建筑中的主要楼梯和电梯，多与入口处的门斗、门厅、走廊以及其他有关房间直接连通。为了阻挡烟火通过门厅沿着楼梯四散蔓延，并能利用楼梯进行疏散，但又不能把楼梯单独设计成封闭式的楼梯间时，可将门廊、门厅和楼梯看作一个整体，当作一个大型楼梯间进行分隔。此时在门厅与走廊交界处，各层均设防火门，用以保障楼梯及入口部位的防火安全。

6) 公共建筑中某些大厅的防火分隔

超市的卖场、展览馆的展厅、商场的营业大厅等，不便设置防火墙或防火分隔墙的地方，起火后，往往因为没有防火分隔而造成巨大损失，为了减少火灾损失，最好利用防火卷帘，在起火时把大厅隔成较小的防火段。

在穿堂式建筑内，可在房间之间的开口处设置上下开启或横向开启的卷帘。在多跨的大厅内，可将防火段的界线设在一排中柱的轴线上，在柱间把卷帘固定在梁底，起火后，放下卷帘以形成一道临时性的防火分隔墙。

7) 变形缝的防火分隔

建筑变形缝是在建筑长度较长的建筑中或建筑中有较大高差部分之间，为防止温度变化、沉降不均匀或地震等引起的建筑变形而影响建筑结构安全和使用功能，将建筑结构断开为若干部分所形成的缝隙。特别是高层建筑的变形缝，因抗震等需要留得较宽，在火灾中具有很强的拔火作用，会使火灾通过变形缝内的可燃填充材料蔓延，烟气也会通过变形缝等竖向结构缝隙扩散到全楼。因此，要求变形缝内的填充材料、变形缝在外墙上的连接与封堵构造处理和在楼层位置的连接与封盖的构造基层采用不燃烧材料（图3-6-8）。变形缝内不应敷设电缆和可燃或易燃气体管道，以保证安全。

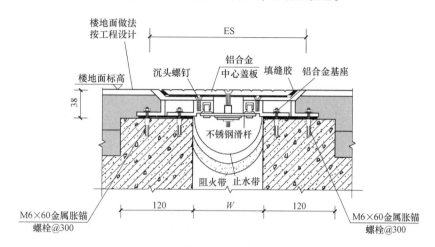

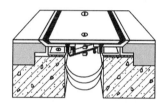

图 3-6-8　变形缝防火构造（单位 mm）

3.6.2　防烟与排烟

火灾烟气中所含一氧化碳、二氧化碳、氟化氢、氯化氢等多种有毒成分，以及高温缺氧等都会对人体造成极大的危害。及时排除烟气，对保证人员安全疏散，控制烟气蔓延，便于扑救火灾具有重要作用。对于一座建筑，当其中某部位着火时，应采取有效的排烟措施排除可燃物燃烧产生的烟气和热量，使该局部空间形成相对负压区；对非着火部位及疏散通道等应采取防烟措施，以阻止烟气侵入，以利人员的疏散和灭火救援。因此，在建筑内设置排烟设施十分必要。

建筑物内的防烟楼梯间、消防电梯间前室或合用前室、避难区域等，都是建筑物着火时的安全疏散、救援通道。火灾时，可通过开启外窗等自然排烟设施将烟气排出，亦可采用机械加压送风的防烟设施，使烟气不致侵入疏散通道或疏散安全区内（图3-6-9）。

对于建筑高度小于或等于50m的公共建筑、工业建筑和建筑高度小于或等于100m的住宅建筑，由于这些建筑受风压作用影响较小，可利用建筑本身

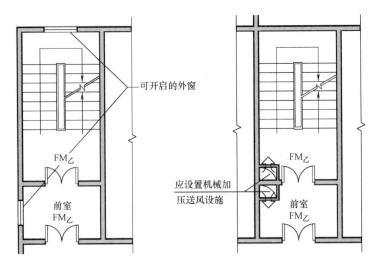

图 3-6-9　防烟楼梯间及其前室

的采光通风，基本起到防止烟气进一步进入安全区域的作用。

　　当采用凹廊、阳台作为防烟楼梯间的前室或合用前室，或者防烟楼梯间前室或合用前室具有两个不同朝向的可开启外窗且有满足需要的可开启窗面积时，可以认为该前室或合用前室的自然通风能及时排出漏入前室或合用前室的烟气，并可防止烟气进入防烟楼梯间（图 3-6-10）。

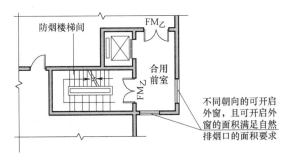

图 3-6-10　防烟楼梯间及其前室

　　设置在一、二、三层且房间建筑面积大于 100m² 的歌舞娱乐放映游艺场所，设置在四层及以上楼层、地下或半地下的歌舞娱乐放映游艺场所；公共建筑内建筑面积大于 100m² 且经常有人停留的地上房间；公共建筑内建筑面积大于 300m² 且可燃物较多的地上房间；应当设置排烟设施。

　　中庭在建筑中往往贯通数层，在火灾时会产生一定的烟囱效应，能使火势和烟气迅速蔓延，易在较短时间内使烟气充填或弥散到整个中庭，并通过中庭扩散到相连通的邻近空间。设计需结合中庭和相连通空间的特点、火灾荷载的大小和火灾的燃烧特性等，采取有效的防烟、排烟措施。中庭烟控的基本方法包括减少烟气产生和控制烟气运动两方面。设置机械排烟设施，能使烟气有序运动和排出建筑物，使各楼层的烟气层维持在一定的高度以上，为人员赢得必要的逃生时间。

根据试验观测，人在浓烟中低头掩鼻的最大行走距离为 20m～30m。为此，建筑内长度大于 20m 的疏散走道应设排烟设施。

地下、半地下建筑（室）不同于地上建筑，地下空间的对流条件、自然采光和自然通风条件差，可燃物在燃烧过程中缺乏充足的空气补充，可燃物燃烧慢、产烟量大、温升快、能见度降低很快，不仅增加人员的恐慌心理，而且对安全疏散和灭火救援十分不利。因此，地下或半地下建筑（室）、地上建筑内的无窗房间，当总建筑面积大于 200m² 或一个房间建筑面积大于 50m²，且经常有人停留或可燃物较多时，应设置排烟设施。

3.7 停车空间防火设计

随着我国人民生活水平的不断提高，城市汽车的保有量正逐年递增，为了适应城市建设发展的需要，各类建筑中的停车空间已成为必不可少的组成内容，而且规模也越来越大，由于汽车自身的特点，为了保护人身和财产的安全，停车空间也成为建筑中防火设计的重点场所。

3.7.1 汽车库的防火分类和耐火等级

汽车库、修车库、停车场的分类应根据停车（车位）数量和总建筑面积确定，并应符合表 3-7-1 的规定。

汽车库、修车库、停车场的分类   表 3-7-1

名称		Ⅰ	Ⅱ	Ⅲ	Ⅳ
汽车库	停车数量（辆）	＞300	151～300	51～150	≤50
	总建筑面积 S（m²）	S＞10000	5000＜S≤10000	2000＜S≤5000	S≤2000
修车库	车位数（个）	＞15	6～15	3～5	≤2
	总建筑面积 S（m²）	S＞3000	1000＜S≤3000	500＜S≤1000	S≤500
停车场	停车数量（辆）	＞400	251～400	101～250	≤100

注：① 当屋面露天停车场与下部汽车库共用汽车坡道时，其停车数量应计算在汽车库的车辆总数内。
    ② 室外坡道、屋面露天停车场的建筑面积可不计入汽车库的建筑面积之内。
    ③ 公交汽车库的建筑面积可按本表的规定值增加 2.0 倍。

汽车库、修车库的耐火等级应分为一级、二级和三级，其耐火等级是由相应建筑构件的耐火极限和燃烧性能决定。地下、半地下和高层汽车库应为一级；甲、乙类物品运输车的汽车库、修车库和Ⅰ类汽车库、修车库，应为一级；Ⅱ、Ⅲ类汽车库、修车库的耐火等级不应低于二级；Ⅳ类汽车库、修车库的耐火等级不应低于三级。

3.7.2 总平面布局和平面布置

汽车库、修车库、停车场的选址和总平面设计，应根据城市规划要求，合理确定汽车库、修车库、停车场的位置、防火间距、消防车道和消防水源等。

3.7.2.1 平面布局

汽车库、修车库、停车场不应布置在易燃、可燃液体或可燃气体的生产装置区和贮存区内。汽车库不应与火灾危险性为甲、乙类的厂房、仓库贴邻或组合建造。

1. 汽车库不应与托儿所、幼儿园，老年人建筑，中小学校的教学楼，病房楼等组合建造。当符合下列要求时，汽车库可设置在托儿所、幼儿园，老年人建筑，中小学校的教学楼，病房楼等的地下部分：

1）汽车库与托儿所、幼儿园，老年人建筑，中小学校的教学楼，病房楼等建筑之间，应采用耐火极限不低于 2.00h 的楼板完全分隔；

2）汽车库与托儿所、幼儿园，老年人建筑，中小学校的教学楼，病房楼等的安全出口和疏散楼梯应分别独立设置。

2. 甲、乙类物品运输车的汽车库、修车库应为单层建筑，且应独立建造。当停车数量不大于 3 辆时，可与一、二级耐火等级的Ⅳ类汽车库贴邻，但应采用防火墙隔开。

3. Ⅰ类修车库应单独建造；Ⅱ、Ⅲ、Ⅳ类修车库可设置在一、二级耐火等级建筑的首层或与其贴邻，但不得与甲、乙类厂房、仓库，明火作业的车间或托儿所、幼儿园、中小学校的教学楼，老年人建筑，病房楼及人员密集场所组合建造或贴邻（图 3-7-1）。

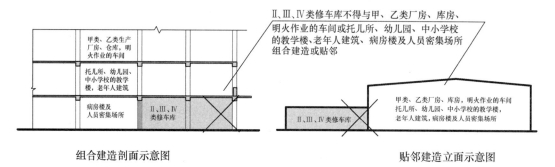

图 3-7-1　组合与贴邻建造示意图

3.7.2.2 防火间距

汽车库、修车库、停车场之间及汽车库、修车库、停车场与除甲类物品仓库外的其他建筑物的防火间距，不应小于表 3-7-2 的规定。其中，高层汽车库与其他建筑物，汽车库、修车库与高层建筑的防火间距应按表 3-7-2 的规定值增加3m；汽车库、修车库与甲类厂房的防火间距应按表 3-7-2 的规定值增加 2m（图 3-7-2）。

汽车库、修车库、停车场之间及汽车库、修车库、停车场与除甲类物品仓库外的其他建筑物的防火间距（m）

表 3-7-2

名称和耐火等级	汽车库、修车库		厂房、仓库、民用建筑		
	一、二级	三级	一、二级	三级	四级
一、二级汽车库、修车库	10	12	10	12	14
三级汽车库、修车库	12	14	12	14	16
停车场	6	8	6	8	10

注：防火间距应按相邻建筑物外墙的最近距离算起，如外墙有凸出的可燃物构件时，则应从其凸出部分外缘算起，停车场从靠近建筑物的最近停车位置边缘算起。

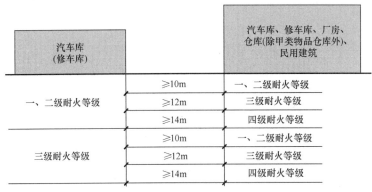

图 3-7-2　防火间距示意图

3.7.2.3　消防车道

汽车库、修车库周围应设置消防车道。

1. 消防车道的设置应符合下列要求：

1）除Ⅳ类汽车库和修车库以外，消防车道应为环形，当设置环形车道有困难时，可沿建筑物的一个长边和另一边设置（图 3-7-3）；

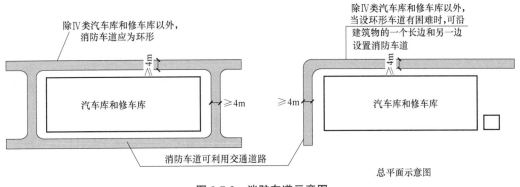

图 3-7-3　消防车道示意图

2）尽头式消防车道应设置回车道或回车场，回车场的面积不应小于 12m×12m（图 3-7-4）；

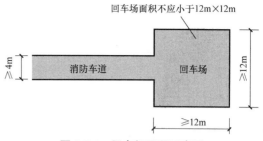

图 3-7-4　回车场平面示意图

3）消防车道的宽度不应小于4m。

2. 穿过汽车库、修车库、停车场的消防车道，其净空高度和净宽度均不应小于4m；当消防车道上空遇有障碍物时，路面与障碍物之间的净空高度不应小于4m。

3.7.2.4　防火分隔

汽车库防火分区的最大允许建筑面积应符合表3-7-3的规定。其中，敞开式、错层式、斜楼板式汽车库的上下连通层面积应叠加计算，每个防火分区的最大允许建筑面积不应大于表3-7-3规定的2.0倍；室内有车道且有人员停留的机械式汽车库，其防火分区最大允许建筑面积应按表3-7-3的规定减少35%。

汽车库防火分区的最大允许建筑面积（m²）　　　表 3-7-3

耐火等级	单层汽车库	多层汽车库、半地下汽车库	地下汽车库、高层汽车库
一、二级	3000	2500	2000
三级	1000	不允许	不允许

注：除另有规定外，防火分区之间应采用符合规范规定的防火墙、防火卷帘等分隔。

设置自动灭火系统的汽车库，其每个防火分区的最大允许建筑面积不大于表3-7-3条规定的2.0倍（图3-7-5）。

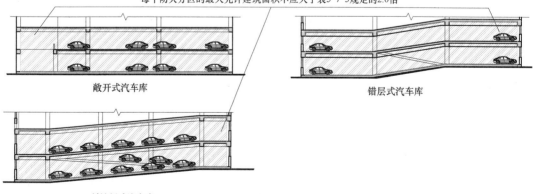

图 3-7-5　汽车库防火分区示意图

汽车库、修车库与其他建筑合建时，应符合下列规定：

1. 当贴邻建造时，应采用防火墙隔开。

2. 设在建筑物内的汽车库（包括屋顶停车场）、修车库与其他部位之间，应采用防火墙和耐火极限不低于 2.00h 的不燃性楼板分隔。

3. 汽车库、修车库的外墙门、洞口的上方，应设置耐火极限不低于 1.00h、宽度不小于 1.0m、长度不小于开口宽度的不燃性防火挑檐。

4. 汽车库、修车库的外墙上、下层开口之间墙的高度，不应小于 1.2m 或设置耐火极限不低于 1.00h、宽度不小于 1.0m 的不燃性防火挑檐（图 3-7-6）。

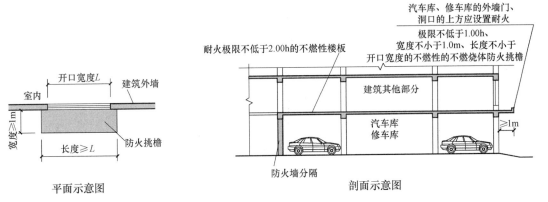

图 3-7-6　防火挑檐示意图

3.7.3　安全疏散

设置在工业与民用建筑内的汽车库，其车辆疏散出口应与其他场所的人员安全出口分开设置。除室内无车道且无人员停留的机械式汽车库外，汽车库、修车库内每个防火分区的人员安全出口不应少于 2 个，Ⅳ类汽车库和Ⅲ、Ⅳ类修车库可设置 1 个。

1. 汽车库、修车库的疏散楼梯应符合下列规定：

1) 建筑高度大于 32m 的高层汽车库、室内地面与室外出入口地坪的高差大于 10m 的地下汽车库应采用防烟楼梯间，其他汽车库、修车库应采用封闭楼梯间；

2) 楼梯间和前室的门应采用乙级防火门，并应向疏散方向开启；

3) 疏散楼梯的宽度不应小于 1.1m。

2. 室外疏散楼梯可采用金属楼梯，并应符合下列规定：

1) 倾斜角度不应大于 45°，栏杆扶手的高度不应小于 1.1m。

2) 每层楼梯平台应采用耐火极限不低于 1.00h 的不燃材料制作。

3) 在室外楼梯周围 2m 范围内的墙面上，不应开设除疏散门外的其他门、窗、洞口。

4）通向室外楼梯的门应采用乙级防火门。

3. 汽车库室内任一点至最近人员安全出口的疏散距离不应大于45m，当设置自动灭火系统时，其距离不应大于60m。对于单层或设置在建筑首层的汽车库，室内任一点至室外最近出口的疏散距离不应大于60m（图3-7-7）。

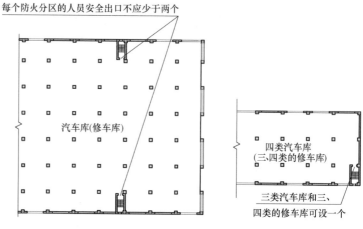

图 3-7-7　人员疏散口示意图

4. 与住宅地下室相连通的地下汽车库、半地下汽车库，人员疏散可借用住宅部分的疏散楼梯；当不能直接进入住宅部分的疏散楼梯间时，应在汽车库与住宅部分的疏散楼梯之间设置连通走道，走道应采用防火隔墙分隔，汽车库开向该走道的门均应采用甲级防火门。

5. 汽车库、修车库的汽车疏散出口应符合下列规定：

汽车库、修车库的汽车疏散出口总数不应少于2个，且应分散布置。当符合下列条件之一时，汽车库、修车库的汽车疏散出口可设置1个（图3-7-8）：

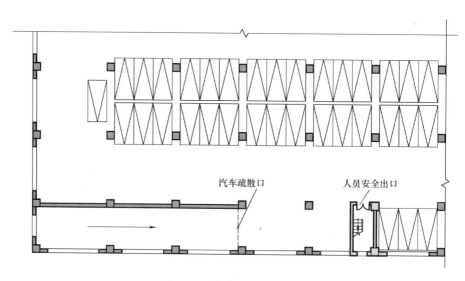

图 3-7-8　汽车疏散口示意图

1) Ⅳ类汽车库。

2) 设置双车道汽车疏散出口的Ⅲ类地上汽车库。

3) 设置双车道汽车疏散出口、停车数量小于或等于100辆且建筑面积小于4000m² 的地下或半地下汽车库。

4) Ⅱ、Ⅲ、Ⅳ类修车库。

6. 汽车疏散坡道的净宽度，单车道不应小于 3.0m，双车道不应小于5.5m。

7. 停车场的汽车疏散出口不应少于2个；停车数量不大于50辆时，可设置1个。

3.8 建筑内部装修设计防火

由于建筑内部装修材料很大一部分是可燃的，火灾危险性较大，失火后蔓延快，不利于安全疏散，难于扑救，容易酿成大火。建筑内部装修设计应妥善处理装修效果和使用安全的矛盾，积极采用不燃性材料和难燃性材料，尽量避免采用在燃烧时产生大量浓烟或有毒气体的材料，做到安全适用，技术先进，经济合理。建筑内部装修设计，包括顶棚、墙（柱）面、地面、隔断、门窗的装修，以及固定家具、窗帘、帷幕、床罩、家具包布、固定饰物等。

3.8.1 室内装修材料的分类和分级

装修材料按其使用部位和功能，可划分为顶棚装修材料、墙面装修材料、地面装修材料、隔断装修材料、固定家具、装饰织物（系指窗帘、帷幕、床罩、家具包布等）、其他装饰材料（系指楼梯扶手、挂镜线、踢脚板、窗帘盒、暖气罩等）七类。

装修材料按其燃烧性能划分为四级（表3-8-1）。

装修材料燃烧性能等级　　　　　　　　　　　表 3-8-1

等级	装修材料燃烧性能
A	不燃性
B₁	难燃性
B₂	可燃性
B₃	易燃性

1. 装修材料的燃烧性能等级应按现行国家标准《建筑材料及制品燃烧性能分级》的有关规定，经检测确定。

2. 安装在金属龙骨上燃烧性能达到 B1 级的纸面石膏板、矿棉吸声板，可作为 A 级装修材料使用。

3. 单位面积质量小于 300g/m² 的纸质、布质壁纸，当直接粘贴在 A 级基材上时，可作为 B₁ 级装修材料使用。

4. 施涂于 A 级基材上的无机装修涂料，可作为 A 级装修材料使用；施涂于 A 级基材上，湿涂覆比小于 1.5kg/m²，且涂层干膜厚度不大于 1.0mm 的有机装修涂料，可作为 B₁ 级装修材料使用。

5. 当使用多层装修材料时，各层装修材料的燃烧性能等级均应符合规范的规定。复合型装修材料的燃烧性能等级应进行整体检测确定。

3.8.2 内部特别场所装修设计防火

建筑物内部消防设施是根据国家现行有关规范要求设计安装，平时应加强维修管理，以便一旦需要使用时，操作起来迅速、安全、可靠。但是有些单位为了追求装修效果，随意减少安全出口、疏散出口和疏散走道的宽度和数量，擅自改变消防设施的位置。还有的任意增加隔墙，影响了消防设施的有效保护范围。为保证消防设施和疏散指示标志的使用功能，建筑内部装修不应擅自减少、改动、拆除、遮挡消防设施、疏散指示标志、安全出口、疏散出口、疏散走道和防火分区、防烟分区等。

1. 建筑内部消火栓箱门不应被装饰物遮掩，消火栓箱门四周的装修材料颜色应与消火栓箱门的颜色有明显区别或在消火栓箱门表面设置发光标志。

2. 疏散走道和安全出口的顶棚、墙面不应采用影响人员安全疏散的镜面反光材料。

3. 地上建筑的水平疏散走道和安全出口的门厅，其顶棚应采用 A 级装修材料，其他部位应采用不低于 B₁ 级的装修材料；地下民用建筑的疏散走道和安全出口的门厅，其顶棚、墙面和地面均应采用 A 级装修材料。

4. 疏散楼梯间和前室的顶棚、墙面和地面均应采用 A 级装修材料。

5. 建筑物内设有上下层相连通的中庭、走马廊、开敞楼梯、自动扶梯时，其连通部位的顶棚、墙面应采用 A 级装修材料，其他部位应采用不低于 B₁ 级的装修材料。

6. 建筑内部变形缝（包括沉降缝、伸缩缝、抗震缝等）两侧基层的表面装修应采用不低于 B₁ 级的装修材料。

7. 无窗房间内部装修材料的燃烧性能等级除 A 级外，应在规定的基础上提高一级。

8. 消防水泵房、机械加压送风排烟机房、固定灭火系统钢瓶间、配电室、变压器室、发电机房、储油间、通风和空调机房等，其内部所有装修均应采用 A 级装修材料。消防控制室等重要房间，其顶棚和墙面应采用 A 级装修材料，地面及其他装修应采用不低于 B₁ 级的装修材料。

9. 建筑物内的厨房，其顶棚、墙面、地面均应采用 A 级装修材料。

10. 经常使用明火器具的餐厅、科研试验室，其装修材料的燃烧性能等级除 A 级外，应在规定的基础上提高一级。

11. 民用建筑内的库房或贮藏间，其内部所有装修除应符合相应场所规定外，且应采用不低于 B₁ 级的装修材料。

12. 展览性场所装修设计应符合下列规定：

1) 展台材料应采用不低于 B₁ 级的装修材料。

2) 在展厅设置电加热设备的餐饮操作区内，与电加热设备贴邻的墙面、操作台均应采用 A 级装修材料。

3) 展台与卤钨灯等高温照明灯具贴邻部位的材料应采用 A 级装修材料。

13. 住宅建筑装修设计尚应符合下列规定：

1) 不应改动住宅内部烟道、风道。

2) 厨房内的固定橱柜宜采用不低于 B₁ 级的装修材料。

3) 卫生间顶棚宜采用 A 级装修材料。

4) 阳台装修宜采用不低于 B₁ 级的装修材料。

14. 照明灯具及电气设备、线路的高温部位，当靠近非 A 级装修材料或构件时，应采取隔热、散热等防火保护措施，与窗帘、帷幕、幕布、软包等装修材料的距离不应小于 500mm；灯饰应采用不低于 B₁ 级的材料。

15. 建筑内部的配电箱、控制面板、接线盒、开关、插座等不应直接安装在低于 B₁ 级的装修材料上；用于顶棚和墙面装修的木质类板材，当内部含有电器、电线等物体时，应采用不低于 B₁ 级的材料。

16. 当室内顶棚、墙面、地面和隔断装修材料内部安装电加热供暖系统时，室内采用的装修材料和绝热材料的燃烧性能等级应为 A 级。当室内顶棚、墙面、地面和隔断装修材料内部安装水暖（或蒸汽）供暖系统时，其顶棚采用的装修材料和绝热材料的燃烧性能应为 A 级，其他部位的装修材料和绝热材料的燃烧性能不应低于 B₁ 级，且应符合规范有关公共场所的规定。

17. 建筑内部不宜设置采用 B₃ 级装饰材料制成的壁挂、布艺等，当需要设置时，不应靠近电气线路、火源或热源，或采取隔离措施。

3.8.3 民用建筑室内装修防火设计

室内装修防火设计涉及面广、内容繁多。它不仅涉及水、电气、暖通等设备，同时还涉及建筑结构，但至关重要的是材料的选择。为了有效地预防建筑发生火灾和一旦发生火灾时能防止火势蔓延扩大，减少火灾损失，在设计中必须根据需要，优先采用轻质、不燃和耐火的内装修材料。因此，材料的选择是室内装修防火设计的关键。

1. 单层、多层民用建筑内部各部位装修材料的燃烧性能等级，不应低于表 3-8-2 的规定。

单层、多层民用建筑内部各部位装修材料的燃烧性能等级　　　　　　　　　　　表 3-8-2

序号	建筑物及场所	建筑规模、性质	装修材料燃烧性能等级					装饰织物		其他装修装饰材料
			顶棚	墙面	地面	隔断	固定家具	窗帘	帷幕	
1	候机楼的候机大厅、贵宾候机楼、售票厅、商店、餐饮场所等	—	A	A	B_1	B_1	B_1	B_1	—	B_1
2	汽车站、火车站、轮船客运站的候车(船)室、商店、餐饮场所	建筑面积>10000m²	A	A	B_1	B_1	B_1	B_1	—	B_2
		建筑面积≤10000m²	A	B_1	B_1	B_1	B_1	B_1	—	B_2
3	观众厅、会议厅、多功能厅、等候厅等	每个厅建筑面积>400m²	A	A	B_1	B_1	B_1	B_1	B_1	B_1
		每个厅建筑面积≤400m²	A	B_1	B_1	B_1	B_2	B_1	B_1	B_2
4	体育馆	>3000 座位	A	A	B_1	B_1	B_1	B_1	B_1	B_1
		≤3000 座位	A	B_1	B_1	B_1	B_2	B_2	B_1	B_2
5	商店的营业厅	每层建筑面积≥1500m²或总建筑面积>3000m²	A	B_1	B_1	B_1	B_1	B_1	—	B_2
		每层建筑面积≤1500m²或总建筑面积≤3000m²	A	B_1	B_1	B_1	B_2	B_1	—	—
6	宾馆、饭店的客房及公共活动用房等	设置送回风道(管)的集中空气调节系统	A	B_1	B_1	B_1	B_2	B_2	—	B_2
		其他	B_1	B_1	B_2	B_2	B_2	B_2	—	—
7	养老院、托儿所、幼儿园等的居住及活动场所	—	A	A	B_1	B_1	B_2	B_1	—	B_2
8	医院的病房区、诊疗区、手术区	—	A	A	B_1	B_1	B_2	B_1	—	B_2
9	教学场所、教学实验场所	—	A	B_1	B_2	B_2	B_2	B_2	B_2	B_2
10	纪念馆、展览馆、博物馆、图书馆、档案馆、资料馆等的公众活动场所	—	A	B_1	B_1	B_1	B_2	B_1	—	B_2
11	存放文物、纪念展览物品、重要图书、档案、资料的场所	—	A	A	B_1	B_1	B_2	B_1	—	B_2
12	歌舞娱乐游艺场所	—	A	B_1	B_1	B_1	B_1	B_1	B_1	B_1
13	A、B 级电子信息系统机房级重要机器、仪器的房间	—	A	A	B_1	B_1	B_1	B_1	B_1	B_1
14	餐饮场所	营业面积>100m²	A	B_1	B_1	B_1	B_2	B_2	—	B_2
		营业面积≤100m²	B_1	B_1	B_1	B_2	B_2	B_2	—	B_2
15	办公场所	设置送回风道(管)的集中空气调节系统	A	B_1	B_1	B_1	B_2	B_2	—	B_2
		其他	B_1	B_1	B_2	B_2	B_2	—	—	—
16	其他公共场所	—	B_1	B_1	B_2	B_2	B_2	—	—	—
17	住宅	—	B_1	B_1	B_1	B_1	B_2	B_2	—	B_2

1）除本书3.8.2节规定的场所和表3-8-2中序号为11～13规定的部位外，单层、多层民用建筑内面积小于100m²的房间，当采用耐火极限不低于2.00h的防火隔墙和甲级防火门、窗与其他部位分隔时，其装修材料的燃烧性能等级可在表3-8-2的基础上降低一级。

2）除本书3.8.2节规定的场所和表3-8-2中序号为11～13规定的部位外，当单层、多层民用建筑需做内部装修的空间内装有自动灭火系统时，除顶棚外，其内部装修材料的燃烧性能等级可在表3-8-2规定的基础上降低一级；当同时装有火灾自动报警装置和自动灭火系统时，其装修材料的燃烧性能等级可在表3-8-2规定的基础上降低一级。

2. 高层民用建筑内部各部位装修材料的燃烧性能等级，不应低于表3-8-3的规定。

高层民用建筑内部各部位装修材料的燃烧性能等级　　　　　　　　表 3-8-3

序号	建筑物及场所	建筑规模、性质	装修材料燃烧性能等级									
			顶棚	墙面	地面	隔断	固定家具	装饰织物				其他装修装饰材料
								窗帘	帷幕	床罩	家具包布	
1	候机楼的候机大厅、贵宾候机楼、售票厅、商店、餐饮场所等	—	A	A	B₁	B₁	B₁	B₁	—	—	—	B₁
2	汽车站、火车站、轮船客运站的候车（船）室、商店、餐饮场所	建筑面积>10000m²	A	A	B₁	B₁	B₁	B₁	—	—	—	B₂
		建筑面积≤10000m²	A	B₁	B₁	B₁	B₁	B₁	—	—	—	B₂
3	观众厅、会议厅、多功能厅、等候厅等	每个厅建筑面积>400m²	A	A	B₁	B₁	B₁	B₁	B₁	—	B₁	B₁
		每个厅建筑面积≤400m²	A	B₁	B₁	B₁	B₂	B₁	B₁	—	B₁	B₁
4	商店的营业厅	每层建筑面积≥1500m²或总建筑面积>3000m²	A	B₁	B₁	B₁	B₁	B₁	—	—	B₂	B₁
		每层建筑面积≤1500m²或总建筑面积≤3000m²	A	B₁	B₁	B₁	B₂	B₁	—	—	B₂	B₂
5	宾馆、饭店的客房及公共活动用房等	一类建筑	A	B₁	B₁	B₁	B₂	B₁	—	B₁	B₁	B₁
		二类建筑	A	B₁	B₁	B₁	B₂	B₂	—	B₂	B₂	B₂
6	养老院、托儿所、幼儿园等的居住及活动场所	—	A	A	B₁	B₁	B₂	B₁	—	B₂	B₂	B₁
7	医院的病房区、诊疗区、手术区	—	A	A	B₁	B₁	B₂	B₁	—	B₂	B₂	B₁
8	教学场所、教学实验场所	—	A	B₁	B₂	B₂	B₂	B₁	B₁	—	B₁	B₂

序号	建筑物及场所	建筑规模、性质	装修材料燃烧性能等级									
			顶棚	墙面	地面	隔断	固定家具	装饰织物				其他装修装饰材料
								窗帘	帷幕	床罩	家具包布	
9	纪念馆、展览馆、博物馆、图书馆、档案馆、资料馆等的公众活动场所	一类建筑	A	B₁	B₁	B₁	B₂	B₁	B₁	—	B₁	B₁
		二类建筑	A	B₁	B₁	B₁	B₂	B₂	B₂	—	B₂	B₂
10	存放文物、纪念展览物品、重要图书、档案、资料的场所	—	A	A	B₁	B₁	B₂	B₁			B₁	B₂
11	歌舞娱乐游艺场所	—	A	B₁	B₁	B₁	B₂	B₁	B₁	B₁	B₁	B₁
12	A、B级电子信息系统机房及装有重要机器、仪器的房间	—	A	A	B₁	B₁	B₂	B₁			B₁	B₁
13	餐饮场所	—	A	B₁	B₁	B₁	B₂	B₁	—	—	B₁	B₂
14	办公场所	一类建筑	A	B₁	B₁	B₁	B₂	B₁	B₂	—	B₁	B₁
		二类建筑	A	B₁	B₁	B₁	B₂	B₂	B₂	—	B₂	B₂
15	电信楼、财贸金融楼、邮政楼、广播电视楼、电力调度楼、防灾指挥调度楼	一类建筑	A	A	B₁	B₁	B₂	B₁	B₁	—	B₂	B₁
		二类建筑	A	B₁	B₂	B₂	B₂	B₁	B₂	—	B₂	B₂
16	其他公共场所	—	A	B₁	B₁	B₂	B₂	B₂	B₂	B₂	B₂	B₂
17	住宅	—	A	B₁	B₁	B₂	B₂	B₁	—	B₁	B₂	B₁

1) 除本书 3.8.2 节规定的场所和表 3-8-3 中序号为 10～12 规定的部位外，高层民用建筑的裙房内面积小于 500m² 的房间，当设有自动灭火系统，并且采用耐火极限不低于 2.00h 的防火隔墙和甲级防火门、窗与其他部位分隔时，顶棚、墙面、地面装修材料的燃烧性能等级可在表 3-8-3 规定的基础上降低一级。

2) 除本书 3.8.2 节规定的场所和表 3-8-3 中序号为 10～12 规定的部位外，以及大于 400m² 的观众厅、会议厅和 100m 以上的高层民用建筑外，当设有火灾自动报警装置和自动灭火系统时，除顶棚外，其内部装修材料的燃烧性能等级可在表 3-8-3 规定的基础上降低一级。

3) 电视塔等特殊高层建筑的内部装修，装饰织物应采用不低于 B₁ 级的材料，其他均应采用 A 级装修材料。

3. 地下民用建筑内部各部位装修材料的燃烧性能等级，不应低于表 3-8-4 的规定。

地下民用建筑内部各部位装修材料的燃烧性能等级　　　　　表 3-8-4

序号	建筑物及场所	装修材料燃烧性能等级						
		顶棚	墙面	地面	隔断	固定家具	装饰织物	其他装修装饰材料
1	观众厅、会议厅、多功能厅、等候厅等,商店营业厅	A	A	A	B_1	B_1	B_1	B_2
2	宾馆、饭店的客房及公共活动用房	A	B_1	B_1	B_1	B_1	B_1	B_2
3	医院的诊疗区、手术区	A	A	B_1	B_1	B_1	B_1	B_2
4	教学场所、教学实验场所	A	A	B_1	B_2	B_2	B_1	B_2
5	纪念馆、展览馆、博物馆、图书馆、档案馆、资料馆等的公众活动场所	A	A	B_1	B_1	B_1	B_1	B_1
6	存放文物、纪念展览物品、重要图书、档案、资料的场所	A	A	A	A	A	B_1	B_1
7	歌舞娱乐游艺场所	A	A	B_1	B_1	B_1	B_1	B_1
8	餐饮场所	A	A	A	B_1	B_1	B_1	B_2
9	办公场所	A	B_1	B_1	B_1	B_1	B_2	B_2
10	汽车库、修车库	A	A	B_1	A	A	—	—

注：地下民用建筑系指单层、多层、高层民用建筑的地下部分,单独建造在地下的民用建筑以及平战结合的地下人防工程。

除本书 3.8.2 节规定的场所和表 3-8-4 中序号为 6～8 规定的部位外,单独建造的地下民用建筑的地上部分,其门厅、休息室、办公室等内部装修材料的燃烧性能等级可在表 3-8-4 的基础上降低一级。

第4章　规范在技术经济方面的规定

建筑设计的技术经济问题所涉及的内容是多方面的，不但要综合考虑总体规划、建筑设计、环境控制、材料设备等，还应在解决上述各问题时把相关建筑技术经济标准作为解决问题的基础。对建筑设计工作者来说，应坚持把规范规定与工程实际相结合，以期达到经济合理、技术先进、设计美观的综合效果。

建筑设计在解决技术经济方面的问题时，除应按照国家有关工程建设的方针政策和执行相关规范外，还应综合考虑以下几项原则：

1. 根据建筑物的用途和目的，综合追求建筑的经济效益、社会效益、环境效益。

2. 适应我国经济发展水平，在满足当前需要的同时适当考虑将来提高和改造的可能。

3. 提高围护结构的热工性能，降低建筑的综合能耗。

4. 将规范和标准的规定与工程实际情况相结合，建筑设计标准化与多样化结合。

本章的编写方法：重点介绍规范的强制性规定、规范要求的设计方法和有关的基本概念，而省略了复杂的计算内容，以适应建筑学在校学生的特点，突出配合建筑设计的教学目的。

有关建筑技术经济方面的内容很多，本章将其分为：空间大小和形状、朝向、日照、采光和通风、隔声减噪设计、建筑热工设计、公共建筑节能设计五个部分进行介绍。

4.1 空间大小和形状

对特定使用功能的建筑进行设计时应从功能需要和实际情况相结合进行综合考虑。评价建筑设计是否经济，可从多方面进行考虑，其中涉及建筑的空间大小和形状的要求，不同用途的建筑有不同的具体要求。

4.1.1 文教类建筑

4.1.1.1 文化馆建筑

1. 文化馆建筑的规模划分应符合表 4-1-1 的规定。

文化馆建筑的规模划分 表 4-1-1

规模	大型馆	中型馆	小型馆
建筑面积（m²）	≥6000	<6000,且≥4000	<4000

2. 展览陈列用房应由展览厅、陈列室、周转房及库房等组成，且每个展览厅的使用面积不宜小于 65m²。

3. 报告厅规模宜控制在 300 座以下，并应设置活动座椅，且每座使用面积不应小于 1.0m²。

4. 排演厅宜包括观众厅、舞台、控制室、放映室、化妆间、厕所、淋浴更衣间等功能用房。观众厅的规模不宜大于 600 座。

5. 普通教室宜按每 40 人一间设置，大教室宜按每 80 人一间设置，且教室的使用面积不应小于 1.4m²/人。

6. 计算机与网络教室 50 座的教室使用面积不应小于 73m²，25 座的教室使用面积不应小于 54m²；室内净高不应小于 3.0m。

7. 多媒体视听教室规模宜控制在每间 100~200 人，且当规模较小时，宜与报告厅等功能相近的空间合并设置。

8. 舞蹈排练室每间的使用面积宜控制在 80~200m²；用于综合排练室使用时，每间的使用面积宜控制在 200~400m²；每间人均使用面积不应小于 6m²；室内净高不应低于 4.5m。

9. 琴房的数量可根据文化馆的规模进行确定，且使用面积不应小于 6m²/人。

10. 美术书法教室的使用面积不应小于 2.8m²/人，教室容纳人数不宜超过 30 人，准备室的面积宜为 25m²；书法学习桌应采用单桌排列，其排距不宜小于 1.20m，且教室内的纵向走道宽度不应小于 0.70m。

11. 文化馆应根据活动内容和实际需要设置大、中、小游艺室，并应附设管理及储藏空间，大游艺室的使用面积不应小于 100m²，中游艺室的使用面积不应小于 60m²，小游艺室的使用面积不应小于 30m²。

12. 录音录像室应包括录音室和录像室，且录音室应由演唱演奏室和录音控制室组成；录像室宜由表演空间、控制室、编辑室组成，编辑室可兼作控制室；小型录像室的使用面积宜为 80~130m²，室内净高宜为 5.5m。

13. 文艺创作室宜由若干文学艺术创作工作间组成，且每个工作间的使用面积宜为 12m²。

14. 行政办公室的使用面积宜按每人 5m² 计算，且最小办公室使用面积不宜小于 10m²。

15. 游艺用房应根据活动内容和实际需要设置供若干活动项目使用的大、中、小游艺室。游艺室的使用面积：大游艺室 65m²；中游艺室 45m²；小游艺室 25m²。

16. 交谊用房包括舞厅、茶座、管理间及小卖部等。舞厅的活动面积每人按 2m² 计算。

17. 展览用房包括展览厅或展览廊、贮藏间等。每个展览厅的使用面积不宜小于 65m²。

18. 综合排练室根据使用要求合理地确定净高，并不应低于 3.6m。综合排练室的使用面积每人按 6m² 计算。

19. 普通教室每室人数可按 40 人设计，大教室以 80 人为宜。教室使用面积每人不小于 1.40m²。

20. 美术书法教室的使用面积每人不小于 2.80m²，每室不宜超过 30 人。

4.1.1.2 中小学建筑

1. 学校主要教室的使用面积指标宜符合表 4-1-2 的规定。

主要教室使用面积指标（m²/每座） 表 4-1-2

房间名称	小学	中学	备注
普通教室	1.36	1.39	—
科学教室	1.78	—	—
实验室	—	1.92	—
综合实验室	—	2.88	—
演示实验室	—	1.44	若容纳 2 个班,则指标为 1.20
史地教室	—	1.92	—
计算机教室	2.00	1.92	—
语言教室	2.00	1.92	—
美术教室	2.00	1.92	—
书法教室	2.00	1.92	—
音乐教室	1.70	1.64	—
舞蹈教室	2.14	3.15	宜和体操教室共用
合班教室	0.89	0.90	—
学生阅览室	1.80	1.90	—
教师阅览室	2.30	2.30	—
视听阅览室	1.80	2.00	—
报刊阅览室	1.80	2.30	可不集中设置

2. 体育建筑设施的使用面积应按选定的体育项目确定。

3. 主要教学辅助用房的使用面积不宜低于表 4-1-3 的规定。

主要教学辅助用房的使用面积指标（m²/每间） 表 4-1-3

房间名称	小学	中学	备注
普通教室教师休息室	(3.50)	(3.50)	指标为使用面积/每位使用教师
实验员室	12.00	12.00	
仪器室	18.00	24.00	
药品室	18.00	24.00	—
准备室	18.00	24.00	

房间名称	小学	中学	备注
标本陈列室	42.00	42.00	可陈列在能封闭管理的走道内
历史资料室	12.00	12.00	—
地理资料室	12.00	12.00	
计算机教室资料室	24.00	24.00	
语言教室资料室	24.00	24.00	
美术教室教具室	24.00	24.00	可将部分教具置于美术教室内
乐器室	24.00	24.00	—
舞蹈教室更衣室	12.00	12.00	

4. 中小学校主要教学用房的最小净高应符合表 4-1-4 的规定。

主要教学用房的最小净高（m）　　　　　　表 4-1-4

教室	小学	初中	高中
普通教室、史地、美术、音乐教室	3.00	3.05	3.10
舞蹈教室	4.5		
科学教室、实验室、计算机教室、 劳动教室、技术教室、合班教室	3.10		
阶梯教室	最后一排(楼地面最高处)距顶棚或上方 突出物最小距离为 2.20m		

5. 风雨操场的净高应取决于场地的运动内容。各类体育场地最小净高应符合表 4-1-5 的规定。

各类体育场地的最小净高（m）　　　　　　表 4-1-5

体育场地	田径	篮球	排球	羽毛球	乒乓球	体操
最小净高	9	7	7	9	4	6

注：田径场地可减少部分项目降低净高。

4.1.1.3 托儿所、幼儿园建筑

1. 托儿所、幼儿园应设室外活动场地，幼儿园每班应设专用室外活动场地，人均面积不应小于 2m²。各班活动场地之间宜采取分隔措施。幼儿园应设全园共用活动场地，人均面积不应小于 2m²。托儿所室外活动场地人均面积不应小于 3m²。城市人口密集地区改、扩建的托儿所，设置室外活动场地确有困难时，室外活动场地人均面积不应小于 2m²。

2. 托儿所生活用房应由乳儿班、托小班、托大班组成，各班应为独立使用的生活单元。宜设公共活动空间。托大班生活用房的使用面积及要求宜与幼儿园生活用房相同。

3. 乳儿班应包括睡眠区、活动区、配餐区、清洁区、储藏区等，各区最小使用面积应符合表 4-1-6 的规定。

乳儿班各区最小使用面积（m²）　　　　　表 4-1-6

各区名称	最小使用面积	各区名称	最小使用面积
睡眠区	30	清洁区	6
活动区	15	储藏区	4
配餐区	6		

4. 托小班应包括睡眠区、活动区、配餐区、清洁区、卫生间、储藏区等，各区最小使用面积应符合表 4-1-7 的规定。

托小班各区最小使用面积（m²）　　　　　表 4-1-7

各区名称	最小使用面积	各区名称	最小使用面积
睡眠区	35	清洁区	6
活动区	35	卫生区	8
配餐区	6	储藏区	4

注：睡眠区与活动区合用时，其使用面积不应小于 50m²。

5. 乳儿班和托小班宜设喂奶室，使用面积不宜小于 10m²。

6. 幼儿生活单元应设置活动室、寝室、卫生间、衣帽储藏间等基本空间。单元房间的最小使用面积不应小于表 4-1-8 的规定，当活动室与寝室合用时，其房间最小使用面积不应小于 105m²。

幼儿生活单元房间的最小使用面积（m²）　　　　　表 4-1-8

房间名称		房间最小使用面积
活动室		70
寝室		60
卫生间	厕所	12
	盥洗室	8
衣帽储藏间		9

4.1.2　馆藏建筑

4.1.2.1　图书馆建筑

1. 书库的平面布局和书架排列应有利于天然采光和自然通风，并应缩短书刊取送距离；书架的连续排列最多档数应符合表 4-1-9 的规定，书架之间以及书架与墙体之间通道的最小宽度应符合表 4-1-10 的规定。

书库书架连续排列最多档数（档）　　　　　表 4-1-9

条件	开架	闭架
书架两端有走道	9	11
书架一端有走道	5	6

书架之间以及书架与墙体之间通道的最小宽度（m）表 4-1-10

通道名称	常用书架		常用书架
	开架	闭架	
主通道	1.50	1.20	1.00
次通道	1.10	0.75	0.60
档头走道（即靠墙走道）	0.75	0.60	0.60
行道	1.00	0.75	0.60

2. 书库的净高不应小于 2.40m。有梁或管线的部位，其底面净高不宜小于 2.30m。采用积层书架的书库，结构梁或管线的底面净高不应小于 4.70m。

3. 阅览室（区）的开间、进深及层高，应满足家具、设备的布置及开架阅览的使用和管理要求。

4. 阅览室每座占使用面积设计计算指标应按表 4-1-11 采用。

阅览室每座占使用面积设计计算指标（m^2/座）　表 4-1-11

名称	面积指标	名称	面积指标
普通报刊阅览室	1.8～2.3	舆图阅览室	5.0
普通阅览室	1.8～2.3	集体视听室	1.5
专业参考阅览室	3.5	个人视听室	4.0～5.0
非书资料阅览室	3.5	少年儿童阅览室	1.8
缩微阅览室	4.0	视障阅览室	3.5
珍善本书阅览室	4.0		

注：
① 表中使用面积不含阅览室的藏书区及独立设置的工作间；
② 当集体视听室含控制室时，可按 2.00～2.50m^2/座计算；
③ 目录检索空间内目录柜的排列最小间距应符合表 4-1-12 的规定。

目录柜排列最小间距（m）　　　　表 4-1-12

布置形式		使用方式	净距			通道净宽	
			目录台之间	目录柜与查目台之间	目录柜之间	端头走廊	中间通道
目录台放置目录盒	立式	1.20	—		0.60	0.60	1.40
	坐式	1.50	—		0.60	0.60	1.40
目录柜之间设目录台	立式	—	1.20		0.60	1.40	
	坐式	—	1.50		0.60	1.40	
目录柜使用抽拉板	立式	—		1.80	0.60	1.40	

5. 目录检索空间内采用计算机检索时，每台计算机所占使用面积应按 2m^2 计算。坐式计算机检索台的高度宜为 0.70～0.75m，立式计算机检索台的高度宜为 1.05～1.10m。

6. 出纳空间应符合下列规定：

1）出纳台内的工作人员所占使用面积应按每一工作岗位不小于 $6m^2$ 计算。

2）当无水平传送设备时，工作区的进深不宜小于 4m；当有水平传送设备时，应满足设备安装的技术要求。

3）出纳台外的读者活动面积，应按出纳台内每一工作岗位所占使用面积的 1.2 倍计算，且不应小于 $18m^2$；出纳台前应保持进深不小于 3m 的读者活动区。

4）出纳台宽度不应小于 0.60m。出纳台长度应按每一工作岗位 1.50m 计算。出纳台兼有咨询、监控等多种服务功能时，应按工作岗位总数计算长度。出纳台的高度宜为 0.70~0.85m。

7. 采编用房工作人员的人均使用面积不宜小于 $10m^2$。

8. 典藏室工作人员的人均使用面积不宜小于 $6m^2$，且房间的最小使用面积不宜小于 $15m^2$。

9. 专题咨询和业务辅导用房：专题咨询和业务辅导工作人员的人均使用面积不宜小于 $6m^2$；业务资料编辑工作人员的人均使用面积不宜小于 $8m^2$；业务资料阅览室可按 8~10 座位设置，每座所占使用面积不宜小于 $3.50m^2$；公共图书馆的咨询和业务辅导用房，宜分别配备不小于 $15m^2$ 的接待室。

10. 图书馆信息处理等业务用房的工作人员人均使用面积不宜小于 $6m^2$。

11. 装裱、修整室每工作岗位人均使用面积不应小于 $10m^2$，且房间的最小面积不应小于 $30m^2$。消毒室面积不宜小于 $10m^2$。

4.1.2.2　档案馆建筑

1. 档案库区或档案库入口处应设缓冲间，其面积不应小于 $6m^2$；当设专用封闭外廊时，可不再设缓冲间。

2. 档案库区内比库区外楼地面应高出 15mm，并应设置密闭排水口。

3. 档案库净高不应低于 2.60m。

4. 阅览室每个阅览座位使用面积：普通阅览室每座不应小于 $3.5m^2$；专用阅览室每座不应小于 $4.0m^2$；若采用单间时，房间使用面积不应小于 $12.0m^2$。

4.1.3　博物馆建筑

1. 博物馆建筑可按建筑规模划分为特大型馆、大型馆、大中型馆、中型馆、小型馆五类，且建筑规模分类应符合表 4-1-13 的规定。

博物馆建筑规模分类　　　　　　　　　表 4-1-13

建筑规模类别	建筑总建筑面积（m^2）	建筑规模类别	建筑总建筑面积（m^2）
特大型馆	＞50000	中型馆	5001~10000
大型馆	20001~50000	小型馆	≤5000
大中型馆	10001~20000		

2. 展厅单跨时的跨度不宜小于 8m，多跨时的柱距不宜小于 7m。

3. 展厅净高应满足展品展示、安装的要求，顶部灯光对展品入射角的要求，以及安全监控设备覆盖面的要求；顶部空调送风口边缘距藏品顶部直线距离不应少于 1.0m。

4. 教育区的教室、实验室，每间使用面积宜为 50～60m²，并宜符合现行国家标准《中小学校设计规范》的有关规定。

5. 藏品库区开间或柱网尺寸不宜小于 6m。

6. 美工室、展品展具制作与维修用房净高不宜小于 4.5m。

7. 历史类、艺术类、综合类博物馆：

1) 展示艺术品的单跨展厅，其跨度不宜小于艺术品高度或宽度最大尺寸的 1.5～2.0 倍。

2) 展示一般历史文物或古代艺术品的展厅，净高不宜小于 3.5m；展示一般现代艺术品的展厅，净高不宜小于 4.0m。

3) 临时展厅的分间面积不宜小于 200m²，净高不宜小于 4.5m。

4) 库房区每间库房的面积不宜小于 50m²；文物类、现代艺术类藏品库房宜为 80～150m²；自然类藏品库房宜为 200～400m²。文物类藏品库房净高宜为 2.8～3.0m；现代艺术类藏品、标本类藏品库房净高宜为 3.5～4.0m；特大体量藏品库房净高应根据工艺要求确定。

5) 实物修复用房每间面积宜为 50～100m²，净高不应小于 3.0m。

8. 自然博物馆：

1) 展厅净高不宜低于 4.0m；临时展厅的分间面积不宜小于 400m²。

2) 冷冻消毒室每间面积不宜小于 20m²，且可根据工艺要求设于库前区。

3) 动物标本制作室净高不宜小于 4.0m，并应有良好的采光，焊接区应满足防火要求。缝合室净高不宜小于 4.0m，并应有良好的采光和清洁的环境。

9. 科技馆

1) 科技馆常设展厅的使用面积不宜小于 3000m²，临时展厅使用面积不宜小于 500m²。

2) 特大型馆、大型馆展厅跨度不宜小于 15.0m，柱距不宜小于 12.0m；大中型馆、中型馆展厅跨度不宜小于 12.0m，柱距不宜小于 9.0m。

3) 特大型馆、大型馆主要入口层展厅净高宜为 6.0～7.0m；大中型馆、中型馆主要入口层净高宜为 5.0～6.0m；特大型馆、大型馆楼层净高宜为 5.0～6.0m；大中型馆、中型馆楼层净高宜为 4.5～5.0m。

4.1.4 观演类建筑

4.1.4.1 剧场建筑

1. 前厅面积：甲等剧场不应小于 0.30m²/座，乙等剧场不应小于

0.20m²/座。休息厅面积，甲等剧场不应小于 0.30m²/座，乙等不应小于 0.20m²/座。前厅与休息厅合一时，甲等剧场不应小于 0.50m²/座，乙等剧场不应小于 0.30m²/座。

2. 剧场的衣物寄存处，其面积指标不应小于 0.04m²/座，且严寒和寒冷地区的面积指标宜适当提高。

3. 观众厅面积：甲等剧场不应小于 0.80m²/座；乙等剧场不应小于 0.70m²/座。

4. 剧场设置乐池的面积应按容纳乐队人数进行计算，演奏员平均每人不应小于 1m²，伴唱每人不应小于 0.25m²，乐池面积不宜小于 80m²。

4.1.4.2 电影院建筑

1. 电影院的规模按总座位数可划分为特大型、大型、中型和小型四个规模。不同规模的电影院应符合下列规定：

1) 特大型电影院的总座位数应大于 1800 个，观众厅不宜少于 11 个；

2) 大型电影院的总座位数宜为 1201～1800 个，观众厅宜为 8～10 个；

3) 中型电影院的总座位数宜为 701～1200 个，观众厅宜为 5～7 个；

4) 小型电影院的总座位数宜小于等于 700 个，观众厅不宜少于 4 个。

2. 观众厅的设计应与银幕的设置空间统一考虑，观众厅的长度不宜大于 30m，观众厅长度与宽度的比例宜为 (1.5±0.2)：1。

3. 乙级及以上电影院观众厅每座平均面积不宜小于 1.0m²，丙级电影院观众厅每座平均面积不宜小于 0.6m²。

4. 电影院门厅和休息厅合计使用面积指标，特、甲级电影院不应小于 0.50m²/座；乙级电影院不应小于 0.30m²/座；丙级电影院不应小于 0.10m²/座。

4.1.4.3 体育馆

1. 体育馆的比赛场地要求及最小尺寸应符合表 4-1-14 的规定。

体育馆的比赛场地要求及最小尺寸　　　　　表 4-1-14

分类	要求	最小尺寸(长×宽)m
特大型	可设置周长 200m 田径跑道或室内足球、棒球等比赛	根据要求确定
大型	可进行冰球比赛和搭设体操台	70×40
中型	可进行手球比赛	44×24
小型	可进行篮球比赛	38×20

2. 综合体育馆比赛场地上空净高不应小于 15.0m，专项用体育馆内场地上空净高应符合该专项的使用要求。训练场地净高不得小于 10m。专项训练场地净高不得小于该专项对场地净高的要求。

4.1.5 办公建筑

1. 办公建筑的走道宽度应满足防火疏散要求，最小净宽应符合表 4-1-15 的规定：

走道最小净宽

表 4-1-15

走道长度(m)	走道净宽(m)	
	单面布房	双面布房
≤40	1.30	1.50
>40	1.50	1.80

注：高层内筒结构的回廊式走道净宽最小值同单面布房走道。

2. 办公建筑的净高应符合下列规定：有集中空调设施并有吊顶的单间式和单元式办公室净高不应低于 2.50m；无集中空调设施的单间式和单元式办公室净高不应低于 2.70m；有集中空调设施并有吊顶的开放式和半开放式办公室净高不应低于 2.70m；无集中空调设施的开放式和半开放式办公室净高不应低于 2.90m；走道净高不应低于 2.20m，储藏间净高不宜低于 2.00m。

3. 普通办公室每人使用面积不应小于 6m²，单间办公室净面积不应小于 10m²。

4. 手工绘图室，每人使用面积不应小于 6m²；研究工作室每人使用面积不应小于 7m²。

5. 小会议室使用面积宜为 30m²，中会议室使用面积宜为 60m²；中、小会议室每人使用面积：有会议桌的不应小于 2.00m²/人，无会议桌的不应小于 1.00m²/人。

4.1.6 医疗类建筑

4.1.6.1 综合医院

1. 1 个护理单元宜设 40~50 张病床；手术室间数宜按病床总数每 50 床或外科病床数每 25~30 张床设置 1 间；重症监护病房（ICU）床数宜按总床位数的 2%~3% 设置。

2. 主楼梯宽度不得小于 1.65m，踏步宽度不应小于 0.28m，高度不应大于 0.16m。

3. 室内净高应符合下列要求：诊查室不宜低于 2.60m；病房不宜低于 2.80m；公共走道不宜低于 2.30m；医技科室宜根据需要确定。

4. 诊查用房双人诊查室的开间净尺寸不应小于 3.00m，使用面积不应小于 12.00m²；单人诊查室的开间净尺寸不应小于 2.50m，使用面积不应小于 8.00m²。

5. 门诊手术用房应由手术室、准备室、更衣室、术后休息室和污物室组成。手术室平面尺寸不宜小于 3.60m×4.80m。

6. 急诊部用房：

1) 当门厅兼用于分诊功能时，其面积不应小于 24.00m²。

2) 抢救室应直通门厅，有条件时宜直通急救车停车位，面积不应小于每床 30.00m²，门的净宽不应小于 1.40m。

3) 抢救监护室内平行排列的观察床净距不应小于 1.20m，有吊帘分隔时不应小于 1.40m，床沿与墙面的净距不应小于 1.00m。

4) 观察用房平行排列的观察床净距不应小于 1.20m，有吊帘分隔时不应小于 1.40m，床沿与墙面的净距不应小于 1.00m。

7. 病房设置应符合下列要求：

1) 病床的排列应平行于采光窗墙面。单排不宜超过 3 床，双排不宜超过 6 床。

2) 平行的两床净距不应小于 0.80m，靠墙病床床沿与墙面的净距不应小于 0.60m。

3) 单排病床通道净宽不应小于 1.10m，双排病床（床端）通道净宽不应小于 1.40m。

8. 监护用房监护病床的床间净距不应小于 1.20m；单床间不应小于 12.00m²。

9. 妇产科病房分娩室平面净尺寸宜为 4.20m×4.80m，剖腹产手术室宜为 5.40m×4.80m。

10. 血液透析室治疗床（椅）之间的净距不宜小于 1.20m，通道净距不宜小于 1.30m。

11. 手术室平面尺寸应符合下列要求：

1) 应根据需要选用手术室平面尺寸，平面尺寸不应小于表 4-1-16 的规定。

手术室平面净尺寸　　　　　　　表 4-1-16

手术室类型	平面净尺寸(m)
特大型	7.50×5.70
大型	5.70×5.40
中型	5.40×4.80
小型	4.80×4.20

2) 推床通过的手术室门，净宽不宜小于 1.40m，且宜设置自动启闭装置。

12. 放射科用房：照相室最小净尺寸宜为 4.50m×5.40m，透视室最小净尺寸宜为 6.00m×6.00m。

4.1.6.2　疗养院

每护理单元的床位数，可根据疗养院的性质、医疗护理条件等具体情况确定，一般不宜少于 40 床、亦不宜多于 75 床。疗养室每间床位数一般为 2～3 床，最多不应超过 4 床。每一护理单元应设疗养员活动室，其面积按每床 0.8m² 计算，但不应小于 40m²。

4.1.7　交通建筑

4.1.7.1　交通客运站建筑

1. 普通旅客候乘厅的使用面积应按旅客最高聚集人数计算，且每人不应小于 1.1m²。

2. 候乘厅座椅排列方式应有利于组织旅客检票；候乘厅每排座椅不应超过 20 座，座椅之间走道净宽不应小于 1.3m，并应在两端设不小于 1.5m 的通道；港口客运站候乘厅座椅的数量不宜小于旅客最高聚集人数的 40%。

3. 售票窗口的数量应按旅客最高聚集人数的 1/120 计算，且一、二级港口客运站应按 30% 折减；售票厅的使用面积，应按每个售票窗口不应小于 15.0m² 计算。

4. 售票室使用面积可按每个售票窗口不小于 5.0m² 计算，且最小使用面积不宜小于 14.0m²。

5. 票据室应独立设置，使用面积不宜小于 9.0m²，并应有通风、防火、防盗、防鼠、防水和防潮等措施。

6. 港口客运站行包用房的使用面积，按设计旅客最高聚集人数计算时，国内每人宜为 0.1m²，国际每人不宜小于 0.3m²；行包仓库内净高不应低于 3.6m。

7. 值班室应临近候乘厅，其使用面积应按最大班人数不少于 2.0m²/人确定，且最小使用面积不应小于 9.0m²。

8. 站房内应设广播室，且使用面积不宜小于 8.0m²，并应有隔声、防潮和防尘措施。无监控设备的广播室宜设在便于观察候乘厅、站场、发车位的部位。

9. 客运办公用房应按办公人数计算，其使用面积不宜小于 4.0m²/人。补票室的使用面积不宜小于 10.0m²，并应有防盗设施。

10. 一、二级汽车客运站的调度室使用面积不宜小于 20.0m²；三、四级汽车客运站的调度室使用面积不宜小于 10.0m²。

11. 问讯室使用面积不宜小于 6.0m²，问讯台（室）前应有不小于 8.0m² 的旅客活动场地。

12. 一、二级交通客运站站房内应设医务室；医务室应邻近候乘厅，其使用面积不应小于 10.0m²。

4.1.7.2　铁路旅客车站建筑

1. 中型及以上的旅客车站宜设进站、出站集散厅。客货共线铁路车站应按最高聚集人数确定其使用面积，客运专线铁路车站应按高峰小时发送量确定其使用面积，且均不宜小于 0.2m²/人。

2. 客运专线铁路车站候车区总使用面积应根据高峰小时发送量，按不应小于 1.2m²/人确定。各类候车区（室）的设置可按具体情况确定。客货共线铁路旅客车站候车区总使用面积应根据最高聚集人数，按不应小于 1.2m²/人确定。小型站候车区的使用面积宜增加 15%。

3. 无障碍候车区可按规范确定其使用面积，并不宜小于 2m²/人。

4. 软席候车区可按规范确定其使用面积，并不宜小于 2m²/人。

5. 军人（团体）候车区应与普通候车区合设，其使用面积可按规范确定，并不宜小于 1.2m²/人。

6. 特大型站宜设两个贵宾候车室，每个使用面积不宜小于 150m²；大型站宜设一个贵宾候车室，使用面积不宜小于 120m²；中型站可设一个贵宾候车室，使用面积不宜小于 60m²。

7. 售票厅每个售票窗口的设置面积，特大型站不宜小于 24m²/窗口，大型站不宜小于 20m²/窗口，中型站和小型站均不宜小于 16m²/窗口。

8. 每个售票窗口的使用面积不应小于 6m²。售票室的最小使用面积不应小于 14m²。

9. 服务员室其使用面积应根据最大班人数，按不宜小于 2m²/人确定，并不得小于 8m²。

10. 检票员室其使用面积应根据最大班人数，按不宜小于 2m²/人确定，并不得小于 8m²。

11. 特大型、大型和中型站补票室其使用面积不宜小于 10m²，并应有防盗设施。

12. 旅客车站应设广播室，其使用面积不宜小于 10m²。

13. 有客车给水设施的车站应设上水工室，其位置宜设在旅客站台上，使用面积应根据最大班人数，按不宜小于 3m²/人确定，且不得小于 8m²。

14. 站房内在旅客相对集中处，应设置公安值班室，其使用面积不宜小于 25m²。

15. 客运办公用房应根据车站规模确定，使用面积不宜小于 3m²/人。办公用房宜采用大开间、集中办公的模式。

16. 客运服务人员，售票与行李、包裹工作人员间休室的使用面积应按最大班人数的 2/3 且不宜小于 2m²/人确定，并不得小于 8m²。更衣室的使用面积应根据最大班人数，按不宜小于 1m²/人确定。

4.1.8 旅馆建筑

1. 客房净面积不应小于表 4-1-17 的规定。

客房净面积（m²）   表 4-1-17

旅馆建筑等级	一级	二级	三级	四级	五级
单人床间	—	8	9	10	12
双床或双人床间	12	12	14	16	20
多床间(按每床计)	每床不小于 4			—	—

注：客房净面积是指除客房阳台、卫生间和门内出入口小走道（门廊）以外的房间内
面积（公寓式旅馆建筑的客房除外）。

2. 客房附设卫生间不应小于表 4-1-18 的规定。

客房附设卫生间   表 4-1-18

旅馆建筑等级	一级	二级	三级	四级	五级
净面积(m²)	2.5	3.0	3.0	4.0	5.0
占客房总数百分比(%)	—	50	100	100	100
卫生器具(件)	2		3		

注：2 件指大便器、洗面盆，3 件指大便器、洗面盆、浴盆或淋浴间（开放式卫生间
除外）。

3. 客房室内净高应符合下列规定：

1）客房居住部分净高，当设空调时不应低于 2.40m；不设空调时不应低
于 2.60m；

2）利用坡屋顶内空间作为客房时，应至少有 8m² 面积的净高不低
于 2.40m；

3）卫生间净高不应低于 2.20m；

4）客房层公共走道及客房内走道净高不应低于 2.10m。

4. 客房部分走道应符合下列规定：

1）单面布房的公共走道净宽不得小于 1.30m，双面布房的公共走道净宽
不得小于 1.40m；

2）客房内走道净宽不得小于 1.10m；

3）无障碍客房走道净宽不得小于 1.50m；

4）对于公寓式旅馆建筑，公共走道、套内入户走道净宽不宜小于
1.20m；通往卧室、起居室（厅）的走道净宽不应小于 1.00m；通往厨房、卫
生间、贮藏室的走道净宽不应小于 0.90m。

5. 对于旅客就餐的自助餐厅（咖啡厅）座位数，一级、二级商务旅馆建
筑可按不低于客房间数的 20% 配置，三级及以上的商务旅馆建筑可按不低于
客房间数的 30% 配置；一级、二级的度假旅馆建筑可按不低于房间间数的
40% 配置，三级及以上的度假旅馆建筑可按不低于客房间数的 50% 配置；餐
厅人数，一级至三级旅馆建筑的中餐厅、自助餐厅（咖啡厅）宜按 1.0～
1.2m²/人计；四级和五级旅馆建筑的自助餐厅（咖啡厅）、中餐厅宜按 1.5～
2m²/人计；特色餐厅、外国餐厅、包房宜按 2.0～2.5m²/人计。

6. 宴会厅、多功能厅的人数宜按 1.5～2.0m²/人计；会议室的人数宜按 1.2～1.8m²/人计。

4.1.9 商业建筑

4.1.9.1 商店建筑

1. 商店建筑的规模应按单项建筑内的商店总建筑面积进行划分，并应符合表 4-1-19 的规定。

商店建筑的规模划分 表 4-1-19

规模	小型	中型	大型
总建筑面积	<5000m²	5000～20000m²	>20000m²

2. 营业厅的净高应按其平面形状和通风方式确定，并应符合表 4-1-20 的规定。

营业厅的净高 表 4-1-20

通风方式	自然通风			机械排风和自然通风相结合	空气调节系统
	单面开窗	前面敞开	前后开窗		
最大进深与净高比	2:1	2.5:1	4:1	5:1	—
最小净高(m)	3.20	3.20	3.50	3.50	3.00

营业厅净高应按楼地面至吊顶或楼板底面障碍物之间的垂直高度计算。

3. 自选营业厅的面积可按每位顾客 1.35m² 计，当采用购物车时，应按 1.70m²/人计。

4.1.9.2 饮食建筑

1. 用餐区域每座最小使用面积宜符合表 4-1-21 的规定。

用餐区域每座最小使用面积（m²/座） 表 4-1-21

分类	餐馆	快餐店	饮品店	食堂
指标	1.3	1.0	1.5	1.0

2. 厨房区域和食品库房面积之和与用餐区域面积之比宜符合表 4-1-22 的规定。

厨房区域和食品库房面积之和与用餐区域面积之比 表 4-1-22

分类	建筑规模	厨房区域和食品库面积之和与用餐区域面积之比
餐馆	小型	≥1:2.0
	中型	≥1:2.2
	大型	≥1:2.5
	特大型	≥1:3.0
快餐店、饮品店	小型	≥1:2.5
	中型及中型以上	≥1:3.0

分类	建筑规模	厨房区域和食品库面积之和与用餐区域面积之比
食堂	小型	厨房区域和食品库面积之和不小于30m²
	中型	厨房区域和食品库面积之和不小于30m²的 基础上按照服务100人以上每增加1人增加0.3m²
	大型及特 大型	厨房区域和食品库面积之和不小于300m²的基础 上按照服务1000人以上每增加1人增加0.3m²

3. 用餐区域的室内净高不宜低于2.6m，设集中空调时，室内净高不应低于2.4m；设置夹层的用餐区域，室内净高最低处不应低于2.4m。

4. 厨房区域各类加工制作场所的室内净高不宜低于2.5m。

4.1.10 居住类建筑

4.1.10.1 宿舍建筑

1. 宿舍居室按其使用要求分为五类，各类居室的人均使用面积不宜小于表4-1-23的规定。

居室类型及相关指标   表4-1-23

类型		1类	2类	3类	4类	5类
每室居住人数（人）		1	2	3~4	6	≥8
人均使用面积 （m²/人）	单层床、高架床	16	8	6	—	—
	双层床	—	—	—	5	4
储藏空间		立柜、壁柜、吊柜、书架				

注：① 本表中面积不含居室内附设卫生间和阳台面积。
② 5类宿舍以8人为宜，不宜超过16人。
③ 残疾人居室面积宜适当放大，居住人数一般不宜超过4人，房间内应留有直径不小于1.5m的轮椅回转空间。

2. 居室应有储藏空间，每人净储藏空间宜为0.50m³~0.80m³。

3. 公用厕所及公用盥洗室与最远居室的距离不应大于25m。

4. 居室内的附设卫生间，其使用面积不应小于2m²。设有淋浴设备或2个坐（蹲）便器的附设卫生间，其使用面积不宜小于3.5m²。4人以下设1个坐（蹲）便器，5~7人宜设置2个坐（蹲）便器，8人以上不宜附设卫生间。3人以上居室内附设卫生间的厕位和淋浴宜设隔断。

5. 宿舍建筑内的主要出入口处宜设置附设卫生间的管理室，其使用面积不应小于10m²。

6. 宿舍建筑内宜在主要出入口处设置会客空间，其使用面积不宜小于12m²；设有门禁系统的门厅，不宜小于15m²。

7. 宿舍建筑内的公共活动室（空间）宜每层设置，人均使用面积宜为0.30m²，公共活动室（空间）的最小使用面积不宜小于30m²。

8. 居室采用单层床时，层高不宜低于 2.80m，净高不应低于 2.60m；采用双层床或高架床时，层高不宜低于 3.60m，净高不应低于 3.40m。

9. 辅助用房的净高不宜低于 2.50m。

10. 宿舍建筑内设有公用厨房时，其使用面积不应小于 6m²。

11. 宿舍宜设阳台，阳台进深不宜小于 1.20m。

4.1.10.2　老年人建筑

1. 老年人居住建筑的公用走廊的净宽不应小于 1.20m。当走廊净宽小于 1.50m 时，应在走廊中设置直径不小于 1.50m 的轮椅回转空间，轮椅回转空间设置间距不宜超过 20m，且宜设置在户门处。

2. 老年人住宅的套型使用面积，由卧室、起居室（厅）、厨房和卫生间等组成的老年人住宅套型，其使用面积不应小于 35m²；由兼起居的卧室、厨房和卫生间等组成的老年人住宅套型，其使用面积不应小于 27m²。

3. 由兼起居的卧室、电炊操作台和卫生间等组成的老年人公寓套型使用面积不应小于 23m²。

4. 卧室的使用面积，双人卧室不应小于 12m²；单人卧室不应小于 8m²；兼起居的卧室不应小于 15m²。

5. 起居室（厅）的使用面积不应小于 10m²，起居室（厅）内布置家具的墙面直线长度宜大于 3m。

6. 厨房的使用面积应符合下列规定：由卧室、起居室（厅）、厨房和卫生间等组成的老年人住宅套型的厨房使用面积不应小于 4.5m²；由兼起居的卧室、厨房和卫生间等组成的老年人住宅套型的厨房使用面积不应小于 4.0m²。

7. 厨房操作案台长度不应小于 2.1m，电炊操作台长度不应小于 1.2m，操作台前通行净宽不应小于 0.90m。

8. 供老年人使用的卫生间应至少配置坐便器、洗浴器、洗面器三件卫生洁具。三件卫生洁具集中配置的卫生间使用面积不应小于 3.0m²，并应满足轮椅使用。

9. 老年人居住建筑过道的净宽不应小于 1.0m。

4.2　朝向、日照、采光和通风的要求

建筑的朝向、日照、采光和通风既关系到建筑内使用人员的健康，又关系到建筑能耗的大小。建筑设计应结合实际地形充分考虑建筑的朝向、日照、采光和通风方面的要求。建筑应具有能获得良好日照、天然采光、自然通风等的基地环境条件。应使建筑的大多数房间或重要房间布置在有良好日照、天然采光、自然通风和景观的部位。建筑间距应满足建筑用房天然采光的要

求，对有私密性要求的房间，应防止视线干扰。有具体日照标准的建筑应符合相关标准的要求，并应执行当地城市规划行政主管部门制定的相应的建筑间距规定。

建筑的朝向、日照、采光和通风是相互联系的，好的朝向是获得充足日照、天然采光、自然通风的前提条件。

4.2.1 建筑朝向

建筑的朝向宜采用南北向或接近南北向，主要房间宜避开冬季主导风向。

宿舍多数居室应有良好的朝向。温暖地区、炎热地区的生活用房应避免朝西，否则应设遮阳设施。居住建筑中的居室不应布置在地下室内，当布置在半地下室时，必须对采光、通风、日照、防潮、排水及安全防护采取措施。

建筑总平面的布置和设计，宜利用冬季日照并避开冬季主导风向，夏季利用自然通风。建筑的主朝向宜选择本地区最佳朝向或接近最佳朝向(图 4-2-1)。

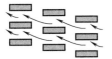

行列式布置，前后错开，便于气流插入间距内，使越过的气流路线较实际间距长，这对高而长的建筑群是有利的

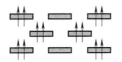

建筑群内建筑物的朝向若均朝向夏季主导风向时，将其错开排列，相当于加大了房屋的间距，可以减少风量的衰减

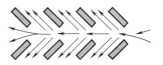

斜向布置导流好，形成了风的进口小出口大，可以加大流速，如建筑物的窗口再组织好导流，则有利于自然通风

冬季比较寒冷的地区须综合考虑，既要夏季的良好通风，又要冬季阻挡寒风侵入建筑群

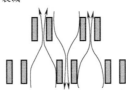

建筑物平行于夏季主导风向时，房屋间距排成宽窄不同相互错开，形成进风口小，出风口大，可加大流速

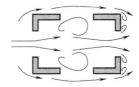

封闭式的布置，风的出口小，流速减弱，院内形成较大涡流，使大量房屋处于两面负压状态，通风不良

图 4-2-1 建筑总平面考虑朝向及通风示例

朝向选择的原则是冬季能获得足够的日照并避开主导风向，夏季能利用自然通风并防止太阳辐射。然而建筑的朝向、方位以及建筑总平面设计应考虑多方面的因素，尤其是公共建筑受到社会历史文化、地形、城市规划、道路、环境等条件的制约，要想使建筑物的朝向对夏季防热、冬季保温都很理想是有困难的。因此，只能权衡各个因素之间的得失轻重，通过多方面的因素分析、优化建筑的规划设计，采用本地区建筑最佳朝向或适宜的朝向，尽量避免东西向日晒。

4.2.2 居住建筑的日照标准

建筑应充分利用天然光，创造良好光环境和节约能源。建筑日照标准与建筑所在地区所属的气候区有很大关系。日照标准指根据建筑物所处的气候区、城市大小和建筑物的使用性质确定的，在规定的日照标准日（冬至日或大寒日）的有效日照时间范围内，以底层窗台面为计算起点的建筑外窗获得的日照时间（图 4-2-2）。

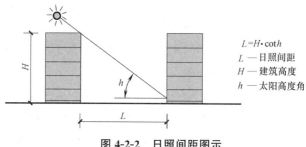

图 4-2-2　日照间距图示

1. 住宅日照标准应符合（表 4-2-1）的规定；

1）老年人居住建筑日照标准不应低于冬至日日照时数 2h；

2）在原设计建筑外增加任何设施不应使相邻住宅原有日照标准降低，既有住宅建筑进行无障碍改造加装电梯除外；

3）旧区改建项目内新建住宅建筑日照标准不应低于大寒日日照时数 1h。

住宅建筑日照标准　　　　　　　　　表 4-2-1

建筑气候区划	Ⅰ、Ⅱ、Ⅲ、Ⅶ气候区		Ⅳ气候区		Ⅴ、Ⅵ气候区
城区常住人口（万人）	≥50	<50	≥50	<50	无限定
日照标准日	大寒日				冬至日
日照时数（h）	≥2		≥3		≥1
有效日照时间带（当地真太阳时）	8～16 时			9～15 时	
计算起点	底层窗台面				

注：底层窗台面是指距室内地坪 0.9m 高的外墙位置。

2. 每套住宅应至少有一个居住空间能获得冬季日照。

3. 宿舍半数以上的居室，应获得同住宅居住空间相等的日照标准。

4. 老年人住宅、残疾人住宅的卧室、起居室，医院、疗养院半数以上的病房和疗养室，中小学半数以上的普通教室应能获得冬至日不小于 2h 的日照标准。

4.2.3 公共建筑的采光设计

建筑应尽可能利用天然采光，建筑间距应满足建筑用房天然采光的要求，并应防止视线干扰。各类建筑应进行采光标准的计算。

1. 采光系数

1）建筑采光以采光系数作为采光设计的数量指标。室内某一点的采光系数，可按规范规定的方法计算得出。计算出的采光系数值与所在地区的采光系数标准值乘以相应地区的光气候系数的值进行比较，就可以知道该建筑的自然采光情况。

2）采光系数标准值的选取应符合下列规定：侧面采光应取采光系数的最低值；顶部采光应取采光系数的平均值；对兼有侧面采光和顶部采光的房间，可将其简化为侧面采光区和顶部采光区，并分别取采光系数的最低值和采光系数的平均值。

3）视觉作业场所工作面上的采光系数标准值，应符合规范的规定。

4）光气候区的光气候系数应按规范提供的数据采用。

2. 采光质量

1）采光均匀度：工作面上采光系数的最低值与平均值之比，不应小于0.7。

2）采光设计时应采取下列减小窗眩光的措施，作业区应减少或避免直射阳光；工作人员的视觉背景不宜为窗口；为降低窗亮度或减少天空视域，可采用室内外遮挡设施；窗结构的内表面或窗周围的内墙面，宜采用浅色饰面。

3）采光设计应注意光的方向性，应避免对工作产生遮挡和不利的阴影，如对书写作业，天然光线应从左侧方向射入。白天天然光线不足而需补充人工照明的场所，补充的人工照明光源宜选择接近天然光色温的高色温光源。对于需识别颜色的场所，宜采用不改变天然光光色的采光材料。对于博物馆和美术馆建筑的天然采光设计，宜消除紫外辐射、限制天然光照度值和减少曝光时间。对具有镜面反射的观看目标，应防止产生反射眩光和影像。

3. 采光设计

在进行建筑方案设计时，为了简化设计过程，对于采光要求不是特别严格的建筑类型，采光窗洞口面积可按照各建筑类型对窗地面积比（简称为窗地比）的规定取值。而对于有严格采光要求的建筑类型应进行采光计算，以确定采光窗洞口的面积、形状和位置。

采用采光系数作为采光的评价指标，是因为它比用窗地面积比作为评价指标能更客观、准确地反映建筑采光的状况，因为采光情况除窗洞口外，还受诸多因素的影响，窗洞口大，并非一定比窗洞口小的房间采光好；比如一个室内表面为白色的房间比装修前的采光系数就能高出一倍，这说明建筑采光的好坏是由采光有关的各个因素决定的，在建筑采光设计时应进行采光计算，窗地面积比只能作为在建筑方案设计时对采光进行的估算。

4.2.4 各类型建筑的日照和采光要求

4.2.4.1 文教建筑

1. 托儿所、幼儿园建筑

1）托儿所、幼儿园的活动室、寝室及具有相同功能的区域，应布置在当地最好朝向，冬至日底层满窗日照不应小于3h。需要获得冬季日照的婴幼儿生活用房窗洞开口面积不应小于该房间面积的20%。

2）夏热冬冷、夏热冬暖地区的幼儿生活用房不宜朝西向；当不可避免时，应采取遮阳措施。

3）托儿所、幼儿园的生活用房、服务管理用房和供应用房中的厨房等均应有直接天然采光，其采光系数标准值和窗地面积比应符合表4-2-2的规定。

采光系数标准值和窗地面积比　　　　　　　　　表 4-2-2

采光等级	场所名称	采光系数标准值(%)	窗地面积比
Ⅲ	活动室、寝室	3.0	1/5
	多功能活动室	3.0	1/5
	办公室、保健观察室	3.0	1/5
	睡眠区、活动区	3.0	1/5
Ⅴ	卫生间	1.0	1/10
	楼梯间、走廊	1.0	1/10

2. 中小学建筑

1）普通教室冬至日满窗日照不应少于2h。中小学校至少应有1间科学教室或生物实验室的室内能在冬季获得直射阳光。

2）普通教室、科学教室、实验室、史地、计算机、语言、美术、书法等专用教室及合班教室、图书室均应以自学生座位左侧射入的光为主。教室为南向外廊式布局时，应以北向窗为主要采光面。

3）各类教室、阅览室、实验室、室内活动室、办公室的窗地比均不应小于1/5。

3. 文化馆建筑

1）文化馆各类用房的采光应符合现行国家标准《建筑采光设计标准》的有关规定。

2）文化馆设置儿童、老年人的活动用房时，应布置在三层及三层以下，且朝向良好和出入安全、方便的位置。

3）排演用房、报告厅、展览陈列用房、图书阅览室、教学用房、音乐、美术工作室等应按不同功能要求设置相应的外窗遮光设施。

4）美术教室应为北向或顶部采光，并应避免直射阳光；人体写生的美术教室，应采取遮挡外界视线的措施。

5）阅览室应光线充足，照度均匀，并应避免眩光及直射光。

6）文艺创作室应设在适合自然采光的朝向，且外窗应设有遮光设施。

7）资料储藏用房的外墙不得采用跨层或跨间的通长窗，其外墙的窗墙比不应大于 1/10。

4.2.4.2 馆藏类建筑

1. 图书馆建筑

1）阅览室（区）应光线充足、照度均匀。

2）珍善本书、舆图、音像资料和电子阅览室的外窗均应有遮光设施。

3）书库的平面布局和书架排列应有利于天然采光和自然通风，并应缩短书刊取送距离。

4）陈列厅宜采光均匀，并应防止阳光直射和眩光。

5）装裱、修整室室内应光线充足、宽敞，并应配备机械通风装置。

6）图书馆各类用房或场所的天然采光标准值不应小于（表 4-2-3）中的规定。

图书馆各类用房或场所的天然采光标准值　　　　　表 4-2-3

用房或场所	采光等级	侧面采光			顶部采光		
		采光系数标准值（%）	天然光照度标准值（lx）	窗地面积比（A_c/A_d）	采光系数标准值（%）	天然光照度标准值（lx）	窗地面积比（A_c/A_d）
阅览室、开架书库、行政办公、会议室、业务用房、咨询服务、研究室	Ⅲ	3	450	1/5	2	300	1/10
检索空间、陈列厅、特种阅览室、报告厅	Ⅳ	2	300	1/6	1	150	1/13
基本书库、走廊、楼梯间、卫生间	Ⅴ	1	150	1/10	0.5	75	1/23

7）图书馆建筑各类用房或场所照明设计标准值应符合表 4-2-4 的规定。

图书馆建筑各类用房或场所照明设计标准值　　　　　表 4-2-4

房间或场所	参考平面及其高度	照度标准值（lx）	统一眩光值 UGR	一般显色指数 R_a	照明功率密度（W/m²）
普通阅览室、少年儿童阅览室	0.75 水平面	300	19	80	9
国家、省级图书馆的阅览室	0.75 水平面	500	19	80	15
特种阅览室	0.75 水平面	300	19	80	9
珍本阅览室、舆图阅览室	0.75 水平面	500	19	80	15
门厅、陈列室、目录厅、出纳厅	0.75 水平面	300	19	80	9
书库	0.25 水平面	50	—	80	—
工作间	0.75 水平面	300	19	80	9
典藏间、美工室、研究室	0.75 水平面	300	19	80	9

2. 档案馆建筑

1) 档案库内档案装具布置应成行垂直于有窗的墙面。档案装具间的通道应与外墙采光窗相对应，当无窗时，应与管道通风孔开口方向相对应。

2) 阅览室自然采光的窗地面积比不应小于 1/5；应避免阳光直射和眩光，窗宜设遮阳设施。

3) 缩微阅览室应避免阳光直射；宜采用间接照明，阅览桌上应设局部照明。

4) 冲洗处理室应严密遮光。

5) 档案库、档案阅览、展览厅及其他技术用房应防止日光直接射入，并应避免紫外线对档案、资料的危害。档案库、档案阅览、展览厅及其他技术用房的人工照明应选用紫外线含量低的光源。当紫外线含量超过 75μW/lm 时，应采取防紫外线的措施。

4.2.4.3 办公建筑

1. 办公室应有自然采光，会议室宜有自然采光。

2. 办公用房宜有良好的天然采光和自然通风，并不宜布置在地下室。办公室宜有避免西晒和眩光的措施。不利朝向的外窗应采取合理的建筑遮阳措施。

3. 陈列室应根据使用要求设置。专用陈列室应进行专项照明设计，避免阳光直射及眩光，外窗宜设遮光设施。

4. 档案和资料查阅间、图书阅览室应光线充足、通风良好，避免阳光直射及眩光。

5. 办公建筑的采光标准可采用窗地面积比进行估算，其比值应符合表 4-2-5 的规定。

办公建筑的采光标准窗地面积比估算表　　　　表 4-2-5

采光等级	房间类别	侧面采光	顶部采光
		窗地面积比 (A_c/A_d)	窗地面积比 (A_c/A_d)
II	设计室、绘图室	1/4	1/8
III	办公室、会议室	1/5	1/10
IV	复印室、档案室	1/6	1/13
V	走道、楼梯间、卫生间	1/10	1/23

4.2.4.4 医疗建筑

1. 综合医院建筑

1) 门诊、急诊和病房应充分利用自然通风和天然采光。

2) 病房建筑的前后间距应满足日照和卫生间距要求，且不宜小于 12m。

3) 50% 以上的病房日照应符合现行国家标准的有关规定。

4) 手术室可采用天然光源或人工照明,当采用天然光源时,窗洞口面积与地板面积之比不得大于 1/7,并应采取遮阳措施。

2. 疗养院建筑

1) 疗养室应能获得良好的朝向、日照,建筑间距不宜小于 12m。

2) 疗养、理疗、医技门诊、公共活动用房应有良好的自然通风和采光,其主要功能房间窗地比不宜小于表 4-2-6 的规定。

疗养院建筑主要功能房间窗地比　　　　表 4-2-6

主要功能房间名称	窗地比
疗养员活动室、换药室	1/4～1/5
疗养室、调剂制剂室、医护办公室、治疗、诊断、检验等用房	1/5～1/6
理疗用房(不包括水疗和泥疗)、公共活动室	1/6～1/7

4.2.4.5　交通类建筑

1. 交通客运站建筑

候乘厅宜利用自然采光和自然通风,并应满足采光、通风和卫生要求,其外窗窗地面积比应符合现行国家标准《建筑采光设计标准》的规定,可开启面积应符合《公共建筑节能设计标准》的有关规定。

售票厅应有良好的自然采光和自然通风,其窗地面积比应符合现行国家标准《建筑采光设计标准》的规定。

2. 铁路旅客站

利用自然采光和通风的候车区(室),其室内净高宜根据高跨比确定,并不宜小于 3.6m。

窗地比不应小于 1/6,上下窗宜设开启扇,并应有开闭设施。

售票厅应有良好的自然采光和自然通风条件。

4.2.4.6　旅馆建筑

1. 旅馆建筑总平面应根据当地气候条件、地理特征等进行布置。建筑布局应有利于冬季日照和避风,夏季减少得热和充分利用自然通风。

2. 公寓式旅馆建筑客房中的卧室及采用燃气的厨房或操作间应直接采光、自然通风。

3. 旅馆建筑室内应充分利用自然光,客房宜有直接采光,走道、楼梯间、公共卫生间宜有自然采光和自然通风。

4. 自然采光房间的室内采光应符合现行国家标准《建筑采光设计标准》的规定。

4.2.4.7　饮食建筑

饮食建筑的用餐区域采光、通风应良好。天然采光时,侧面采光窗洞口面积不宜小于该厅地面面积的 1/6。厨房区域加工间天然采光时,其侧面采光窗洞口面积不宜小于地面面积的 1/6。

饮食建筑食品库房天然采光时，窗洞面积不宜小于地面面积的 1/10。饮食建筑食品库房自然通风时，通风开口面积不应小于地面面积的 1/20。

4.2.4.8 居住类建筑

1. 老年人建筑

1）老年人居室和主要用房应充分利用天然采光，并不应低于现行国家标准《住宅设计规范》的规定。

2）老年人居住建筑公共空间应设置人工照明。公共空间和套内的照明设施应合理选择照明方式、光源和灯具，避免造成眩光。

2. 宿舍建筑

宿舍半数以上居室应有良好朝向，并应具有住宅居室相同的日照标准。宿舍建筑室内采光标准见表 4-2-7。

宿舍建筑室内采光标准　　　　　表 4-2-7

房间名称	侧面采光时窗地比
居室	1/1
楼梯间	1/12
公共卫生间、公共浴室	1/10

4.2.5 建筑通风

1. 建筑群的规划、建筑物的平面布置均应有利于自然通风。建筑物朝向宜采用南北向或接近南北向，主要房间宜避开冬季主导风向。

2. 建筑物应根据使用功能和室内环境要求设置与室外空气直接流通的外窗或洞口；当不能设置外窗和洞口时，应另设置通风设施。采用直接自然通风的空间，其通风开口面积应符合下列规定：

1）生活、工作的房间的通风开口有效面积不应小于该房间地板面积的 1/20（图 4-2-3）；

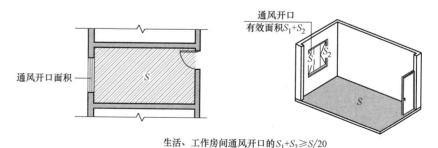

生活、工作房间通风开口的 $S_1+S_2 \geqslant S/20$

图 4-2-3　生活、工作房间通风开口示意图

2）厨房的通风开口有效面积不应小于该房间地板面积的 1/10，并不得小于 0.60m² （图 4-2-4）。

3. 严寒地区居住建筑中的厨房、厕所、卫生间应设自然通风道或通风换

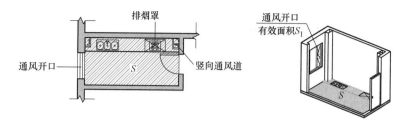

厨房通风开口通风开口的$S_1 \geqslant S/10$，且$S_1 \geqslant 0.6m^2$

图 4-2-4　厨房通风开口示意图

气设施。

　　4. 厨房、卫生间的门的下方应设进风固定百叶或留进风缝隙。

　　5. 自然通风道或通风换气装置的位置不应设于门附近。

　　6. 无外窗的浴室、厕所、卫生间应设机械通风换气设施。

　　7. 建筑内的公共卫生间宜设置机械排风系统。

4.3　隔声减噪设计

　　我国有关隔声减噪设计的规范和标准主要有两部：《建筑隔声评价标准》和《民用建筑隔声设计规范》。

　　《建筑隔声评价标准》主要技术内容是规定了将空气声隔声和撞击声隔声测量数据转换成单值评价量的方法，并根据按标准规定的方法确定的空气声隔声和撞击声隔声的单值评价量对建筑物和建筑构件的隔声性能进行了分级。

　　《民用建筑隔声设计规范》规定了住宅、学校、医院、旅馆、办公建筑及商业建筑等六类建筑中主要用房的隔声、吸声、减噪设计。其他类建筑中的房间，根据其使用功能，可采用规范的相应规定。

　　民用建筑隔声设计规范中的室内允许噪声级应采用 A 声级作为评价量。室内允许噪声级应为关窗状态下昼间和夜间时段的标准值。医院建筑中应开窗使用的房间，开窗时室内允许噪声级的标准值宜与关窗状态下室内允许噪声级的标准值相同。昼间和夜间时段所对应的时间分别为：昼间，6：00～22：00；夜间，22：00～6：00；或者按照当地人民政府的规定。

　　建筑的隔声减噪设计主要包括两个方面的内容：总平面防噪设计和建筑隔声减噪设计。建筑隔声减噪设计包括：测定室内允许噪声级是否符合规定和按照隔声标准（包括分户墙与楼板的空气声隔声标准以及楼板的撞击声隔声标准）设计墙体和楼板的隔声量。

4.3.1 总平面防噪设计

1. 在城市规划中，从功能区的划分、交通道路网的分布、绿化与隔离带的设置、有利地形和建筑物屏蔽的利用，均应符合防噪设计要求。住宅、学校、医院等建筑，应远离机场、铁路线、编组站、车站、港口、码头等存在显著噪声影响的设施。

2. 新建居住小区临交通干线、铁路线时，宜将对噪声不敏感的建筑物作为建筑声屏障，排列在小区外围。交通干线、铁路线旁边，噪声敏感建筑物的声环境达不到现行国家标准《声环境质量标准》的规定时，可在噪声源与噪声敏感建筑物之间采取设置声屏障等隔声措施。交通干线不应贯穿小区（图4-3-1）。

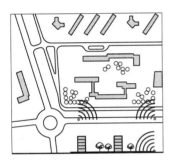  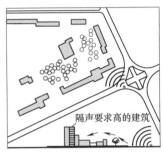

面临干道的建筑物可适当后退，使其远离声源。并利用树木、绿荫、围墙等减弱噪声干扰。

尽可能不采用封闭式庭院及周边式街坊的平面布置，以避免互相干扰，对降低噪声不利。

将隔声要求高的建筑物，远离干道布置，而将隔声要求低的建筑物布置在周围，使其形成隔声的"障壁"。

图 4-3-1　小区规划防噪声措施

3. 产生噪声的建筑服务设备等噪声源的设置位置、防噪设计，应按下列规定：

1) 锅炉房、水泵房、变压器室、制冷机房宜单独设置在噪声敏感建筑之外。住宅、学校、医院、旅馆、办公等建筑所在区域内有噪声源的建筑附属设施，其设置位置应避免对噪声敏感建筑物产生噪声干扰，必要时应作防噪处理。区内不得设置未经有效处理的强噪声源。

2) 确需在噪声敏感建筑物内设置锅炉房、水泵房、变压器室、制冷机房时，若条件许可，宜将噪声源设置在地下，但不宜毗邻主体建筑或设在主体建筑下。并且应采取有效的隔振、隔声措施。

3) 冷却塔、热泵机组宜设置在对噪声敏感建筑物噪声干扰较小的位置。当冷却塔、热泵机组的噪声在周围环境超过现行国家标准《声环境质量标准》的规定时，应对冷却塔、热泵机组采取有效地降低或隔离噪声措施。冷却塔、热泵机组设置在楼顶或裙房顶上时，还应采取有效的隔振措施。

4. 在进行建筑设计前，应对环境及建筑物内外的噪声源作详细的调查与测定，并应对建筑物的防噪间距、朝向选择及平面布置等作综合考虑，仍不能达到室内安静要求时，应采取建筑构造上的防噪措施。

5. 安静要求较高的民用建筑，宜设置于本区域主要噪声源夏季主导风向的上风侧。

4.3.2 室内允许噪声级

规范中的室内允许噪声级应采用 A 声级作为评价量。室内允许噪声级应为关窗状态下昼间和夜间时段的标准值。医院建筑中应开窗使用的房间，开窗时室内允许噪声级的标准值宜与关窗状态下室内允许噪声级的标准值相同。昼间和夜间时段所对应的时间分别为：昼间，6：00～22：00；夜间，22：00～6：00。

1. 住宅建筑

卧室、起居室（厅）内的噪声级，应符合表 4-3-1 的规定。

卧室、起居室（厅）内的允许噪声级 　　　　表 4-3-1

房间名称	允许噪声级（A 声级 dB）	
	昼间	夜间
卧室	≤45	≤37
起居室(厅)	≤45	

高要求住宅的卧室、起居室（厅）内的噪声级，应符合表 4-3-2 的规定。

高要求卧室、起居室（厅）内的允许噪声级 　　　　表 4-3-2

房间名称	允许噪声级（A 声级 dB）	
	昼间	夜间
卧室	≤40	≤30
起居室(厅)	≤40	

2. 学校建筑

学校建筑中各种教学用房内的噪声级，应符合表 4-3-3 的规定。

学校建筑中各种教学用房内的允许噪声级 　　　　表 4-3-3

房间名称	允许噪声级（A 声级 dB）
语言教室,阅览室	≤40
普通教室、实验室、计算机房	≤45
音乐教室、琴房	≤45
舞蹈教室	≤50

学校建筑中教学辅助用房内的噪声级，应符合表 4-3-4 的规定。

3. 医院建筑

医院主要房间内的噪声级，应符合表 4-3-5 的规定。

学校建筑中各种教学辅助用房内的允许噪声级　　　表 4-3-4

房间名称	允许噪声级（A 声级 dB）
教师办公室、休息室、会议室	≤45
健身房	≤50
教学楼中封闭的走廊、楼梯间	≤50

医院主要房间内的允许噪声级　　　表 4-3-5

房间名称	允许噪声级（A 声级 dB）			
	高要求标准		低限标准	
	昼间	夜间	昼间	夜间
病房、医护人员休息室	≤40	≤35	≤45	≤40
各种重症监护室	≤40	≤35	≤45	≤40
诊室	≤40		≤45	
手术室、分娩室	≤40		≤45	
洁净手术室	—		≤50	
人工生殖中心净化区	—		≤40	
听力测试室	—		≤25	
化验室、分析实验室	—		≤40	
入口大厅、候诊厅	≤50		≤55	

4. 旅馆建筑

旅馆建筑各房间内的噪声级，应符合表 4-3-6 的规定。

旅馆建筑各房间内的允许噪声级　　　表 4-3-6

房间名称	允许噪声级（A 声级 dB）					
	特级		一级		二级	
	昼间	夜间	昼间	夜间	昼间	夜间
客厅	≤35	≤30	≤40	≤35	≤45	≤40
办公室、会议室	≤40		≤45		≤45	
多用途厅	≤40		≤45		≤50	
餐厅、宴会厅	≤45		≤50		≤55	

5. 办公建筑

办公室、会议室内的噪声级，应符合表 4-3-7 的规定。

办公室、会议室内的允许噪声级　　　表 4-3-7

房间名称	允许噪声级（A 声级 dB）	
	高要求标准	低限标准
单人办公室	≤35	≤40
多人办公室	≤40	≤45
电视电话会议室	≤35	≤40
普通会议室	≤40	≤45

6. 商业建筑

商业建筑各房间内空场时的噪声级，应符合表 4-3-8 的规定。

商业建筑各房间内空场时的允许噪声级　　　　表 4-3-8

房间名称	允许噪声级（A 声级 dB）	
	高要求标准	低限标准
商场、商店、购物中心、会展中心	≤50	≤55
餐厅	≤45	≤55
员工休息室	≤40	≤45
走廊	≤50	≤60

4.3.3 隔声标准

在进行建筑设计时，我们不可能也没有必要完全消除噪声，设计只是将噪声控制在对人的身心健康无害和不影响正常工作生活的范围内，因此规范规定了住宅、学校、医院、旅馆等四类建筑的分户墙与楼板的空气声隔声标准以及楼板的撞击声隔声标准表 4-3-9～表 4-3-11。

分户墙与楼板的空气声：指同层相邻房间和上下层相邻房间通过空气传来的噪声。

楼板的撞击声：在楼板上撞击引起的噪声，脚步和搬动家具声是最常听到的楼板撞击声。

住宅、学校、医院、旅馆四类建筑不同房间围护结构的空气声隔声标准　　表 4-3-9

建筑类别	围护结构部位	空气声隔声单值评价量＋频谱修正量（dB）		
住宅	分户墙与楼板	>45		
	分隔住宅和非居住用途空间的楼板	>51		
学校	语言教室、阅览室的隔墙与楼板	>50		
	普通教室与各种产生噪声的房间之间的隔墙与楼板	>50		
	普通教室之间的隔墙与楼板	>45		
医院		高要求标准	低限标准	
	病房与产生噪声的房间之间的隔墙、楼板	>55	>50	
	手术室与产生噪声的房间之间的隔墙、楼板	>50	>45	
	病房之间及病房、手术室与普通房间之间的隔墙、楼板	>50	>45	
	诊室之间的隔墙、楼板	>45	>40	
	听力测听室的隔墙、楼板	—	>50	
旅馆		特级	一级	二级
	客房之间的隔墙、楼板	>50	>45	>40
	客房与走廊之间隔墙	>45	>45	>40
	客房外墙（包含窗）	>40	>35	>30

住宅、学校、医院、旅馆四类建筑楼板的撞击声隔声标准   表 4-3-10

建筑类别	楼板部位		撞击声隔声单值评价量(dB)	
住宅	卧室、起居室(厅)的分户楼板		≤75	
学校			计权规范化撞击声压级	计权标准化撞击声压级
	语言教室、阅览室与上层房间之间的楼板		<65	≤65
	普通教室、实验室、计算机房与上层产生噪声的房间之间的楼板		<65	≤65
	琴房、音乐教室之间的楼板		<65	≤65
	普通教室之间楼板		<75	≤75
医院			高要求标准	低限标准
	病房、手术室与上层房间之间的楼板	计权规范化撞击声压级	<65	<75
		计权标准化撞击声压级	≤65	≤75
	听力测听室与上层房间之间的楼板	计权标准化撞击声压级	—	≤60

建筑类别	楼板部位		特级	一级	二级
旅馆	客房层间客房与有振动房间之间	计权规范化撞击声压级	<55	<65	<75
		计权标准化撞击声压级	≤55	≤65	≤75

声学指标等级与旅馆建筑等级的对应关系   表 4-3-11

声学指标的等级	旅馆建筑的等级
特级	五星级以上旅游饭店及同档次旅馆建筑
一级	三、四星级旅游饭店及同档次旅馆建筑
二级	其他档次的旅馆建筑

4.3.4 隔声减噪设计

4.3.4.1 住宅建筑隔声减噪设计

1. 与住宅建筑配套而建的停车场、儿童游戏场或健身活动场地的位置选择，应避免对住宅产生噪声干扰。

2. 当住宅建筑位于交通干线两侧或其他高噪声环境区域时，应根据室外环境噪声状况及室内允许噪声级，确定住宅防噪措施和设计具有相应隔声性能的建筑围护结构（包括墙体、窗、门等构件）。

3. 在选择住宅建筑的体形、朝向和平面布置时，应充分考虑噪声控制的要求，并应符合下列规定：

1) 在住宅平面设计时，应使分户墙两侧的房间和分户楼板上下的房间属于同一类型。

2) 宜使卧室、起居室（厅）布置在背噪声源的一侧。

3）对进深有较大变化的平面布置形式，应避免相邻户的窗口之间产生噪声干扰。

4. 电梯不得紧邻卧室布置，也不宜紧邻起居室（厅）布置。受条件限制需要紧邻起居室（厅）布置时，应采取有效的隔声和减振措施。

5. 当厨房、卫生间与卧室、起居室（厅）相邻时，厨房、卫生间内的管道、设备等有可能传声的物体，不宜设在厨房、卫生间与卧室、起居室（厅）之间的隔墙上。对固定于墙上且可能引起传声的管道等物件，应采取有效的减振、隔声措施。主卧室内卫生间的排水管道宜做隔声包覆处理。

6. 水、暖、电、燃气、通风和空调等管线安装及洞处理应符合下列规定：

1）管线穿过楼板或墙体时，孔洞周边应采取密封隔声措施。

2）分户墙中所有电气插座、配电箱或嵌入墙内对墙体构造造成损伤的配套构件，在背对背设置时应相互错开位置，并应对所开的洞（槽）有相应的隔声封堵措施。

3）对分户墙上施工洞口或剪力墙抗震设计所开洞口的封堵，应采用满足分户墙隔声设计要求的材料和构造。

4）相邻两户间的排烟、排气通道，宜采取防止相互串声的措施。

7. 现浇、大板或大模等整体性较强的住宅建筑，在附着于墙体和楼板上可能引起传声的设备处和经常产生撞击、振动的部位，应采取防止结构声传播的措施。

8. 住宅建筑的机电服务设备、器具的选用及安装，应符合下列规定：

1）机电服务设备，宜选用低噪声产品，并应采取综合手段进行噪声与振动控制。

2）设置家用空调系统时，应采取控制机组噪声和风道、风口噪声的措施。预留空调室外机的位置时，应考虑防噪要求，避免室外机噪声对居室的干扰。

3）排烟、排气及给排水器具，宜选用低噪声产品。

9. 商住楼内不得设置高噪声级的文化娱乐场所，也不应设置其他高噪声级的商业用房。对商业用房内可能会扰民的噪声源和振动源，应采取有效的防治措施。

4.3.4.2　学校建筑隔声减噪设计

1. 位于交通干线旁的学校建筑，宜将运动场沿干道布置，作为噪声隔离带。产生噪声的固定设施与教学楼之间，应设足够距离的噪声隔离带。当教室有门窗面对运动场时，教室外墙至运动场的距离不应小于 25m（图 4-3-2）。

2. 教学楼内不应设置发出强烈噪声或振动的机械设备，其他可能产生噪

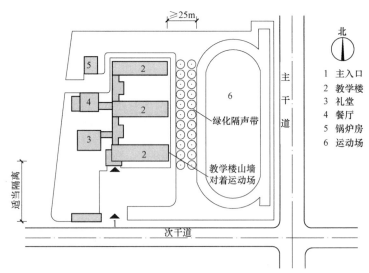

图 4-3-2　中小学校总平面布置防噪声措施

声和振动的设备应尽量远离教学用房，并采取有效的隔声、隔振措施。

3. 教学楼内的封闭走廊、门厅及楼梯间的顶棚，在条件允许时宜设置降噪系数（NRC）不低于 0.40 的吸声材料。

4. 各类教室内宜控制混响时间，避免不利反射声，提高语言清晰度。

5. 产生噪声的房间（音乐教室、舞蹈教室、琴房、健身房）与其他教学用房设于同一教学楼内时，应分区布置，并应采取有效的隔声和隔振措施（图 4-3-3）。

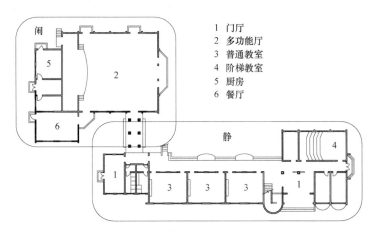

图 4-3-3　教学楼平面设计防噪声措施

4.3.4.3　医院建筑隔声减噪设计

1. 医院建筑的总平面设计，应符合下列规定：

1）综合医院的总平面布置，应利用建筑物的隔声作用。门诊楼可沿交通干线布置，但与干线的距离应考虑防噪要求。病房楼应设在内院（图 4-3-4）。

若病房楼接近交通干线，室内噪声级不符合标准规定时，病房不应设于临街一侧，否则应采取相应的隔声降噪处理措施（如临街布置公共走廊等）。

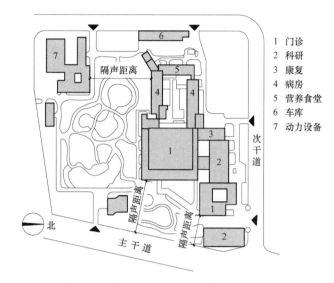

图 4-3-4　综合医院总平面布置防噪声措施

2）综合医院的医用气体站、冷冻机房、柴油发电机房等设备用房如设在病房大楼内时，应自成一区。

2. 临近交通干线的病房楼，在满足规范的基础上，还应根据室外环境噪声状况及规范规定的室内允许噪声级，设计具有相应隔声性能的建筑围护结构（包括墙体、窗、门等构件）。

3. 体外震波碎石室、核磁共振检查室不得与要求安静的房间毗邻，并应对其围护结构采取隔声和隔振措施。

4. 病房、医护人员休息室等要求安静房间的邻室及其上、下层楼板或屋面，不应设置噪声、振动较大的设备。当设计上难于避免时，应采取有效的噪声与振动控制措施。

5. 医生休息室应布置于医生专用区或设置门斗，避免护士站、公共走廊等公共空间人员活动噪声对医生休息室的干扰。

6. 对于病房之间的隔墙，当嵌入墙体的医疗带及其他配套设施造成墙体损伤并使隔墙的隔声性能降低时，应采取有效的隔声构造措施，并应符合规范规定。

7. 穿过病房围护结构的管道周围的缝隙，应密封。病房的观察窗，宜采用固定窗。病房楼内的污物井道、电梯井道不得毗邻病房等要求安静的房间。

8. 入口大厅、挂号大厅、候药厅及分科候诊厅（室）内，应采取吸声处理措施；其室内 500～1000Hz 混响时间不宜大于 2s。病房楼、门诊楼内走廊的顶棚，应采取吸声处理措施；吊顶所用吸声材料的降噪系数（NRC）不应小于 0.40。

9. 手术室应选用低噪声空调设备,必要时应采取降噪措施。手术室的上层,不宜设置有振动源的机电设备;当设计上难于避免时,应采取有效的隔振、隔声措施。

10. 听力测听室不应与设置有振动或强噪声设备的房间相邻。听力测听室应做全浮筑房中房设计(图 4-3-5),且房间入口设置声闸;听力测听室的空调系统应设置消声器。

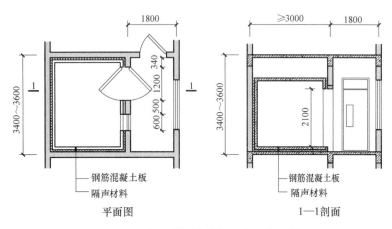

图 **4-3-5** 听力测听室全浮筑做法示意图

11. 诊室、病房、办公室等房间外的走廊吊顶内,不应设置有振动和噪声的机电设备。

12. 医院内的机电设备,如空调机组、通风机组、冷水机组、冷却塔、医用气体设备和柴油发电机组等设备,均应选用低噪声产品;并应采取隔振及综合降噪措施。

13. 在通风空调系统中,应设置消声装置,通风空调系统在医院各房间内产生的噪声应符合规范的规定。

4.3.4.4 旅馆建筑隔声减噪设计

1. 旅馆建筑的总平面设计应符合下列规定:

1)旅馆建筑的总平面布置,应根据噪声状况进行分区。

2)产生噪声或振动的设施应远离客房及其他要求安静的房间,并应采取隔声、隔振措施。

3)旅馆建筑中的餐厅不应与客房等对噪声敏感的房间在同一区域内。

4)可能产生强噪声和振动的附属娱乐设施不应与客房和其他有安静要求的房间设置在同一主体结构内,并应远离客房等需要安静的房间。

5)可能产生较大噪声并可能在夜间营业的附属娱乐设施应远离客房和其他有安静要求的房间,并应进行有效的隔声、隔振处理。

6)可能在夜间产生干扰噪声的附属娱乐房间,不应与客房和其他有安静要求的房间设置在同一走廊内。

7）客房沿交通干道或停车场布置时，应采取防噪措施，如采用密闭窗或双层窗；也可利用阳台或外廊进行隔声减噪处理。

8）电梯井道不应毗邻客房和其他有安静要求的房间。

2. 客房及客房楼的隔声设计，应符合下列规定：

1）客房之间的送风和排气管道，应采取消声处理措施，相邻客房间的空气声隔声性能应满足规范规定。

2）旅馆建筑内的电梯间，高层旅馆的加压泵、水箱间及其他产生噪声的房间，不应与需要安静的客房、会议室、多用途大厅等毗邻，更不应设置在这些房间的上部。确需设置于这些房间的上部时，应采取有效的隔振降噪措施。

3）走廊两侧配置客房时，相对房间的门宜错开布置。走廊内宜采用铺设地毯、安装吸声吊顶等吸声处理措施，吊顶所用吸声材料的降噪系数（NRC）不应小于 0.40（图 4-3-6）。

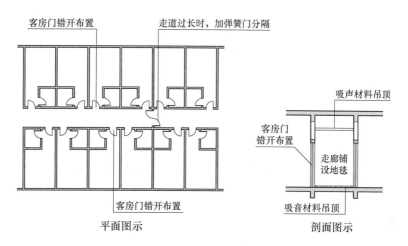

图 4-3-6　旅馆客房走廊防噪声措施示意图

4）相邻客房卫生间的隔墙，应与上层楼板紧密接触，不留缝隙。相邻客房隔墙上的所有电气插座、配电箱或其他嵌入墙里对墙体构造造成损伤的配套构件，不宜背对背布置，宜相互错开，并应对损伤墙体所开的洞（槽）有相应的封堵措施。

5）客房隔墙或楼板与玻璃幕墙之间的缝隙应使用有相应隔声性能的材料封堵，以保证整个隔墙或楼板的隔声性能满足标准要求；在设计玻璃幕墙时应为此预留条件。

6）当相邻客房橱柜采用"背靠背"布置，两个橱柜应使用满足隔声标准要求的墙体隔开。

3. 设有活动隔断的会议室、多用途厅，其活动隔断的空气声隔声性能应符合规定。

4.4　建筑热工设计

建筑热工设计主要包括建筑物及其围护结构的保温、隔热和防潮设计。保温和隔热设计又是其中的重点。提倡节约能耗已成为一项基本国策，因此在各项建设中越来越重视经济效益，保温和隔热设计也开始受到重视。建筑热工设计除了应满足保温隔热要求之外，还应经济合理，以取得最佳的技术经济效果。

4.4.1　建筑气候类型分区及设计要求

建筑热工设计应与地区气候相适应，建筑热工设计应按照我国气候类型分区进行设计。我国按照各地区气候特点将建筑热工设计区划分为两级。建筑热工设计一级区划分为严寒地区、寒冷地区、夏热冬冷地区、夏热冬暖地区、温和地区等五个建筑气候类型分区，各气候类型分区的气候特点及设计要求见表 4-4-1。

建筑热工设计一级区划指标及设计原则　　　　　　　　　　　表 4-4-1

分区名称	分区指标		热工设计要求
	主要指标	辅助指标	
严寒地区	最冷月平均温度≤−10℃	日平均温度≤5℃的天数≥145d	必须充分满足冬季保温要求，一般可不考虑夏季防热
寒冷地区	最冷月平均温度0～−10℃	日平均温度≤5℃的天数 90～145d	应满足冬季保温要求，部分地区兼顾夏季防热
夏热冬冷地区	最冷月平均温度0～10℃，最热月平均温度 25～30℃	日平均温度≤5℃的天数0～90d，日平均温度≥25℃的天数 40～110d	必须满足夏季防热要求，适当兼顾冬季保温
夏热冬暖地区	最冷月平均温度＞10℃，最热月平均温度 25～29℃	日平均温度≥25℃的天数 100～200d	必须充分满足夏季防热要求，一般可不考虑冬季保温
温和地区	最冷月平均温度0～13℃，最热月平均温度 18～25℃	日平均温度≤5℃的天数 0～90d	部分地区应考虑冬季保温，一般可不考虑夏季防热

建筑热工设计二级区划指标及设计要求应符合表 4-4-2 的规定。

建筑热工设计二级区划指标及设计要求　　　　　　　　　　　表 4-4-2

二级区划名称	区划指标	设计要求
严寒 A 区(1A)	$6000 \leqslant HDD18$	冬季保温要求极高，必须满足保温设计要求，不考虑防热设计
严寒 B 区(1B)	$5000 \leqslant HDD18 < 6000$	冬季保温要求非常高，必须满足保温设计要求，不考虑防热设计

二级区划名称	区划指标		设计要求
严寒 C 区（1C）	3800≤HDD18<5000		必须满足保温设计要求，可不考虑防热设计
寒冷 A 区（2A）	2000≤ HDD18 <3800	CDD26≤90	应满足保温设计要求，可不考虑防热设计
寒冷 B 区（2B）		CDD26>90	应满足保温设计要求，宜满足隔热设计要求，兼顾自然通风、遮阳设计
夏热冬冷 A 区（3A）	1200≤HDD18<2000		应满足保温、隔热设计要求，重视自然通风、遮阳设计
夏热冬冷 B 区（3B）	700≤HDD18<1200		应满足隔热、保温设计要求，强调自然通风、遮阳设计
夏热冬暖 A 区（4A）	500≤HDD18<700		应满足隔热设计要求，宜满足保温设计要求，强调自然通风、遮阳设计
夏热冬暖 B 区（4B）	HDD18<500		应满足隔热设计要求，可不考虑保温设计要求，强调自然通风、遮阳设计
温和 A 区（5A）	CDD26<10	700≤ HDD18 <2000	应满足冬季保温设计要求，可不考虑防热设计
温和 B 区（5B）		HDD18< 700	宜满足冬季保温设计要求，可不考虑防热设计

4.4.2 保温设计

1. 建筑外围护结构应具有抵御冬季室外气温作用和气温波动的能力，非透光外围护结构内表面温度与室内空气温度的差值应控制在规范允许的范围内。

2. 严寒、寒冷地区建筑设计必须满足冬季保温要求，夏热冬冷地区、温和 A 区建筑设计应满足冬季保温要求，夏热冬暖 A 区、温和 B 区宜满足冬季保温要求。

3. 建筑物的总平面布置、平面和立面设计、门窗洞口设置应考虑冬季利用日照并避开冬季主导风向。

4. 建筑物宜朝向南北或接近朝向南北，体形设计应减少外表面积，平、立面的凹凸不宜过多。

5. 严寒地区和寒冷地区的建筑不应设开敞式楼梯间和开敞式外廊，夏热冬冷 A 区不宜设开敞式楼梯间和开敞式外廊。

6. 严寒地区建筑出入口应设门斗或热风幕等避风设施，寒冷地区建筑出入口宜设门斗或热风幕等避风设施。

7. 外墙、屋面、直接接触室外空气的楼板、分隔采暖房间与非采暖房间的内围护结构等非透光围护结构应按规范要求进行保温设计。

8. 外窗、透光幕墙、采光顶等透光外围护结构的面积不宜过大，应降低透光围护结构的传热系数值、提高透光部分的遮阳系数值，减少周边缝隙的长度，且应按规范要求进行保温设计。

9. 日照充足地区宜在建筑南向设置阳光间，阳光间与房间之间的围护结构应具有一定的保温能力。

4.4.3　防热设计

1. 建筑外围护结构应具有抵御夏季室外气温和太阳辐射综合热作用的能力。自然通风房间的非透光围护结构内表面温度与室外累年日平均温度最高日的最高温度的差值，以及空调房间非透光围护结构内表面温度与室内空气温度的差值应控制在规范允许的范围内。

2. 夏热冬暖和夏热冬冷地区建筑设计必须满足夏季防热要求，寒冷B区建筑设计宜考虑夏季防热要求。

3. 建筑物防热应综合采取有利于防热的建筑总平面布置与形体设计、自然通风、建筑遮阳、围护结构隔热和散热、环境绿化、被动蒸发、淋水降温等措施。

4. 建筑朝向宜采用南北向或接近南北向，建筑平面、立面设计和门窗设置应有利于自然通风，避免主要房间受东、西向的日晒。

5. 建筑围护结构外表面宜采用浅色饰面材料，屋面宜采用绿化、涂刷隔热涂料、遮阳等隔热措施。

6. 建筑设计应综合考虑外廊、阳台、挑檐等的遮阳作用。建筑物的向阳面，东、西向外窗（透光幕墙），应采取有效的遮阳措施。

7. 房间天窗和采光顶应设置建筑遮阳，并宜采取通风和淋水降温措施。

8. 夏热冬冷、夏热冬暖和其他夏季炎热的地区，一般房间宜设置电扇调风改善热环境。

4.4.4　防潮设计

1. 建筑构造设计应防止水蒸气渗透进入围护结构内部，围护结构内部不应产生冷凝。

2. 建筑设计时，应充分考虑建筑运行时的各种工况，采取有效措施确保建筑外围护结构内表面温度不低于室内空气露点温度。

3. 围护结构防潮设计应遵循下列基本原则：

1）室内空气湿度不宜过高。

2）地面、外墙表面温度不宜过低。

3）可在围护结构的高温侧设隔汽层。

4）可采用具有吸湿、解湿等调节空气湿度功能的围护结构材料。

5）应合理设置保温层，防止围护结构内部冷凝。

6）与室外雨水或土壤接触的围护结构应设置防水（潮）层。

4. 夏热冬冷长江中、下游地区、夏热冬暖沿海地区建筑的通风口、外窗应可以开启和关闭。室外或与室外连通的空间，其顶棚、墙面、地面应采取防止返潮的措施或采用易于清洗的材料。

4.4.5 围护结构保温隔热措施

4.4.5.1 提高围护结构保温性能的措施

1. 提高墙体热阻值可采取下列措施：

1）采用轻质高效保温材料与砖、混凝土、钢筋混凝土、砌块等主墙体材料组成复合保温墙体构造。

2）采用低导热系数的新型墙体材料。

3）采用带有封闭空气间层的复合墙体构造设计。

2. 外墙宜采用热惰性大的材料和构造，提高墙体热稳定性可采取下列措施：

1）采用内侧为重质材料的复合保温墙体。

2）采用蓄热性能好的墙体材料或相变材料复合在墙体内侧。

3. 屋面保温设计应符合下列规定：

1）屋面保温材料应选择密度小、导热系数小的材料。

2）屋面保温材料应严格控制吸水率。

4. 门窗、幕墙、采光顶设计应符合下列规定：

1）严寒地区、寒冷地区建筑应采用木窗、塑料窗、铝木复合门窗、铝塑复合门窗、钢塑复合门窗和隔热铝合金门窗等保温性能好的门窗。严寒地区建筑采用隔热金属门窗时宜采用双层窗。夏热冬冷地区、温和 A 区建筑宜采用保温性能好的门窗。

2）严寒地区、寒冷地区、夏热冬冷地区、温和 A 区的玻璃幕墙应采用有隔热构造的玻璃幕墙系统，非透光的玻璃幕墙部分、金属幕墙、石材幕墙和其他人造板材幕墙等幕墙面板背后应采用高效保温材料保温。幕墙与围护结构平壁间（除结构连接部位外）不应形成热桥，并宜对跨越室内外的金属构件或连接部位采取隔断热桥措施。

3）有保温要求的门窗、玻璃幕墙、采光顶采用的玻璃系统应为中空玻璃、Low-E 中空玻璃、充惰性气体的 Low-E 中空玻璃等保温性能良好的玻璃，保温要求高时还可采用三玻两腔、真空玻璃等。传热系数较低的中空玻璃宜采用"暖边"中空玻璃间隔条。

4）严寒地区、寒冷地区、夏热冬冷地区、温和 A 区的门窗、透光幕墙、采光顶周边与墙体、屋面板或其他围护结构连接处应采取保温、密封构造；当采用非防潮型保温材料填塞时，缝隙应采用密封材料或密封胶密封。其他地区应采取密封构造。

5）严寒地区、寒冷地区可采用空气内循环的双层幕墙，夏热冬冷地区不宜采用双层幕墙。

5. 地面保温材料应选用吸水率小、抗压强度高、不易变形的材料。

4.4.5.2 提高围护结构隔热性能的措施

1. 外墙隔热可采用下列措施：

1）宜采用浅色外饰面。

2）可采用通风墙、干挂通风幕墙等。

3）设置封闭空气间层时，可在空气间层平行墙面的两个表面涂刷热反射涂料、贴热反射膜或铝箔。当采用单面热反射隔热措施时，热反射隔热层应设置在空气温度较高一侧。

4）采用复合墙体构造时，墙体外侧宜采用轻质材料，内侧宜采用重质材料。

5）可采用墙面垂直绿化及淋水被动蒸发墙面等。

6）宜提高围护结构的热惰性指标 D 值。

7）西向墙体可采用高蓄热材料与低热传导材料组合的复合墙体构造。

2. 屋面隔热可采用下列措施：

1）宜采用浅色外饰面。

2）宜采用通风隔热屋面。通风屋面的风道长度不宜大于 10m，通风间层高度应大于 0.3m，屋面基层应做保温隔热层，檐口处宜采用导风构造，通风平屋面风道口与女儿墙的距离不应小于 0.6m。

3）可采用有热反射材料层（热反射涂料、热反射膜、铝箔等）的空气间层隔热屋面。单面设置热反射材料的空气间层，热反射材料应设在温度较高的一侧。

4）可采用蓄水屋面。水面宜有水浮莲等浮生植物或白色漂浮物。水深宜为 0.15～0.2m。

5）宜采用种植屋面。种植屋面的保温隔热层应选用密度小、压缩强度大、导热系数小、吸水率低的保温隔热材料。

6）可采用淋水被动蒸发屋面。

7）宜采用带老虎窗的通气阁楼坡屋面。

8）采用带通风空气层的金属夹芯隔热屋面时，空气层厚度不宜小于 0.1m。

3. 门窗、幕墙、采光顶隔热可采用下列措施：

1）对遮阳要求高的门窗、玻璃幕墙、采光顶隔热宜采用着色玻璃、遮阳型单片 Low-E 玻璃、着色中空玻璃、热反射中空玻璃、遮阳型 Low-E 中空玻璃等遮阳型的玻璃系统。

2）向阳面的窗、玻璃门、玻璃幕墙、采光顶应设置固定遮阳或活动遮阳。固定遮阳设计可考虑阳台、走廊、雨棚等建筑构件的遮阳作用，设计时应进行夏季太阳直射轨迹分析，根据分析结果确定固定遮阳的形状和安装位置。活动遮阳宜设置在室外侧。

3）对于非透光的建筑幕墙，应在幕墙面板的背后设置保温材料，保温材料层的热阻应满足墙体的保温要求，且不应小于 1.0(m² · K)/W。

4.4.5.3 提高围护结构防潮性能的措施

1. 采用松散多孔保温材料的多层复合围护结构，应在水蒸气分压高的一侧设置隔汽层。对于有采暖、空调功能的建筑，应按采暖建筑围护结构设置隔汽层。

2. 外侧有密实保护层或防水层的多层复合围护结构，经内部冷凝受潮验算而必需设置隔汽层时，应严格控制保温层的施工湿度。对于卷材防水屋面或松散多孔保温材料的金属夹芯围护结构，应有与室外空气相通的排湿措施。

3. 外侧有卷材或其他密闭防水层，内侧为钢筋混凝土屋面板的屋面结构，经内部冷凝受潮验算不需设隔汽层时，应确保屋面板及其接缝的密实性，并应达到所需的蒸汽渗透阻。

4. 室内地面和地下室外墙防潮宜采用下列措施：

1）建筑室内一层地表面宜高于室外地坪 0.6m 以上。

2）采用架空通风地板时，通风口应设置活动的遮挡板，使其在冬季能方便关闭，遮挡板的热阻应满足冬季保温的要求。

3）地面和地下室外墙宜设保温层。

4）地面面层材料可采用蓄热系数小的材料，减少表面温度与空气温度的差值。

5）地面面层可采用带有微孔的面层材料。

6）面层宜采用导热系数小的材料，使地表面温度易于紧随空气温度变化。

7）面层材料宜有较强的吸湿、解湿特性，具有对表面水分湿调节作用。

5. 严寒地区、寒冷地区非透光建筑幕墙面板背后的保温材料应采取隔汽措施，隔汽层应布置在保温材料的高温侧（室内侧），隔汽密封空间的周边密封应严密。夏热冬冷地区、温和 A 区的建筑幕墙宜设计隔汽层。

6. 在建筑围护结构的低温侧设置空气间层，保温材料层与空气层的界面宜采取防水、透气的挡风防潮措施，防止水蒸气在围护结构内部凝结。

4.5 公共建筑节能设计

建筑设计除应执行国家有关工程建设的法律、法规、规范外，尚应符合下列要求：应按可持续发展战略的原则，正确处理人、建筑和环境的相互关系；必须保护生态环境，防止污染和破坏环境；应以人为本，满足人们物质与精神的需求；应贯彻节约用地、节约能源、节约用水和节约原材料的基本国策。

国际建协《芝加哥宣言》指出："建筑及其建成环境在人类对自然环境的影响方面，扮演着重要的角色。符合可持续发展原理的设计，需要对资源和能源的使用效率，对健康的影响，对材料的选择方面进行综合思考"。"需要改变思想，以探求自然生态作为设计的重要依据"。建筑设计应该突破单学科的局限，对建筑物的结构、系统、服务和管理以及其间的内在联系，综合考虑，优化选择，提供一个投资合理，使用效率高，日常运行费用低，能适应发展需要的建筑设计。

4.5.1 公共建筑节能设计的概念

1. 我国建筑用能约占全国能源消费总量的 27.5%，并将随着人民生活水平的提高逐步增加到 30% 以上。公共建筑用能数量巨大，浪费严重。制定并实施公共建筑节能设计标准，有利于改善公共建筑的室内环境，提高建筑用能系统的能源利用效率，合理利用可再生能源，降低公共建筑的能耗水平，为实现国家节约能源和保护环境的战略，贯彻有关政策和法规做出贡献。

2. 建筑分为民用建筑和工业建筑。民用建筑又分为居住建筑和公共建筑。目前中国每年建筑竣工面积约为 25 亿 m^2，其中公共建筑约有 5 亿 m^2。在公共建筑中，办公建筑、商场建筑，酒店建筑、医疗卫生建筑、教育建筑等几类建筑存在许多共性，而且其能耗较高，节能潜力大。

3. 公共建筑的节能设计，必须结合当地的气候条件，在保证室内环境质量，满足人们对室内舒适度要求的前提下，提高围护结构保温隔热能力，提高供暖、通风、空调和照明等系统的能源利用效率；在保证经济合理、技术可行的同时实现国家的可持续发展和能源发展战略，完成公共建筑承担的节能任务。

4. 随着建筑技术的发展和建设规模的不断扩大，超高超大的公共建筑在我国各地日益增多。超高超大类建筑多以商业用途为主，在建筑形式上追求特异，不同于常规建筑类型，且是耗能大户，如何加强对此类建筑能耗的控制，提高能源系统应用方案的合理性，选取最优方案，对建筑节能工作尤其重要。

5. 设计达到节能要求并不能保证建筑做到真正的节能。实际的节能效益，必须依靠合理运行才能实现。

4.5.2 公共建筑节能设计

1. 公共建筑分类应符合下列规定：

1) 单栋建筑面积大于 300m^2 的建筑，或单栋建筑面积小于或等于 300m^2

但总建筑面积大于 1000m² 的建筑群，应为甲类公共建筑。

2）单栋建筑面积小于或等于 300m² 的建筑，应为乙类公共建筑。

2. 建筑群的总体规划应考虑减轻热岛效应。建筑的总体规划和总平面设计应有利于自然通风和冬季日照。建筑的主朝向宜选择本地区最佳朝向或适宜朝向，且宜避开冬季主导风向。

3. 建筑设计应遵循被动节能措施优先的原则，充分利用天然采光、自然通风，结合围护结构保温隔热和遮阳措施，降低建筑的用能需求。

4. 建筑体形宜规整紧凑，避免过多的凹凸变化。

5. 严寒和寒冷地区公共建筑体形系数应符合表 4-5-1 的规定。

严寒和寒冷地区公共建筑体形系数限值　　　表 4-5-1

单栋建筑面积 $A(\text{m}^2)$	建筑体型系数
$300{<}A{\leqslant}800$	$\leqslant0.50$
$A{>}800$	$\leqslant0.40$

6. 严寒地区甲类公共建筑各单一立面窗墙面积比（包括透光幕墙）均不宜大于 0.60；其他地区甲类公共建筑各单一立面窗墙面积比（包括透光幕墙）均不宜大于 0.70。

7. 夏热冬暖、夏热冬冷、温和地区的建筑各朝向外窗（包括透光幕墙）均应采取遮阳措施；寒冷地区的建筑宜采取遮阳措施。当设置外遮阳时应符合下列规定：

1）东西向宜设置活动外遮阳，南向宜设置水平外遮阳。

2）建筑外遮阳装置应兼顾通风及冬季日照。

8. 严寒地区建筑的外门应设置门斗；寒冷地区建筑面向冬季主导风向的外门应设置门斗或双层外门，其他外门宜设置门斗或应采取其他减少冷风渗透的措施；夏热冬冷、夏热冬暖和温和地区建筑的外门应采取保温隔热措施 (图 4-5-1)。

9. 建筑中庭应充分利用自然通风降温，并可设置机械排风装置加强自然补风。

10. 建筑设计应充分利用天然采光。天然采光不能满足照明要求的场所，宜采用导光、反光等装置将自然光引入室内。

11. 电梯应具备节能运行功能。两台及以上电梯集中排列时，应设置群控措施。电梯应具备无外部召唤且轿厢内一段时间无预置指令时，自动转为节能运行模式的功能。

12. 自动扶梯、自动人行步道应具备空载时暂停或低速运转的功能。

13. 屋面、外墙和地下室的热桥部位的内表面温度不应低于室内空气露点温度。

14. 建筑外门、外窗的气密性分级应符合国家标准《建筑外门窗气密、

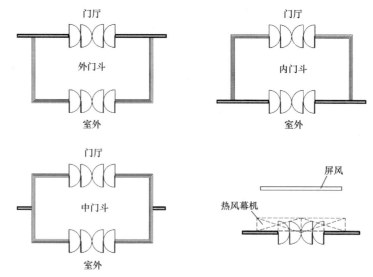

图 4-5-1　严寒和寒冷地区公共建筑入口防风措施

水密、抗风压性能分级及检测方法》的规定，并应满足下列要求：

1) 10 层及以上建筑外窗的气密性不应低于 7 级。

2) 10 层以下建筑外窗的气密性不应低于 6 级。

3) 严寒和寒冷地区外门的气密性不应低于 4 级。

4.5.3　供暖、通风和空调节能设计

1. 严寒 A 区和严寒 B 区供暖期长，不论在降低能耗或节省运行费用方面，还是提高室内舒适度、兼顾值班供暖等方面，通常采用热水集中供暖系统更为合理。

严寒 C 区和寒冷地区公共建筑的冬季供暖问题涉及很多因素，因此要结合实际工程通过具体的分析比较、优选后确定是否另设置热水集中供暖系统。

2. 系统冷热媒温度的选取应符合现行国家标准的规定。在经济技术合理时，冷媒温度宜高于常用设计温度，热媒温度宜低于常用设计温度。

3. 当利用通风可以排除室内的余热、余湿或其他污染物时，宜采用自然通风、机械通风或复合通风的通风方式。

4. 符合下列情况之一时，宜采用分散设置的空调装置或系统：

1) 全年所需供冷、供暖时间短或采用集中供冷、供暖系统不经济。

2) 需设空气调节的房间布置分散。

3) 设有集中供冷、供暖系统的建筑中，使用时间和要求不同的房间。

4) 需增设空调系统，而难以设置机房和管道的既有公共建筑。

5. 采用温湿度独立控制空调系统时，应符合下列要求：

1) 应根据气候特点，经技术经济分析论证，确定高温冷源的制备方式和新风除湿方式。

2）宜考虑全年对天然冷源和可再生能源的应用措施。

3）不宜采用再热空气处理方式。

6. 使用时间不同的空气调节区不应划分在同一个定风量全空气风系统中。温度、湿度等要求不同的空气调节区不宜划分在同一个空气调节风系统中。

7. 集中供暖系统应采用热水作为热媒。

8. 在人员密度相对较大且变化较大的房间，宜根据室内 CO_2 浓度检测值进行新风需求控制，排风量也宜适应新风量的变化以保持房间的正压。

9. 当采用人工冷、热源对空气调节系统进行预热或预冷运行时，新风系统应能关闭；当室外空气温度较低时，应尽量利用新风系统进行预冷。

10. 空气调节内、外区应根据室内进深、分隔、朝向、楼层以及围护结构特点等因素划分。内、外区宜分别设置空气调节系统。

11. 风机盘管加新风空调系统的新风宜直接送入各空气调节区，不宜经过风机盘管机组后再送出。

12. 严寒和寒冷地区通风或空调系统与室外相连接的风管和设施上应设置可自动连锁关闭且密闭性能好的电动风阀，并采取密封措施。

13. 散热器宜明装；地面辐射供暖面层材料的热阻不宜大于 $0.05m^2 \cdot K/W$。

14. 建筑空间高度大于等于 10m 且体积大于 10 000m³ 时，宜采用辐射供暖供冷或分层空气调节系统。

第5章　规范在设备方面的规定

建筑中的设备内容包括：给水和排水、供暖和空调、通风、人工照明、智能系统等。建筑设备是保证建筑的使用功能正常运行，保证使用者的工作和生活正常进行，满足使用者正常生理和心理需求的保证。现代建筑中设备的进步与发展，不仅给建筑提供了日益完善的室内环境条件，同时也使建筑设计工作的复杂性不断提高，要求建筑设计者掌握建筑设备的基本知识，了解规范对于建筑设备的相关规定，在进行建筑设计时才能和相关设备专业进行配合，才能解决好建筑设计与设备系统的关系。

本章从给水和排水、供暖和空调、人工照明、智能系统四个方面对规范在建筑设备方面的要求进行介绍。

5.1 给水和排水

建筑给水排水设计应满足生活和消防的要求。建筑给水排水工程应达到适用、经济、卫生、安全的基本要求。我国水资源并不富有，有些地区严重缺水，所以从可持续发展的战略目标出发，必须采取一切有效措施节约用水。

1. 建筑给水设计应符合下列规定：

1）采用节水型低噪声卫生器具和水嘴。

2）当分户计量时，宜在公共区域外设水表箱或水表间。

2. 生活饮用水水池（箱）、供水泵房等设置应符合下列规定：

1）建筑物内的生活饮用水水池（箱）体应采用独立结构形式，不得利用建筑物的本体结构作为水池（箱）的壁板、底板及顶盖；与其他用水水池（箱）并列设置时，应有各自独立的分隔墙。

2）埋地生活饮用水贮水池周围 10.0m 以内，不得有化粪池、污水处理构筑物、渗水井、垃圾堆放点等污染源，周围 2.0m 以内不得有污水管和污染物（图 5-1-1）。

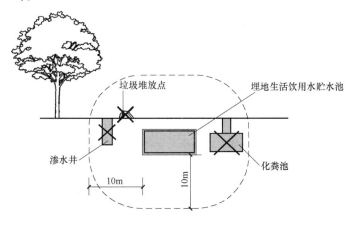

图 5-1-1　贮水池布置示意图

3) 生活饮用水水池（箱）的材质、衬砌材料和内壁涂料不得影响水质。

4) 建筑物内的生活饮用水水池（箱）宜设在专用房间内，其直接上层不应有厕所、浴室、盥洗室、厨房、厨房废水收集处理间、污水处理机房、污水泵房、洗衣房、垃圾间及其他产生污染源的房间，且不应与上述房间相毗邻。

5) 泵房内地面应设防水层。

6) 生活给水泵房内的环境应满足国家现行有关卫生标准的要求。

3. 当采用同层排水时，卫生间的地坪和结构楼板均应采取可靠的防水措施。

4. 给水排水管道敷设应符合下列规定：

1) 给水排水管道不应穿过变配电房、电梯机房、智能化系统机房、音像库房等遇水会损坏设备和引发事故的房间，以及博物馆类建筑的藏品库房、档案馆类建筑的档案库区、图书馆类建筑的书库等；并应避免在生产设备、遇水会引起爆炸燃烧的原料和产品、配电柜上方通过。

2) 排水横管不得穿越食品、药品及其原料的加工及贮藏部位，并不得穿越生活饮用水水池（箱）的正上方。

3) 排水管道不得穿过结构变形缝等部位，当必须穿过时，应采取相应技术措施。

4) 排水管道不得穿越客房、病房和住宅的卧室、书房、客厅、餐厅等对卫生、安静有较高要求的房间。

5) 生活饮用水管道严禁穿过毒物污染区。当通过有腐蚀性区域时，应采取安全防护措施。

5. 化粪池距离地下取水构筑物不得小于 30.0m。化粪池池外壁距建筑物外墙不宜小于 5.0m，并不得影响建筑物基础。

6. 污水处理站、中水处理站的设置应符合下列规定：

1) 建筑小区污水处理站、中水处理站宜布置在基地主导风向的下风向处，且宜在地下独立设置。以生活污水为原水的地面处理站与公共建筑和住宅的距离不宜小于 15.0m。

2) 建筑物内的中水处理站宜设在建筑物的最底层，建筑群（组团）的中水处理站宜设在其中心位置建筑的地下室或裙房内。

7. 室内消火栓应设置在明显易于取用及便于火灾扑救的位置。消火栓箱暗装在防火墙或承重墙上时，应采取不能减弱本墙体耐火等级的技术措施。

8. 消防水池的设计应符合下列规定：

1) 消防水池可室外埋地设置、露天设置或在建筑内设置，并靠近消防泵房或与泵房同一房间，且池底标高应高于或等于消防泵房的地面标高。

2) 消防用水等非生活饮用水水池的池体宜根据结构要求与建筑物本体结构脱开，采用独立结构形式。钢筋混凝土水池，其池壁、底板及顶板应做防水处理，且内表面应光滑易于清洗。

9. 消防水泵房设置应符合下列规定：

1）不应设置在地下3层及以下，或室内地面与室外出入口地坪高差大于10.0m的地下楼层。

2）消防水泵房应采取防水淹的技术措施。

3）疏散门应直通室外或安全出口。

10. 高位消防水箱设置应符合下列规定：

1）水箱最低有效水位应高于其所服务的水灭火设施。

2）严寒和寒冷地区的消防水箱应设在房间内，且应保证其不冻结。

5.2　暖通和空调

暖通和空调系统设计的目的是为民用建筑提供舒适的生活、工作环境。民用建筑中暖通和空调系统的设计应满足安全、卫生和建筑使用功能的要求。

1. 设有供暖系统的民用建筑应符合下列规定：

1）应按城市热力规划、气候、建筑功能要求确定供暖热源、系统和运行方式。

2）独立设置的区域锅炉房宜靠近最大负荷区域，应防止燃料运输、存放、噪声、污染物排放等对周边环境的影响。

3）热媒输配管道系统的公共阀门、仪表等，应设在公共空间并可随时进行调节、检修、更换、抄表。

4）室内供暖、室外热力管道用管沟或管廊应在适当位置留出膨胀弯或补偿器空间；当供暖管道穿墙或楼板无法计算管道膨胀量，且没有补偿措施时，洞口应采用柔性封堵。

5）供暖系统的热力入口应设在专用房间内。

6）当室内采用地面埋管供暖系统时，层高应满足地面构造做法的要求。

2. 设有机械通风系统的民用建筑应符合下列规定：

1）新风采集口应设置在室外空气清新、洁净的位置或地点；废气及室外设备的出风口应高于人员经常停留或通行的高度；有毒、有害气体应经处理达标后向室外高空排放；与地下供暖管沟、地下室开敞空间或室外相通的共用通风道底部，应设有防止小动物进入的篦网。

2）通风机房、吊装设备及暗装通风管道系统的调节阀、检修口、清扫口应满足运行时操作和检修的要求。

3）贮存易燃易爆物质、有防疫卫生要求及散发有毒有害物质或气体的房间，应单独设置排风系统，并按环保规定处理达标后向室外高空排放。

4）事故排风系统的室外排风口不应布置在人员经常停留或通行的地点以及邻近窗口、天窗、出入口等位置；且排风口与进风口的水平距离不应小于

20.0m，否则宜高出 6.0m 以上。

5）除事故风机、消防用风机外，室外露天安装的通风机应避免运行噪声及振动对周边环境的影响，必要时应采取可靠的防护和消声隔振措施。

6）餐饮厨房的排风应处理达标后向室外高空排放。

3. 设有空气调节系统的民用建筑应符合下列规定：

1）应按建筑物规模、用途、建设地点的能源条件、结构、价格以及我国节能减排、环保政策等选用空调冷热源、系统及运行方式。

2）层高或吊顶、架空地板高度应满足空调设备及管道的安装、清扫和检修要求。

3）风冷室外机应设置在通风良好的位置；水冷设备既要通风良好，又要避免飘水对行人或环境的不利影响，靠近外窗时应采取防雾、防噪声干扰等措施。

4）空调管道的热膨胀、暗装设备检修等应分别符合相关规定。

5）空调机房应邻近所服务的空调区，机房面积和净高应满足设备、风管安装的要求，并应满足常年清理、检修的要求。

4. 既有建筑加装暖通空调设备不得危害结构安全，室外设备不应危及邻居或行人。

5.2.1 文教建筑

5.2.1.1 托儿所、幼儿园建筑

1. 具备条件的托儿所、幼儿园建筑的供暖系统宜纳入区域集中供热管网，具备利用可再生能源条件且经技术经济合理时，应优先利用可再生能源为供暖热源。当符合现行国家标准《民用建筑供暖通风与空气调节设计规范》规定时，可采用电供暖方式。

2. 采用低温地面辐射供暖方式时，地面表面温度不应超过 28℃。热水地面辐射供暖系统供水温度宜采用 35～45℃，不应大于 60℃；供回水温差不宜大于 10℃，且不宜小于 5℃。

3. 严寒与寒冷地区应设置集中供暖设施，并宜采用热水集中供暖系统；夏热冬冷地区宜设置集中供暖设施；对于其他区域，冬季有较高室温要求的房间宜设置单元式供暖装置。

4. 用于供暖系统总体调节和检修的设施，应设置于幼儿活动室和寝室之外。

5. 当采用散热器供暖时，散热器应暗装。

6. 当采用电采暖时，应有可靠的安全防护措施。

7. 供暖系统应设置热计量装置，并应在末端供暖设施设置恒温控制阀进

行室温调控。

8. 乡村托儿所、幼儿园建筑宜就地取材，采用可靠的能源形式供暖，并应保障环境安全。

9. 托儿所、幼儿园建筑与其他建筑共用集中供暖热源时，宜设置过渡季供暖设施。

10. 最热月平均室外气温大于和等于 25℃ 地区的托儿所、幼儿园建筑，宜设置空调设备或预留安装空调设备的条件。

5.2.1.2　中小学校建筑

1. 中小学校建筑的采暖通风与空气调节系统的设计应满足舒适度的要求，并符合节约能源的原则。

2. 中小学校的采暖与空调冷热源形式应根据所在地的气候特征、能源资源条件及其利用成本，经技术经济比较确定。

3. 采暖地区学校的采暖系统热源宜纳入区域集中供热管网。无条件时宜设置校内集中采暖系统。非采暖地区，当舞蹈教室、浴室、游泳馆等有较高温度要求的房间在冬季室温达不到规定温度时，应设置采暖设施。

4. 中小学校热环境设计中，当具备条件时，应进行技术经济比较，优先利用可再生能源作为冷热源。

5. 中小学校的采暖系统应实现分室控温；宜有分区或分层控制手段。

6. 中小学校内各种房间的采暖设计温度不应低于表 5-2-1 的规定。

采暖室内计算温度　　　　　　　　　　　　　　　　　　　　表 5-2-1

房间名称		室内设计温度(℃)
教学及教学辅助用房	普通教室、科学教室、实验室、史地教室、美术教室、书法教室、音乐教室、语言教室、学生活动室、心理咨询室、任课教师办公室	18
	舞蹈教室	22
	体育馆、体质测试室	12～15
	计算机教室、合班教室、德育展览室、仪器室	16
	图书室	20
行政办公用房	办公室、会议室、值班室、安防监控室、传达室	18
	网络控制室、总务仓库及维修工作间	16
	卫生室(保健室)	22
生活服务用房	食堂、卫生间、走道、楼梯间	16
	浴室	25
	学生宿舍	18

7. 计算机教室、视听阅览室及相关辅助用房宜设空调系统。

8. 中小学校的网络控制室应单独设置空调设施，其温、湿度应符合现行国家标准《电子信息系统机房设计规范》的有关规定。

5.2.1.3 文化馆建筑

1. 设置集中采暖系统的文化馆应采用热水为热媒。设置在舞蹈排练室、儿童活动房间的散热器应采取防护措施。

2. 文化馆各类房间的采暖室内计算温度应符合表 5-2-2 的规定。

采暖室内计算温度 表 5-2-2

房间名称	室内计算温度(℃)
报告厅、展览陈列厅、图书阅览室、观演厅、各类教室、音乐、文学创作室、办公室等	18
舞蹈排练室、琴房、录音录像棚、摄影、美术工作室	20
设备用房、服装、道具、物品仓库	14

3. 空调水系统管道不应穿越变配电间、计算机机房、控制室、档案室的藏品区等。当房间内需设置散热器时，应采取防止渗漏措施。

5.2.2 馆藏类建筑

5.2.2.1 图书馆建筑

1. 图书馆设置集中采暖或空气调节系统时，室内温度、湿度设计参数宜分别符合表 5-2-3 的规定。

图书馆集中采暖系统室内温度设计参数 表 5-2-3

房间名称	室内温度(℃)	房间名称	室内温度(℃)
少年儿童阅览室	20	会议室	18
普通阅览室		报告厅(多功能厅)	
舆图阅览室		装裱、修整室	
缩微阅览室		复印室	
电子阅览室		门厅	16
开架阅览室、开架书库		走廊	
视听室		楼梯间	
研究室		卫生间	
内部业务办公室		基本书库	14
目录、出纳厅(室)		特藏书库	
读者休息室		陈列室	

2. 基本书库的温度不宜低于 5℃ 且不宜高于 30℃；相对湿度不宜小于 30% 且不宜大于 65%。

3. 特藏书库储存环境的温度、湿度应相对稳定，24h 内温度变化不应大于 ±2℃，相对湿度变化不应大于 ±5%。与特藏书库毗邻的特藏阅览室，温度差不宜超过 ±2℃，相对湿度差不宜超过 ±10%。

4. 图书馆内的系统网络机房温度、湿度参数及其他设计要求应符合现行国家标准《电子信息系统机房设计规范》的规定。

5. 采暖、空调系统应根据图书馆的性质及使用功能进行分区和设置。

6. 书库设置集中采暖时，热媒宜采用不超过95℃的热水，管道及散热器应采取可靠措施，严禁渗漏。

7. 特藏书库、系统网络主机房的空调设备宜单独设置机房，当不具备条件时，空调设备应具有漏水检测报警等功能。

特藏书库空气调节设备不宜少于2台，当其中一台停止工作时，其余空调设备的负荷宜满足总负荷的80%。

5.2.2.2 档案馆建筑

1. 档案库及档案业务和技术用房设置空调时，室内温湿度要求应符合表5-2-4和表5-2-5的规定。

纸质档案库的温湿度要求   表5-2-4

用房名称	温度(℃)	相对湿度(%)
纸质档案库	14~24	45~60

特殊档案库的温度要求   表5-2-5

用房名称		温度(℃)	相对湿度(%)
特藏库		14~20	45~55
音像磁带库		14~24	40~60
胶片库	拷贝片	14~24	40~60
	母片	13~15	35~45

2. 档案库不宜采用水、汽为热媒的采暖系统。确需采用时，应采取有效措施，严防漏水、漏汽，且采暖系统不应有过热现象。

3. 每个档案库的空调应能够独立控制。

4. 通风、空调管道应有气密性良好的进、排风口。

5. 母片库应设独立的空调系统。

5.2.3 博物馆建筑

1. 博物馆的陈列展览区和工作区供暖室内设计温度应符合下列规定：

1）严寒和寒冷地区主要房间应取18~24℃。

2）夏热冬冷地区主要房间宜取16~22℃。

3）值班房间不应低于5℃。

2. 博物馆的陈列展览区、藏品库区和公众集中活动区宜采用全空气空调系统。

3. 博物馆建筑的下列区域宜分别或独立设置空气调节系统：

1）使用时间不同的空气调节区域。

2）温湿度基数和允许波动范围不同的空气调节区域。

3) 对空气的洁净要求不同的空气调节区域。

4) 在同一时间内需分别进行供热和供冷的空气调节区域。

4. 藏品库房温湿度要求应根据藏品类别和材质确定。空调系统宜独立设置，或可局部添加小型温湿度调节设备。有藏品区域应设有温湿度调节的设施，特别珍贵物品藏库的空调系统冷热源应设置备用机组。空调水管、空气凝结水管不应穿越藏品库房。

5. 博物馆建筑内使用樟脑气体防虫和液体浸制的标本库房，空调和通风系统应独立设置。

6. 库房区和敏感藏品封闭式展区的空调系统应按工艺要求设置空气过滤装置，但不应使用静电空气过滤装置。

7. 展示书画及对温湿度较敏感藏品的展厅，可设置展柜恒温恒湿空调机组。

8. 熏蒸室应设独立机械通风系统，且排风管道不应穿越其他用房；排风系统应安装滤毒装置，且控制开关应设置在室外。

9. 藏品技术用房、展品制作与维修用房、实验室等应按工艺要求设置带通风柜的通风系统和全室通风系统，并应按工艺要求计算通风换气量。

10. 对于博物馆建筑内化学危险品和放射源及废料的放置室，夏季应设置使室温小于 25℃ 的冷却措施，并应设有通风设施。

11. 当技术经济比较合理时，博物馆的集中机械排风系统宜设置热回收装置。

12. 博物馆建筑的供暖通风与空调系统应进行监测与控制，且监控内容应根据其功能、用途、系统类型等经技术经济比较后确定。

13. 博物馆建筑中经常有人停留或可燃物较多的房间及疏散走道、疏散楼梯间、前室等应设置防排烟系统，并应符合现行国家标准《建筑设计防火规范》的有关规定。

5.2.4 观演类建筑

5.2.4.1 剧场建筑

1. 甲等剧场内的观众厅、舞台、化妆室及贵宾室等应设空气调节；乙等剧场宜设空气调节。未设空气调节的剧场，观众厅应设机械通风。

2. 面光桥、耳光室、追光室、灯光控制室、音响控制室、调光柜室、功放室、舞台机械控制室、舞台机械电气柜室、琴房、乐器库房等，应设机械通风或空气调节；厕所、金工间、木工间、绘景间等应设机械排风。前厅和休息厅等房间宜有良好的自然通风；不具备自然通风条件时，应设机械通风或空气调节。

3. 剧场的空气调节系统应符合下列规定：舞台、观众厅宜分系统设置，化妆室、灯控室、声控室、同声翻译室等可设独立系统或装置。

4. 剧场的送风方式应按具体条件选定，并应符合下列规定：主舞台、观众厅的气流组织应进行计算；布置风口时，应避免气流短路或形成死角；主舞台送风应送入表演区，但不得吹动幕布及布景（图5-2-1）。主舞台上的排风口应设在较高处。

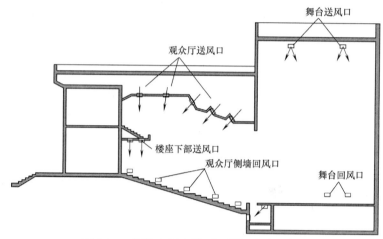

图 5-2-1　剧院空调上送下回送风方式示意图

5.2.4.2　电影院建筑

1. 特级、甲级电影院应设空气调节；乙级电影院宜设空气调节，无空气调节时应设机械通风；丙级电影院应设机械通风。

2. 放映机房的空调系统不应回风。

3. 放映机房的通风和带有新风的空气调节应符合下列规定：

1）凡观众厅设空气调节的电影院，其放映机房亦宜设空气调节。

2）机械通风或空气调节均应保持负压，其排风换气次数不应小于15次/h。

4. 通风和空气调节系统应按具体条件确定，并应符合规定：

1）单风机空气调节系统应考虑排风出路；不同季节进排风口气流方向需转换时，应考虑足够的进风面积；排风口位置的设置不应影响周围环境。

2）空气调节系统设计应考虑过渡季节不进行热湿处理，仅作机械通风系统使用时的需要。

3）观众厅应进行气流组织设计，布置风口时，应避免气流短路或形成死角（图5-2-2）。

4）采用自然通风时，应以热压进行自然通风计算，计算时不考虑风压作用。

5. 通风和空气调节系统应符合下列安全、卫生规定：

1）制冷系统不应采用氨作制冷剂。

2）地下风道应采取防潮、防尘的技术措施，地下水位高的地区不宜采用

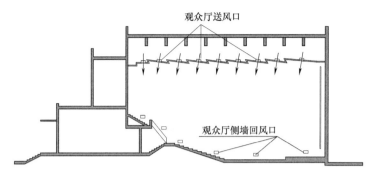

图 5-2-2　电影院空调上送下回送风方式示意图

地下风道。

3）观众用厕所应设机械通风。

6. 通风或空气调节系统应采取消声减噪措施，应使通过风口传入观众厅的噪声比厅内允许噪声低 5dB。

7. 通风、空气调节和冷冻机房与观众厅紧邻时应采取隔声减振措施，其隔声及减振能力应使传到观众厅的噪声比厅内允许噪声低 5dB。

5.2.4.3　体育建筑

1. 室内采暖通风和空气调节设计应满足运动员对比赛和训练的要求，为观众和工作人员提供舒适的观看和工作环境。

2. 特级和甲级体育馆应设全年使用的空气调节装置，乙级宜设夏季使用的空气调节装置。乙级以上的游泳馆应设全年使用的空气调节装置。未设空气调节的体育馆、游泳馆应设机械通风装置，有条件时可采用自然通风。

3. 比赛大厅有多功能活动要求时，空调系统的负荷应以最大负荷的情况计算，并能满足其他工作情况时调节的可能性。

4. 空调系统的设置应符合下列要求：

1）大型体育馆比赛大厅可按观众区与比赛区、观众区与观众区分区布置空调系统（图 5-2-3）。

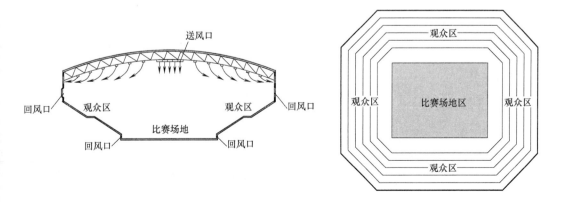

图 5-2-3　体育馆空调分区布置示意图

2) 游泳馆池厅的空气调节系统应和其他房间分开设置。乙级以上游泳馆池区和观众区也应分别设置空气调节系统。池厅对建筑其他部位应保持负压。

3) 运动员休息室、裁判员休息室等宜采用各房间可分别控制室温的系统。

4) 计时记分牌机房、灯光控制室等应考虑通风和降温措施，降温宜采用独立的空气调节设备。

5) 严寒和寒冷地区体育馆比赛大厅冬季宜采用散热器与空调送热风相结合方式供暖。

6) 乙级及以上体育馆、游泳馆的空调系统应设有自控装置，其余宜设自动监测装置。

5.2.5 办公建筑

1. 根据办公建筑的分类、规模及使用要求，结合当地的气候条件及能源情况，经过技术经济比较，选择合理的供暖、供冷方式。

2. 供暖、空调系统的划分应符合下列规定：

1) 采用集中供暖、空调的办公建筑，应根据用途、特点及使用时间等划分系统。

2) 进深较大的区域，宜划分为内区和外区，不同的朝向宜划为独立区域。

3) 全年使用空调的特殊房间，如电子信息系统机房、电话机房、控制中心等，应设独立的空调系统。

3. 供暖、空调系统应设置温度、湿度自控装置，对于独立计费的办公室应装分户计量装置。

4. 设有集中排风的供暖空调系统当技术经济比较合理时，宜设置空气—空气能量回收装置。

5. 当设置集中新风系统时，宜设集中或分散的排风系统，办公室的排风量不应大于新风量的 90%，卫生间应保持负压。

6. 复印室、打印室、垃圾间、清洁间等应设机械通风设施，换气次数可取 4~6 次/h。

5.2.6 医疗类建筑

5.2.6.1 综合医院建筑

1. 医院应根据其所在地区的气候条件、医院性质，以及部门、科室的功能要求，确定在全院或局部实施采暖与通风、普通空调或净化空调。

2. 采用散热器采暖时，应以热水为介质，不应采用蒸汽。供水温度不应大于85℃。散热器应便于清洗消毒。

3. 当采用自然通风时，中庭内不宜有遮挡物，当有遮挡物时宜辅之以机械排风。气候条件适合地区，可利用穿堂风，应保持清洁区域位于通风的上风侧。

4. 凡产生气味、水气和潮湿作业的用房，应设机械排风。

5. 空调系统应符合下列要求：

1）应根据室内空调设计参数、医疗设备、卫生学、使用时间、空调负荷等要求合理分区。

2）各功能区域宜独立，宜单独成系统。

3）各空调分区应能互相封闭，并应避免空气途径的医院感染。

4）有洁净度要求的房间和严重污染的房间，应单独成一个系统。

6. 无特殊要求时不应在空调机组内安装臭氧等消毒装置。不得使用淋水式空气处理装置。

7. 空调机组宜设置在便于日常检修及更换的机房或设备夹层内。

8. 核医学检查室、放射治疗室、病理取材室、检验科、传染病病房等含有害微生物、有害气溶胶等污染物质场所的排风，应处理达标后排放。

9. 没有特殊要求的排风机应设在排风管路末端，使整个管路为负压。

5.2.6.2 疗养院建筑

1. 严寒地区、寒冷地区和夏热冬冷地区的疗养院建筑应设置供暖设施，其他地区的疗养院建筑宜设置供暖设施。供暖设施应采用节能、高效、清洁的设备和系统。

2. 疗养、理疗、医技门诊、公共活动、管理用房宜采用自然通风方式。

3. 设置空调系统的疗养用房、理疗用房、医技门诊用房、公共活动用房、管理用房，应根据其使用功能和所在地的气候类型选择集中或分散式空调系统。

5.2.7 交通类建筑

5.2.7.1 交通客运站建筑

1. 供暖地区的交通客运站，应设置集中供暖系统。四级及以下站级汽车客运站因地制宜，可采用其他供暖方式。

2. 严寒和寒冷地区的候乘厅、售票厅等，其供暖系统宜独立设置，并宜设置集中室温调节装置，非使用时段可调至值班供暖温度。

3. 高大空间的候乘厅、售票厅，宜采用低温地板辐射供暖方式。

4. 候乘厅、售票厅等人员密集场所应设通风换气装置，通风量应符合现行国家标准的有关规定。公共厕所应设机械排风装置，换气次数不应小于10次/h。

5. 当候乘厅、售票厅采取机械通风时，冬季宜采用值班供暖与热风供暖相结合的供暖方式。

6. 汽车客运站设在封闭或半封闭空间内时，发车位和站台宜设汽车尾气集中排放措施。

7. 严寒和寒冷地区的一、二级交通客运站候乘厅、售票厅等，其通向室外的主要出入口宜设热空气幕。

8. 一、二级交通客运站的候乘厅和国际候乘厅、联检厅，宜设舒适性空调系统。对高大空间宜采用分层空气调节系统。

5.2.7.2 铁路旅客车站建筑

1. 严寒地区的特大型、大型站站房的主要出入口应设热风幕；中型站当候车室热负荷较大时，其站房的主要出入口宜设热风幕，寒冷地区的特大型、大型站站房的主要出入口宜设热风幕。

2. 夏热冬冷地区及夏热冬暖地区的特大型、大型、中型站和国境（口岸）站的候车室且售票厅宜设空气调节系统。

3. 空气调节的室内计算温度，冬季宜为 18～20℃，相对湿度不小于40％；夏季宜为 26～28℃，相对湿度宜为 40％～65％。

4. 空调系统应采用节能型设备和置换通风、热泵、蓄冷（热）等技术，并应满足使用功能要求；对有共享空间的多层候车区，应考虑温度梯度对多层候车区的影响。

5. 候车室、售票厅等房间应以自然通风为主，辅以机械通风；厕所、吸烟室应设机械通风。

5.2.8 旅馆建筑

1. 旅馆建筑的供暖、空调和生活用热源，宜整体协调，统一考虑。

2. 空调制冷运行时间较长的四级和五级旅馆建筑宜对空调废热进行回收利用。

3. 太阳能资源充沛的地区，宜采用太阳能热水系统。

4. 旅馆建筑供暖及空调系统热源的选择应符合下列规定：

1) 严寒和寒冷地区，应优先采用市政热网或区域热网供热。

2) 不具备市政或区域热网的地区，可采用自备锅炉房供热或其他方式供热。锅炉房的燃料应结合当地的燃料供应情况确定，并宜采用燃气。

3) 宜利用废热或可再生能源。

5. 旅馆建筑空调系统的冷源设备或系统选择，宜符合下列规定：

1) 对一级、二级旅馆建筑的空调系统，当仅提供制冷时，宜采用分散式独立冷源设备。

2) 三级及以上旅馆建筑的空调系统宜设置集中冷源系统。

6. 旅馆建筑房间和公共区域空调系统的设置宜符合下列规定：

1）面积或空间较大的公共区域，宜采用全空气空调系统。

2）客房或面积较小的区域，宜设置独立控制室温的房间空调设备。

7. 旅馆建筑供暖系统的设置应符合下列规定：

1）严寒地区应设置供暖系统；其他地区可根据冷热负荷的变化和需求等因素，经技术经济比较后，采用"冬季供暖＋夏季制冷"或者冬、夏空调系统。

2）严寒和寒冷地区旅馆建筑的门厅、大堂等高大空间以及室内游泳池人员活动地面等，宜设置低温地面辐射供暖系统。

3）供暖系统的热媒应采用热水。

8. 旅馆建筑内的厨房、洗衣机房、地下库房、客房卫生间、公共卫生间、大型设备机房等，应设置通风系统，并应符合下列规定：

1）厨房排油烟系统应独立设置，其室外排风口宜设置在建筑外的较高处，且不应设置于建筑外立面上。

2）洗衣房的洗衣间排风系统的室外排风口的底边，宜高于室外地坪 2m 以上。

3）大型设备机房、地下库房应根据卫生要求和余热量等因素设置通风系统。

4）卫生间的排风系统不应与其他功能房间的排风系统合并设置。

5.2.9 商业类建筑

5.2.9.1 商店建筑

1. 商店建筑应根据规模、使用要求及所在气候区，设置供暖、通风及空气调节系统，并应根据当地的气象、水文、地质条件及能源情况，选择经济合理的系统形式及冷、热源方式。

2. 平面面积较大、内外分区特征明显的商店建筑，宜按内外区分别设置空调风系统。

3. 大型商店建筑内区全年有供冷要求时，过渡季节宜采用室外自然空气冷却，供暖季节宜采用室外自然空气冷却或天然冷源供冷。

4. 人员密集场所的空气调节系统宜采取基于 CO_2 浓度控制的新风调节措施。

5. 严寒和寒冷地区带中庭的大型商店建筑的门斗应设供暖设施，首层宜加设地面辐射供暖系统。

5.2.9.2 饮食建筑

1. 饮食建筑应根据规模、使用要求、所在气候区等选择设置供暖、通风或空气调节系统；并应根据当地的气象、水文、地质条件及能源情况等，选择经济合理的系统形式及冷、热源方式。

2. 供暖通风及空气调节系统的设计应符合下列规定：

1）设供暖时，严禁采用有火灾隐患的供暖装置。

2）平面面积较大、内外分区特征明显的饮食建筑，宜按内外区分别设置空调风系统。

3）大型、特大型饮食建筑内区全年有供冷要求时，供暖季节宜采用室外新风或天然冷源供冷。

4）设有空调系统的用餐区域、公共区域，当过渡季节自然通风不能满足室内温度及卫生要求时，应采用机械通风，并应满足室内风量平衡要求。

5）火锅店、烧烤店宜设置排风罩，并应满足室内风量平衡要求。

6）用餐区域、公共区域的空气调节系统宜采取基于 CO_2 浓度控制的新风调节措施。

7）厨房专间空调应独立设置。

5.2.10 居住建筑

5.2.10.1 宿舍建筑

1. 严寒、寒冷地区的宿舍建筑应设置供暖设施，宜采用集中供暖，并按连续供暖设计，且应有热计量和室温调控装置；当采用集中供暖有困难时，可采用分散式供暖。

2. 宿舍建筑应采用热水作为热媒，并宜采用散热器供暖，散热器宜明装。当采用散热器供暖有困难时，也可采用其他的供暖方式。

3. 设置集中供暖的通廊式宿舍的走廊和楼梯间宜设供暖设施。

4. 公共浴室、公用厨房、公用厕所及卫生间无外窗或仅有单一朝向外窗以及严寒地区应安装机械进、排气设备，并应设置有防倒灌的排气设施，换气次数不小于 10 次/h。

5. 寒冷（B区）、夏热冬冷和夏热冬暖地区的宿舍建筑，应设置空调设备或预留安装空调设备的条件，其他地区宜设置空调设备或预留安装空调设备的条件。

6. 空调室外机安装位置应散热良好，有足够的通风空间，并采用合理的通风百叶，冷凝水应有组织排放。

5.2.10.2 老年人建筑

1. 集中采暖系统应以热水为供热介质。散热器集中供暖系统供水温度不应高于80℃，宜按75℃/50℃进行设计；地板辐射采暖系统供水温度不应高于60℃，宜按45℃/35℃进行设计。

2. 有条件时宜采用地板辐射采暖系统。户内集、分水器应暗装。

5.3 人工照明

室内人工照明是室内环境设计的重要组成部分，室内照明设计要有利于人的工作活动安全和生活的舒适。在人们的生活中，光不仅仅是室内照明的条件，而且是表达空间形态、营造环境气氛的基本元素。光照的作用，对人的视觉功能极为重要。室内灯光照明设计在功能上要满足人们多种活动的需要，而且还要重视空间的照明效果。

5.3.1 照明方式和照明种类

5.3.1.1 照明方式

1. 照明方式包括：局部照明、一般照明、分区一般照明、混合照明、重点照明。

2. 确定照明方式的原则：

1) 工作场所应设置一般照明。

2) 当同一场所内的不同区域有不同照度要求时，应采用分区一般照明。

3) 对于作业面照度要求较高，只采用一般照明不合理的场所，宜采用混合照明。

4) 在一个工作场所内不应只采用局部照明。

5) 当需要提高特定区域或目标的照度时，宜采用重点照明。

5.3.1.2 照明种类

1. 照明种类包括：正常照明、应急照明（备用照明、安全照明、疏散照明）、值班照明、警卫照明和障碍照明等。

2. 确定照明种类的原则：

1) 室内工作及相关辅助场所，均应设置正常照明。

2) 当下列场所正常照明电源失效时，应设置应急照明：需确保正常工作或活动继续进行的场所，应设置备用照明；需确保处于潜在危险之中的人员安全的场所，应设置安全照明；需确保人员安全疏散的出口和通道，应设置疏散照明。

3) 需在夜间非工作时间值守或巡视的场所应设置值班照明。

4) 需警戒的场所，应根据警戒范围的要求设置警卫照明。

5) 在危及航行安全的建筑物、构筑物上，应根据相关部门的规定设置障碍照明。

5.3.2 照明光源选择

1. 选择光源时，应在满足显色性、启动时间等要求条件下，根据光源、灯具及镇流器等的效率、寿命等在进行综合技术经济分析比较后确定。

2. 照明设计时可按下列条件选择光源：

1）灯具安装高度较低的房间宜采用细管直管形三基色荧光灯。

2）商店营业厅的一般照明宜采用细管直管形三基色荧光灯、小功率陶瓷金属卤化物灯；重点照明宜采用小功率陶瓷金属卤化物灯、发光二极管灯。

3）灯具安装高度较高的场所，应按使用要求，采用金属卤化物灯、高压钠灯或高频大功率细管直管荧光灯。

4）旅馆建筑的客房宜采用发光二极管灯或紧凑型荧光灯。

5）照明设计不应采用普通照明白炽灯，对电磁干扰有严格要求，且其他光源无法满足的特殊场所除外。

3. 应急照明应选用能快速点亮的光源。

4. 照明设计应根据识别颜色要求和场所特点，选用相应显色指数的光源。

5.3.3 照明灯具及其附属装置选择

根据照明场所的环境条件，分别选用下列灯具：

1. 特别潮湿场所，应采用相应防护措施的灯具。

2. 有腐蚀性气体或蒸汽场所，应采用相应防腐蚀要求的灯具。

3. 高温场所，宜采用散热性能好、耐高温的灯具。

4. 多尘埃的场所，应采用防护等级不低于 IP5X 的灯具。

5. 在室外的场所，应采用防护等级不低于 IP54 的灯具。

6. 装有锻锤、大型桥式吊车等震动、摆动较大场所应有防震和防脱落措施。

7. 易受机械损伤、光源自行脱落可能造成人员伤害或财物损失场所应有防护措施。

8. 有爆炸或火灾危险场所应符合国家现行有关标准的规定。

9. 有洁净度要求的场所，应采用不易积尘、易于擦拭的洁净灯具，并应满足洁净场所的相关要求。

10. 需防止紫外线照射的场所，应采用隔紫外线灯具或无紫外线光源。

5.3.4 照明质量

1. 照度：照度标准值应按 0.5lx、1lx、2lx、3lx、5lx、10lx、15lx、20lx、30lx、50lx、75lx、100lx、150lx、200lx、300lx、500lx、750lx、1000lx、1500lx、2000lx、3000lx、5000lx 分级。照度值均为各类房间或场所的作业面或参考平面上的维持平均照度值。

2. 光源颜色：照明光源色表可按其相关色温分为三组，光源色表分组宜按表5-3-1确定。

光源色表分组　　　　　　　　　　表 5-3-1

色表分组	色表特征	色温(K)	适用场所
Ⅰ	暖	<3300	客房、卧室、病房、酒吧、餐厅
Ⅱ	中间	3300～5300	办公室、教室、阅览室、诊室、检验室、机加工车间、仪表装配
Ⅲ	冷	>5300	热加工车间、高照度场所

5.3.5 照明标准值

5.3.5.1 居住建筑

居住建筑照明标准值宜符合表5-3-2的规定。

居住建筑照明标准值　　　　　　表 5-3-2

房间或场所		参考平面及高度	照度标准值(lx)
起居室	一般活动	0.75m 水平面	100
	书写、阅读		300
卧室	一般活动		75
	床头、阅读		150
餐厅		0.75m 餐桌面	150
厨房	一般活动	0.75m 水平面	100
	操作台	台面	150
卫生间		0.75m 水平面	100

5.3.5.2 公共建筑

公共建筑照明标准值宜符合表5-3-3的规定。

办公建筑照明标准值　　　　　　表 5-3-3

房间或场所		参考平面及高度	照度标准值(lx)
办公建筑	普通办公室	0.75m 水平面	300
	高档办公室	0.75m 水平面	500
	会议室	0.75m 水平面	300
	接待室、前台	0.75m 水平面	300
	营业厅	0.75m 水平面	300
	设计室	实际工作面	500
	文件整理、复印、发行室	0.75m 水平面	300
	资料、档案室	0.75m 水平面	200
商业建筑	一般商店营业厅	0.75m 水平面	300
	一般室内商业街	地面	200
	高档商店营业厅	0.75m 水平面	500
	高档室内商业街	地面	300

房间或场所		参考平面及高度	照度标准值(lx)
商业建筑	一般超市营业厅	0.75m 水平面	300
	高档超市营业厅	0.75m 水平面	500
	收款台	台面	500
学校建筑	教室	课桌面	300
	实验室	实验桌面	300
	美术教室	桌面	500
	多媒体教室	0.75m 水平面	300
	教室黑板	黑板面	500
图书馆	一般阅览室、开放式阅览室	0.75m 水平面	300
	多媒体阅览室	0.75m 水平面	300
	老年阅览室	0.75m 水平面	500
	珍善本、舆图阅览室	0.75m 水平面	500
	陈列室、目录厅、出纳厅	0.75m 水平面	300
医疗建筑	治疗室、检查室	0.75m 水平面	300
	化验室	0.75m 水平面	500
	手术室	0.75m 水平面	750
	诊室	0.75m 水平面	300
	候诊室、挂号厅	0.75m 水平面	200

5.3.6 各类型建筑有关照明的规定

5.3.6.1 文教类建筑

1. 托儿所、幼儿园建筑

1) 托儿所、幼儿园的婴幼儿用房宜采用细管径直管形三基色荧光灯，配用电子镇流器，也可采用防频闪性能好的其他节能光源，不宜采用裸管荧光灯灯具；保健观察室、办公室等可采用细管径直管形三基色荧光灯，配用电子镇流器或节能型电感镇流器，或采用 LED 等其他节能光源。睡眠区、活动区、喂奶室应采用漫光型灯具，光源应采用防频闪性能好的节能光源。寄宿制幼儿园的寝室宜设置夜间巡视照明设施。

2) 托儿所、幼儿园的婴幼儿用房宜设置紫外线杀菌灯，也可采用安全型移动式紫外线杀菌消毒设备。托儿所、幼儿园的紫外线杀菌灯的控制装置应单独设置，并应采取防误开措施。

2. 中小学校建筑

1) 学校建筑应设置人工照明装置，并应符合下列规定：

(1) 疏散走道及楼梯应设置应急照明灯具及灯光疏散指示标志。

(2) 教室黑板应设专用黑板照明灯具，其最低维持平均照度应为 500lx，黑板面上的照度最低均匀度宜为 0.7。黑板灯具不得对学生和教师产生直接眩光（图 5-3-1）。

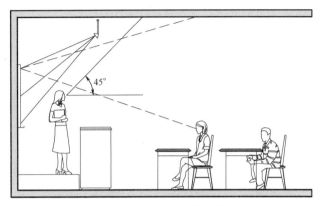

图 5-3-1　教室黑板、黑板灯和学生座位关系示意图

(3) 教室应采用高效率灯具，不得采用裸灯。灯具悬挂高度距桌面的距离不应低于 1.70m。灯管应采用长轴垂直于黑板的方向布置。

(4) 坡地面或阶梯地面的合班教室，前排灯不应遮挡后排学生视线，并不应产生直接眩光。

2) 教室照明光源宜采用显色指数 R_a 大于 80 的细管径稀土三基色荧光灯。对识别颜色有较高要求的教室，宜采用显色指数 R_a 大于 90 的高显色性光源；有条件的学校，教室宜选用无眩光灯具。

3) 史地教室设置简易天象仪时，宜设置课桌局部照明设施。

4) 美术教室应有良好的北向天然采光。当采用人工照明时，应避免眩光。

5) 舞蹈教室宜设置带防护网的吸顶灯。采暖等各种设施应暗装。

6) 光学实验室的门窗宜设遮光措施。内墙面宜采用深色。实验桌上宜设置局部照明。特色教学需要时可附设暗室。

7) 生物显微镜观察实验室内的实验桌旁宜设置显微镜储藏柜。实验桌上宜设置局部照明设施。

8) 教室内设置视听器材时，宜设置转暗设备，并宜设置座位局部照明设施。

5.3.6.2　馆藏类建筑

1. 图书馆建筑

1) 图书馆公用空间与内部使用空间的照明宜分别配电和控制。

2) 图书馆应设置正常照明和应急照明，并宜根据需要设置值班照明或警卫照明。

3) 公共区域的照明应采用集中、分区或分组控制的方式，阅览区的照明宜采用分区控制方式。公共区域，阅览区的照明宜根据不同使用要求采取自动控制的节能措施。

4）书库照明灯具与书刊资料等易燃物的垂直距离不应小于 0.50m。当采用荧光灯照明时，珍善本书库及其阅览室应采用隔紫灯具或无紫光源。

5）书架行道照明应有单独开关控制，行道两端都有通道时应设双控开关；书库内部楼梯照明应采用双控开关。

6）阅览室（区）应光线充足、照度均匀。

2. 档案馆建筑

1）档案库灯具形式及安装位置应与档案装具布置相配合。缩微阅览室、计算机房照明宜防止显示屏出现灯具影像和反射眩光。

2）阅览室设计应避免阳光直射和眩光，窗宜设遮阳设施；

3）缩微阅览室设计宜采用间接照明，阅览桌上应设局部照明。

5.3.6.3 博物馆建筑

1. 博物馆建筑应进行光环境的专业设计。

2. 展厅应根据展品特征和展陈设计要求，优先采用天然光，且采光设计应符合下列规定：

1）展厅内不应有直射阳光，采光口应有减少紫外辐射、调节和限制天然光照度值和减少曝光时间的构造措施。

2）应有防止产生直接眩光、反射眩光、映像和光幕反射等现象的措施。

3）当需要补充人工照明时，人工照明光源宜选用接近天然光色温的高温光源，并应避免光源的热辐射损害展品。

4）顶层展厅宜采用顶部采光，顶部采光时采光均匀度不宜小于 0.7。

5）对于需要识别颜色的展厅，宜采用不改变天然光光色的采光材料。

6）光的方向性应根据展陈设计要求确定。

7）对于照度低的展厅，其出入口应设置视觉适应过渡区域。

8）展厅室内顶棚、地面、墙面应选择无反光的饰面材料。

3. 博物馆建筑的照明设计应遵循有利于观赏展品和保护展品的原则，并应安全可靠、经济适用、技术先进、节约能源、维修方便。

4. 除科技馆、技术博物馆外，展厅照明质量应符合下列规定：

1）一般照明应按展品照度值的 20%～30% 选取。

2）当展厅内只有一般照明时，地面最低照度与平均照度之比不应小于 0.7。

3）平面展品的最低照度与平均照度之比不应小于 0.8；高度大于 1.4m 的平面展品，其最低照度与平均照度之比不应小于 0.4。

4）展厅内一般照明的统一眩光值（UGR）不宜大于 19。

5）展品与其背景的亮度比不宜大于 3∶1。

5. 立体造型的展品应通过定向照明和漫射照明相结合的方式表现其立体感，并宜通过试验方式确定。

6. 展厅照明光源宜采用细管径直管形荧光灯、紧凑型荧光灯、卤素灯或其他新型光源。有条件的场所宜采用光纤、导光管、LED等照明。

7. 一般展品展厅直接照明光源的色温应小于5300K；对光线敏感展品展厅直接照明光源的色温应小于3300K。

8. 在陈列绘画、彩色织物以及其他多色展品等对辨色要求高的场所，光源一般显色指数（R_a）不应低于90；对辨色要求不高的场所，光源一般显色指数（R_a）不应低于80。

5.3.6.4 观演类建筑

1. 剧场建筑

1）观众厅内应设面光、台口外侧光，并宜设台口光。面光可通过面光桥实现，台口外侧光可通过耳光室实现。

2）剧场绘景间和演员化妆室的工作照明的光源应与舞台照明光源色温接近。

3）各等级剧场观众厅照明应能渐亮渐暗平滑调节，其调光控制装置应能在灯控室和舞台监督台等多处设置。

4）观众厅应设清扫场地用的照明（可与观众厅照明共用灯具），其控制开关应设在前厅值班室，或便于清扫人员操作的地点。

5）剧场的观众厅、台仓、排练厅、疏散楼梯间、防烟楼梯间及前室、疏散通道、消防电梯间及前室、合用前室等，应设应急疏散照明和疏散指示标志。

2. 电影院建筑

1）疏散应急照明中疏散通道上的地面最低水平照度不应低于0.5lx；观众厅内的地面最低水平照度不应低于1.0lx；楼梯间内的地面最低水平照度不应低于5.0lx。消防水泵房、自备发电机室、配电室以及其他设备用房的应急照明的照度不应低于一般照明的照度。电影院其他房间的照度应符合现行国家标准《建筑照明设计标准》的规定。

2）乙级及乙级以上电影院观众厅照明宜平滑或分档调节明暗。

3）乙级及乙级以上电影院应设踏步灯或座位排号灯，其供电电压应为不大于36V的安全电压。

3. 体育建筑

体育建筑和设施的照明设计，应满足不同运动项目和观众观看的要求以及多功能照明要求；在有电视转播时，应满足电视转播的照明技术要求；同时应做到减少阴影和眩光、节约能源、技术先进、经济合理、使用安全、维修方便。

灯光设计应考虑不同运动项目的灯光控制区域。体育馆尚应考虑多功能照明的要求。以上应在灯光控制室内集中控制。应设置应急照明。

5.3.6.5　办公建筑

1. 陈列室应根据需要和使用要求设置。专用陈列室应对陈列效果进行照明设计，避免阳光直射及眩光，外窗宜设遮光设施。

2. 办公室照明应满足办公人员视觉生理要求，满足工作的照度需要。

3. 办公室应有良好的照明质量，其照明的均匀度、眩光程度等均应符合现行国家标准《建筑照明设计标准》的规定。

4. 办公建筑的照明应采用高效、节能的荧光灯及节能型光源，灯具应选用无眩光的灯具。

5.3.6.6　医疗类建筑

1. 综合医院建筑

1）照明设计应符合现行国家标准《建筑照明设计标准》的有关规定，且应满足绿色照明要求。

2）医疗用房应采用高显色照明光源，显色指数应大于或等于 80，宜采用带电子镇流器的三基色荧光灯。

3）照明系统采用荧光灯时应对系统的谐波进行校验。

4）病房照明宜采用间接型灯具或反射式照明。床头宜设置局部照明，宜一床一灯，并宜床头控制。

5）护理单元走道、诊室、治疗、观察、病房等处灯具，应避免对卧床患者产生眩光，宜采用漫反射灯具。

6）护理单元走道和病房应设夜间照明，床头部位照度不应大于 0.1lx，儿科病房不应大于 1lx。

2. 疗养院建筑

1）主要居住、活动及辅助空间照度值应符合规定。

2）疗养院建筑走廊宜设置备用照明，并宜采用门动控制方式。

3）疗养室内卫生间附近的墙面距地 0.4m 处宜设置嵌装型脚灯，夜间照度宜为 1lx～2lx。

4）应在走廊、疏散出口、楼梯间等位置设置应急照明，并应符合国家现行相关标准的规定。

5.3.6.7　交通建筑

1. 交通客运站建筑

1）汽车客运站照明可按工作照明、站场照明、事故应急照明、疏散照明、清扫照明系统进行设计。

2）售票窗口应设局部照明，局部照明照度值不应小于 150lx。

3）一、二级站的候车厅、售票厅、行包托取处及主要疏散通道应设应急照明，其照度值不应低于正常照度的 10%，通道及疏散口应设疏散指示照明。

4）候车厅、售票厅及站场照明应按使用功能要求进行分区控制。

5）站内照明不得对驾驶员产生眩光。站台雨棚不应设悬挂型灯具。

2. 铁路旅客车站建筑

1）交通客运站的照明设计应符合现行国家标准《建筑照明设计标准》的规定。

2）交通客运站的检票口、售票台、联检工作台宜设局部照明，局部照明照度标准值宜为 500lx。

3）交通客运站应设置引导旅客的标志标识照明。

4）交通客运站站场车辆进站、出站口宜装设同步的声、光信号装置，其灯光信号应满足交通信号的要求。

5）交通客运站站场内照明不应对驾驶员产生眩光，眩光限制阈值增量（TI）最大初始值不应大于 15%。

6）交通客运站站场具有一个以上车辆进站口、出站口时，应用文字和灯光分别标明进站口及出站口。

5.3.6.8 旅馆建筑

照明设计除应按现行国家标准《建筑照明设计标准》的规定执行外，还应符合下列规定：三级及以上旅馆建筑客房照明宜根据功能采用局部照明，客房内电源插座标高宜根据使用要求确定；四级及以上旅馆建筑的每间客房至少应有一盏灯接入应急供电回路；客房壁柜内设置的照明灯具应带有防护罩；餐厅、会议室、宴会厅、大堂、走道等场所的照明宜采用集中控制方式。

5.3.6.9 商店建筑

1. 商店建筑的照明设计应符合下列规定：

1）照明设计应与室内设计和商店工艺设计同步进行；

2）平面和空间的照度、亮度宜配置恰当，一般照明、局部重点照明和装饰艺术照明应有机组合；

3）营业厅应合理选择光色比例、色温和照度。

2. 商店建筑的一般照明应符合现行国家标准《建筑照明设计标准》的规定。当商店营业厅无天然采光或天然光不足时，宜将设计照度提高一级。

3. 大型和中型百货商场宜设重点照明，收款台、修理台、货架柜等宜设局部照明，橱窗照明的照度宜为营业厅照度 2~4 倍，商品展示区域的一般垂直照度不宜低于 150lx。

4. 营业厅照明应满足垂直照度的要求，且一般区域的垂直照度不宜低于 50lx，柜台区的垂直照度宜为 100~150lx。

5. 营业厅的照度和亮度分布应符合下列规定：

1）一般照明的均匀度（工作面上最低照度与平均照度之比）不应低于 0.6。

2）顶棚的照度应为水平照度的 0.3 倍～0.9 倍。

3）墙面的亮度不应大于工作区的亮度。

4）视觉作业亮度与其相邻环境的亮度之比宜为 3：1。

5）需要提高亮度对比或增加阴影的部位可装设局部定向照明。

6. 商店建筑的照明应按商品类别选择光源的色温和显色指数（R_a），并应符合下列规定：

1）对于主要光源，在高照度处宜采用高色温光源，在低照度处采用低色温光源。

2）主要光源的显色指数应满足反映商品颜色真实性的要求，一般区域，R_a 可取 80，需反映商品本色的区域，R_a 宜大于 85。

3）当一种光源不能满足光色要求时，可采用两种及两种以上光源的混光复合色。

7. 对变、褪色控制要求较高的商品，应采用截阻红外线和紫外线的光源。

8. 对于无具体工艺设计且有使用灵活性要求的营业厅，除一般照明可作均匀布置外，其余照明宜预留插座，且每组插座容量可按货柜、货架为 200～300W/m 及橱窗为 300～500W/m 计算。

9. 大型商店建筑的疏散通道、安全出口和营业厅应设置智能疏散照明系统；中型商店的疏散通道和安全出口应设置智能疏散照明系统。

10. 大型和中型商店建筑的营业厅疏散通道的地面应设置保持视觉连续的灯光或蓄光疏散指示标志。

11. 商店建筑应急照明的设置应按现行国家标准《建筑设计防火规范》执行，并应符合下列规定：

1）大型和中型商店建筑的营业厅应设置备用照明，且照度不应低于正常照明的 1/10。

2）小型商店建筑的营业厅宜设置备用照明，且照度不应低于 30lx。

3）一般场所的备用照明的启动时间不应大于 5.0s；贵重物品区域及柜台、收银台的备用照明应单独设置，且启动时间不应大于 1.5s。

4）大型和中型商店建筑应设置值班照明，且大型商店建筑的值班照明照度不应低于 20lx，中型商店建筑的值班照明照度不应低于 10lx；小型商店建筑宜设置值班照明，且照度不应低于 5lx；值班照明可利用正常照明中能单独控制的一部分，或备用照明的一部分或全部。

5）当商店一般照明采用双电源（回路）交叉供电时，一般照明可兼作备用照明。

12. 对于大型和中型商店建筑的营业厅，除消防设备及应急照明外，配电干线回路应设置防火剩余电流动作报警系统。

13. 小型商店建筑的营业厅照明宜设置防火剩余电流动作报警装置。

5.3.6.10 老年人建筑

1. 老年人居住建筑中公共空间应设置人工照明，其照度应符合规定。

2. 公共空间的标识应采取适当的照明措施或采用自发光装置。

3. 楼梯踏步起始与结束的部位应有重点照明提示或设置荧光标识。

4. 套内空间应提供与其使用功能相适应的人工照明，其照度宜符合规定。

5. 公共空间和套内照明设施应合理选择照明方式、光源和灯具，避免造成眩光。

5.4 建筑智能系统

随着信息技术的发展，建筑智能系统也越来越多地进入建筑，在一些公共建筑中已逐渐成为建筑设备系统中必不可少的内容。建筑智能系统向人们提供了舒适、高效、便利、安全、可控的工作和生活环境。

时代发展已进入信息化时代，作为人们居住和活动场所的建筑物要适应信息化带来的变化，智能建筑的产生和发展是必然趋势。智能建筑是通过配置建筑物内的各个子系统，以综合布线为基础，以计算机网络为桥梁，全面实现对通信系统、建筑物内各种设备（空调、供热、给排水、变配电、照明、电梯、消防、公共安全等）的综合管理。

5.4.1 智能建筑的概念

智能建筑是以建筑为平台，兼备建筑设备、办公自动化及通信网络系统，集结构、系统、服务、管理及它们之间的最优化组合，向人们提供一个安全、高效、舒适、便利的建筑环境。

5.4.2 建筑智能系统的内容

建筑智能系统是多个智能系统的统称，这些系统包括：通信网络系统、办公自动化系统、建筑设备监控系统、火灾自动报警系统、安全防范系统、综合布线系统等。

5.4.2.1 通信网络系统

通信网络系统应能为建筑物或建筑群的拥有者（管理者）及建筑物内的各个使用者提供有效的信息服务。通信网络系统应能对来自建筑物或建筑群内外的各种信息予以接收、存贮、处理、传输并提供决策支持的能力。通信网络系统提供的各类业务及其业务接口，应能通过建筑物内布线系统引至各个用户终端。建筑物内宜在底层或地下一层（当建筑物有地下多层时）设置通信设置间。

5.4.2.2　办公自动化系统

办公自动化系统应能为建筑物的拥有者（管理者）及建筑物内的使用者，创造良好的信息环境并提供快捷有效的办公信息服务。办公自动化系统应能对来自建筑物内外的各类信息，予以收集、处理、存储、检索等综合处理，并提供人们进行办公事务决策和支持的功能。

5.4.2.3　建筑设备监控系统

建筑设备监控系统能够对建筑物内各类设备进行监视、控制、测量，应做到运行安全、可靠、节省能源、节省人力。建筑设备监控系统的网络结构模式应采用集散或分布式控制的方式，由管理层网络与监控层网络组成，实现对设备运行状态的监视和控制。建筑设备监控系统应实时采集，记录设备运行的有关数据，并进行分析处理。

5.4.2.4　火灾自动报警系统

火灾自动报警系统是触发器件，火灾报警装置，以及具有其他辅助功能的装置组成的火灾报警系统。是专门监视火灾发生的安全系统。火灾自动报警系统是通过安装在保护范围的火灾探测器，感知火灾发生时燃烧所产生的火焰、热量、烟雾等特性而实现的。当火场的某一参数超过预先给定的阈值时，火灾探测器动作，发出报警信号，通过导线传送到区域火灾报警控制器和集中报警控制器，发出声光报警信号，同时显示火灾发生部位，以通知消防值班人员做出反应（图 5-4-1）。

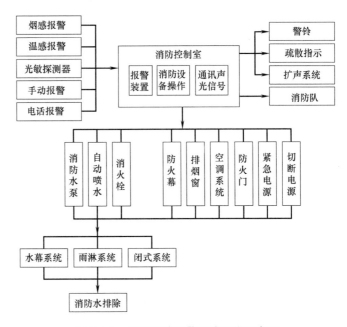

图 5-4-1　火灾自动报警系统工作示意图

5.4.2.5　安全防范系统

安全防范系统的设计应根据建筑物的使用功能、建设标准及安全防范管理的需要，综合运用电子信息技术、计算机网络技术、安全防范技术等，构成先进、可靠、经济、配套的安全技术防范体系。安全防范系统的系统设计及其各子系统的配置须遵照国家相关安全防范技术规程，并符合先进、可靠、合理、适用的原则。系统的集成应以结构化、模块化、规范化的方式来实现，应能适应工程建设发展和技术发展的需要。

5.4.2.6　综合布线系统

综合布线系统的设计应满足建筑物或建筑群内信息通信网络的布线要求，应能支持语音、数据、图像等业务信息传输的要求。综合布线系统是建筑物或建筑群内信息通信网络的基础传输通道。设计时，应根据各建筑物项目的性质、使用功能、环境安全条件以及按用户近期的实际使用和中远期发展的需求，进行合理的系统布局和管线设计。

5.4.3　建筑智能化系统的集成

为满足智能建筑物功能、管理和信息共享的要求，可根据建筑物的规模对智能化系统进行不同程度的集成。系统集成应汇集建筑物内外各种信息。系统应能对建筑物内的各个智能化子系统进行综合管理。信息管理系统应具有相应的信息处理能力。

第6章 规范在安全方面的规定

安全在建筑设计中是指为了保证人身和财产不受损害，而在设计中做出的满足建筑使用要求，并预防使用过程中各种可能存在的危险发生所采取的建筑构、配件措施。它包括构造安全、设备安全、材料安全及其他方面的安全。

建筑设计的安全性问题已经越来越多地受到人们的关注。首先，常有因建筑材料使用不当而影响使用者健康、建筑构件设计不合理影响使用或对使用者产生伤害、窗扇等建筑构件脱落伤人毁物等方面的事件发生，反映出了建筑设计中的各种安全问题，引起社会的关注；其次，随着社会的进步和人们生活水平的提高，大众对建筑的舒适性和安全性的要求越来越高，政府对建筑的安全性也越来越重视。

使用安全是建筑设计中的重要内容。目前，建筑设计对结构安全、防火安全等方面有了足够的重视。但是除了这些安全因素之外，建筑设计还有许多使用中细微的、不明显的安全问题常常容易被设计师们忽视，导致财产损失，甚至人身伤害。现代建筑更多的是要体现"以人为本"的设计理念，为人们提供舒适、美观、经济、安全的建筑。由此可见，建筑设计中的安全是建筑师不容忽视的重要内容。

本章主要对除结构安全和防火安全以外的建筑设施、设备、构件等的安全设计进行介绍。建筑设计所涉及的这些方面的建筑安全的内容很多，本章将其归纳为五个方面进行介绍：台阶、坡道和楼梯；栏杆、栏板；屋面、门窗、净高和装修；各类井道和电气；无障碍设计。

6.1 台阶、楼梯和坡道

台阶是在室外或室内的地坪或楼层不同标高处设置的供人行走的阶梯。坡道是连接不同标高的楼面、地面，供人行或车行的斜坡式交通道。

台阶和坡道是处理室内外地坪高差常用的手段，常设在入口处和有错层的空间，使用率较高，所以它的安全问题直接影响到整个建筑的使用效果。在设计时既要满足使用要求，又要充分考虑它的安全措施。

楼梯是建筑内部楼层之间垂直交通的阶梯。楼梯不仅是各楼层间的垂直交通空间，而且还是建筑紧急疏散的垂直交通空间。楼梯在建筑中的作用很大，使用也很频繁。因此，对它的安全要求也就更为严格。

6.1.1 台阶

6.1.1.1 建筑台阶

台阶作为不同高差的空间过渡形式，在一幢建筑中是必不可少的，例如建筑物入口处的台阶便是室内外空间的过渡。由于台阶利用率较高，应特别注意使用的舒适性和安全性。建筑出入口处的台阶踏步宽度比楼梯稍大一点,使坡度平缓一些,以便行走舒适。一般情况下,公共建筑室内外台阶踏步宽度不宜小于0.30m,踏步高度不宜大于0.15m,并不宜小于0.10m,室内台阶踏步数不应少于2级,当高差不足2级时,宜按坡道设置。当台阶总高度超过0.70m并侧面临空时,应有防护设施。为防止行人滑倒,踏步还应采取防滑措施。

不同类型的建筑设置台阶的要求是不同的,对待特殊人群应采取特殊的措施,如:中小学校校园内人流集中的道路不宜设置台阶。设置台阶时,不得少于3级。教学用建筑物出入口门内与门外各1.50m范围内不宜设置台阶。中小学校的建筑物内,当走道有高差变化应设置台阶时,台阶处应有天然采光或照明,踏步级数不得少于3级,并不得采用扇形踏步。当高差不足3级踏步时,应设置坡道。坡道的坡度不应大于1:8,不宜大于1:12。而老年人居住建筑室外台阶应与轮椅坡道同时设置;台阶踏步不宜小于2步,踏步宽度不宜小于0.32m,踏步高度不宜大于0.13m;台阶净宽不应小于0.90m;在台阶起止位置宜设置明显标志。

人流量大而相对集中的观演建筑的室内斜坡地面,坡度不宜太大,超过一定限度时就应该采用台阶的形式,如剧场建筑观众厅纵走道坡度大于1:6时应做成高度不大于0.20m的台阶。电影院建筑观众厅走道坡度不宜过大,当坡度大于1:8时,应采用台阶式踏步;走道踏步高度不宜大于0.16m且不应大于0.20m。

商店建筑由于人流量较大,公用室内外台阶的踏步高度不应大于0.15m且不宜小于0.10m,踏步宽度不应小于0.30m;当高差不足两级踏步时,应按坡道设置,其坡度不应大于1:12。

交通建筑需要快速疏散人流,不造成堵塞、拥挤等现象,在进行台阶设计时要注意到一些细节问题。交通客运站内旅客使用的疏散楼梯踏步宽度不应小于0.28m,踏步高度不应大于0.16m。当检票口与站台有高差时,应设坡道,其坡度不得大于1:12。铁路旅客车站地道、天桥的阶梯设计应符合下列规定:踏步高度不宜大于0.14m,宽度不宜小于0.32m,每段阶梯不宜大于18步,直跑阶梯平台宽度不宜小于1.50m,踏步应采取防滑措施。

6.1.1.2 城市道路中的台阶

1. 人行天桥和人行地道是另一类型的公共交通空间,采用大量的梯道构成,出入通道的梯道宽度应根据设计人流量确定,每段梯道宽度之和应大于通道宽度。设计梯道时应遵循如下标准:

1) 行人过街宜采用梯道型升降方式。梯道坡度不得大于1:2,手推自行车及童车的坡道坡度不宜大于1:4。梯道高差大于或等于3m时应设平台,平台长度大于或等于 1.5m。

2）梯道宜设休息平台，每个梯段踏步不应超过 18 级，否则必须加设缓步平台，改向平台深度不应小于桥梯宽度，直梯（坡）平台，其深度不应小于 1.5m；考虑自行车推行时，不应小于 2m。自行车转向平台宜设不小于 1.5m 的转弯半径。

3）自行车较多，又由于地形状况及其他理由不能设坡道时，可采用梯道带坡道的混合型升降方式。

4）人行天桥桥面及梯道踏步应采用轻质、富于弹性、防滑、无噪声并对结构有减震作用的铺装材料。梯道应设扶手。

2. 公园园路台阶

公园园路主路不应设台阶，如必须设梯道时，台阶踏步数不应少于 2 级；纵坡大于 50% 的梯道应作防滑处理，并设置护栏设施；梯道的净宽不宜小于 1.5m；梯道每升高 1.2m～1.5m，宜设置休息平台，平台进深应大于 1.2m，条件为特陡山地时，宜根据具体情况增加台阶数，但不宜超过 18 级；梯道连续升高超过 5.0m 时，宜设置转折平台，且转折平台的进深不宜小于梯道宽度。

3. 不应设置台阶的情况

托儿所、幼儿园建筑幼儿经常通行和安全疏散的走道不应设有台阶。疏散走道的墙面距地面 2m 以下不应设有壁柱、管道、消火栓箱、灭火器、广告牌等突出物。

图书馆建筑总出纳台应毗邻基本书库设置。出纳台与基本书库之间的通道不应设置踏步，当高差不可避免时，应采用坡度不大于 1∶8 的坡道。

6.1.2 楼梯

楼梯由连续行走的梯段、休息平台和维护安全的栏杆（或栏板）、扶手以及相应的支托结构组成。楼梯的数量、位置、梯段净宽和楼梯间形式应满足使用方便和安全疏散的要求。

6.1.2.1 楼梯踏步

楼梯踏步高宽比是根据楼梯坡度要求和不同类型人体自然跨步（步距）要求确定的，符合安全和方便舒适的要求。坡度一般控制在 30°左右。对仅供少数人使用的住宅套内楼梯则放宽要求，但不宜超过 45°。

步距是按水平跨步距离公式（$2r+g$）计算的，式中 r 为踏步高度，g 为踏步宽度，成人和儿童、男性和女性、青壮年和老年人均有所不同。一般在 560～630mm 范围内，少年儿童在 560mm 左右，成人平均在 600mm 左右。踏步高宽比能反映楼梯坡度和步距。按照民用建筑设计统一标准的规定，楼梯踏步的高宽应符合表 2-3-1 的规定。梯段内每个踏步高度、宽度应一致，相邻梯段的踏步高度、宽度宜一致。踏步应采取防滑措施。

1. 住宅建筑

套内楼梯踏步宽度不应小于0.22m，高度不应大于0.20m，扇形踏步转角距扶手边0.25m处，宽度不应小于0.22m。公用楼梯踏步宽度不应小于0.26m，踏步高度不应大于0.175m。

2. 老年人建筑

楼梯踏步踏面宽度不应小于0.28m，踏步踢面高度不应大于0.16m。同一楼梯梯段的踏步高度、宽度应一致，不应设置非矩形踏步或在休息平台区设置踏步。

楼梯踏步前缘不宜突出。楼梯踏步应采用防滑材料。当踏步面层设置防滑、示警条时，防滑、示警条不宜突出踏面。楼梯起、终点处应采用不同颜色或材料区别楼梯踏步和走廊地面。

3. 托儿所、幼儿园、中小学校建筑

托儿所、幼儿园供幼儿使用的楼梯踏步高度宜为0.13m，宽度宜为0.26m；幼儿使用的楼梯不应采用扇形、螺旋形踏步；楼梯踏步面应采用防滑材料；踏步踢面不应漏空，踏步面应做明显警示标识。

中小学校建筑楼梯不得采用螺形或扇步踏步。各类小学楼梯踏步的宽度不得小于0.26m，高度不得大于0.15m。各类中学楼梯踏步的宽度不得小于0.28m，高度不得大于0.16m。

4. 剧场建筑

主疏散楼梯踏步宽度不应小于0.28m，踏步高度不应大于0.16m。不宜采用螺旋楼梯。当采用扇形梯段时，离踏步窄端扶手水平距离0.25m处的踏步宽度不应小于0.22m，离踏步宽端扶手水平距离0.25m处的踏步宽度不应大于0.50m。

5. 体育建筑

疏散楼梯应符合下列要求：踏步宽度不应小于0.28m，踏步高度不应大于0.16m，楼梯最小宽度不得小于1.2m，转折楼梯平台深度不应小于楼梯宽度。直跑楼梯的中间平台深度不应小于1.2m。不得采用螺旋楼梯和扇形踏步。踏步上下两级形成的平面角度不超过10°，且每级离扶手0.25m处踏步宽度超过0.22m时，可不受此限。

6. 综合医院建筑

主楼梯踏步宽度不得小于0.28m，高度不应大于0.16m。

7. 商店建筑

营业部分的公用楼梯室内楼梯踏步高度不应大于0.16m，踏步宽度不应小于0.28m，室外台阶的踏步高度不应大于0.15m，踏步宽度不应小于0.30m。

8. 宿舍建筑

宿舍楼梯踏步宽度不应小于0.27m，踏步高度不应大于0.165m。开敞楼

梯的起始踏步与楼层走道间应设有进深不小于 1.20m 的缓冲区。疏散楼梯不得采用螺旋楼梯和扇形踏步。

9. 铁路旅客车站建筑

旅客用地道、天桥的阶梯踏步高度不宜大于 0.14m，踏步宽度不宜小于 0.32m，每个梯段的踏步不应大于 18 级。

6.1.2.2 楼梯梯段

楼梯梯段宽度，当一侧有扶手时，梯段净宽应为墙体装饰面至扶手中心线的水平距离，当双侧有扶手时，梯段净宽应为两侧扶手中心线之间的水平距离。当有凸出物时，梯段净宽应从凸出物表面算起。

楼梯梯段最小净宽应根据使用要求、模数标准、防火标准等的规定等综合因素加以确定。供日常主要交通用的楼梯的梯段净宽应根据建筑物使用特征，按每股人流宽度为 0.55m + (0~0.15)m 的人流股数确定，并不应少于两股人流。(0~0.15) m 为人流在行进中人体的摆幅，公共建筑人流众多的场所应取上限值。当有搬运大型物件需要时，应适量加宽。每个梯段的踏步级数不应少于 3 级，且不应超过 18 级。

1. 住宅建筑

套内楼梯的梯段净宽，当一边临空时，不应小于 0.75m；当两侧有墙时，不应小于 0.90m。公用楼梯梯段净宽不应小于 1.10m。六层及六层以下住宅，一边设有栏杆的梯段净宽不应小于 1m。

2. 图书馆建筑

书库内工作人员专用楼梯的梯段净宽不应小于 0.80m，坡度不应大于 45°，并应采取防滑措施。书库内不宜采用螺旋扶梯。

3. 电影院建筑

室内观众使用的主楼梯净宽不应小于 1.40m，室外疏散梯净宽不应小于 1.10m。下行人流不应妨碍地面人流。有候场需要的门厅，门厅内供入场使用的主楼梯不应作为疏散楼梯。

4. 综合医院建筑

楼梯的位置，应同时符合防火疏散和功能分区的要求。主楼梯梯段宽度不得小于 1.65m。

5. 疗养院建筑

在疗养、理疗、医技门诊用房的建筑物内人流使用集中的楼梯，至少有一部其净宽不宜小于 1.65m。

6. 商店建筑

营业区的公用楼梯梯段最小净宽 1.40m，室外楼梯最小净宽 1.40m。

7. 宿舍建筑

疏散楼梯的净宽应按通过人数每 100 人不小于 1.00m 计算，当各层人数不等时，疏散楼梯的总宽度可分层计算，下层楼梯的总宽度应按本层及以上楼层疏散人数最多一层的人数计算，梯段净宽不应小于1.20m。

8. 中小学校

中小学校教学用房的楼梯梯段宽度应为人流股数的整数倍。梯段宽度不应小于1.20m，并应按0.60m的整数倍增加梯段宽度。每个梯段可增加不超过0.15m的摆幅宽度。

6.1.2.3 楼梯平台

楼梯平台宽度系指墙面装饰面至扶手中心之间的水平距离。当楼梯平台有凸出物或其他障碍物影响通行宽度时，楼梯平台宽度应从凸出部分或其他障碍物外缘算起。当梯段改变方向时，扶手转向端处的平台最小宽度不应小于梯段净宽，并不得小于1.2m。当有搬运大型物件需要时，应适量加宽。直跑楼梯的中间平台宽度不应小于0.9m。

楼梯平台上部及下部过道处的净高不应小于2m，梯段净高不宜小于2.20m，梯段净高为自踏步前缘（包括最低和最高一级踏步前缘线以外0.30m范围内）量至上方突出物下缘间的垂直高度。

1. 中小学校

除首层及顶层外，教学楼疏散楼梯在中间层的楼层平台与梯段接口处宜设置缓冲空间，缓冲空间的宽度不宜小于梯段宽度。

2. 剧场建筑

主要疏散楼梯连续踏步不宜超过18级；当超过18级时，应加设中间休息平台，且平台宽度不应小于梯段宽度，并不应小于1.20m。不宜采用螺旋楼梯。当采用扇形梯段时，休息平台窄端不应小于1.20m。

3. 体育建筑

转折楼梯平台深度不应小于楼梯宽度。直跑楼梯的中间平台深度不应小于1.2m。

4. 住宅建筑

楼梯平台净宽不应小于楼梯梯段净宽，并不得小于1.20m。楼梯平台的结构下缘至人行过道的垂直高度不应低于2.00m。入口处地坪与室外地面应有高差，并不应小于0.10m。

楼梯为剪刀梯时，楼梯平台的净宽不得小于1.30m。

6.1.2.4 楼梯扶手

楼梯应至少一侧设扶手，梯段净宽达三股人流时应两侧设扶手，达四股人流时宜加设中间扶手。室内楼梯扶手高度自踏步前缘线量起不宜小于0.9m。楼梯水平栏杆或栏板长度大于0.5m时，其高度不应小于1.05m。

1. 老年人居住建筑

扶手高度应为0.85~0.90m，设置双层扶手时，下层扶手高度宜为

0.65~0.70m。扶手直径宜为 40mm，到墙面净距宜为 40mm。楼梯及坡道扶手端部宜水平延伸不小于 0.30m，末端宜向内拐到墙面，或向下延伸不小于 0.10m。扶手宜保持连贯，扶手的材质宜选用防滑、热惰性指标好的材料。

老年人公寓楼梯梯段两侧均应设置连续扶手，老年人住宅楼梯梯段两侧宜设置连续扶手。

2. 托儿所、幼儿园建筑

楼梯除设成人扶手外，应在梯段两侧设幼儿扶手，其高度宜为 0.60m。

3. 中小学校建筑

中小学校室内楼梯扶手高度不应低于 0.90m，室外楼梯扶手高度不应低于 1.10m；水平扶手高度不应低于 1.10m。中小学校的楼梯栏杆不得采用易于攀登的构造和花饰；杆件或花饰的镂空处净距不得大于 0.11m。中小学校的楼梯扶手上应加装防止学生溜滑的设施。

4. 剧场建筑

楼梯应设置坚固、连续的扶手，高度不应低于 0.90m。

5. 宿舍建筑

扶手高度不应小于 0.90m。楼梯水平段栏杆长度大于 0.50m 时，其扶手高度不应小于 1.05m。

6.1.2.5 梯井

梯井系指由楼梯梯段和休息平台内侧围成的空间。梯井是用于消防需要，着火时消防水管从梯井通到需要灭火的楼层。为了保护少年儿童生命安全，中小学校、幼儿园等少年儿童专用活动场所的楼梯，其梯井净宽大于 0.20m（少儿胸背厚度）（图 6-1-1），必须采取防止少年儿童坠落措施，防止其在楼梯扶手上做滑梯游戏，产生坠落事故跌落楼梯井底。楼梯栏杆应采用不易攀登的构造和花饰；杆件或花饰的镂空处净距不得大于 0.11m，楼梯扶手上应加装防止少年儿童溜滑的设施。少年儿童活动频繁的其他公共场所也应参照执行。

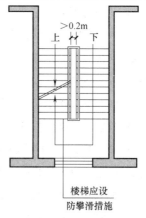

图 6-1-1 幼儿园楼梯梯井示意图

6.1.3　坡道

坡道的设置有三种情况：建筑物出入口处供车辆使用的坡道；公共建筑中供残疾人使用的坡道；在某些公共建筑中使用坡道来解决交通联系的问题。使用较多的是交通性的公共建筑，例如，火车站、地铁站等出站部位就是把大量集中的人流，通过坡道输送出去，以达到快速疏散的目的。

6.1.3.1　坡道的设置

在楼地面或出入口有高差的建筑中，有些是必须设置坡道的，如住宅建筑设置了电梯的公共出入口，当有高差时，必须设轮椅坡道和扶手。有些可根据使用功能的要求，酌情进行设置。

幼儿园、托儿所建筑在幼儿安全疏散和经常出入的通道上，不应设有台阶，必要时可设防滑坡道，其坡度室内坡道不宜大于 1∶8，室外坡道不宜大于 1∶10。

图书馆建筑的出纳台与相毗邻的基本书库之间的通道当高差不可避免时，应采用坡度不大于 1∶8 的坡道。

档案馆建筑中当档案库与其他用房同层布置且楼地面有高差时，应采用坡道连通。

综合医院建筑在门诊、急诊和住院主要入口处，三层及三层以下无电梯的病房楼以及观察室与抢救室不在同一层又无电梯的急诊部，均应设置坡道，其坡度不宜大于 1∶10，并应有防滑措施。通行推床的室内走道，有高差者必须用坡道相接，其坡度不宜大于 1∶10。

交通客运站建筑站房与室外营运区应进行无障碍设计，候乘厅与入口不在同层时，应设置自动扶梯和无障碍电梯或无障碍坡道；当检票口与站台有高差时，应设坡道，其坡度不得大于 1∶12。

6.1.3.2　坡道的设计要求

不同使用功能的建筑对坡道的设计有不同的要求。为了保证行人、车辆等的安全，一般的民用建筑室内坡道坡度不宜大于 1∶8，室外坡道坡度不宜大于 1∶10。当室内坡道水平投影长度超过 15.0m 时，宜设休息平台，平台宽度应根据使用功能或设备尺寸所需缓冲空间而定。坡道应采取防滑措施；当坡道总高度超过 0.7m 时，应在临空面采取防护设施。供轮椅使用的坡道坡度不应大于 1∶12，困难地段不应大于 1∶8。自行车推行坡道每段坡长不宜超过 6m，坡度不宜大于 1∶5。机动车行坡道应符合国家现行标准《汽车库建筑设计规范》的规定。

具体到每一类型的建筑中又有其特殊性要求：

1. 老年人居住建筑室外轮椅坡道的坡度不应大于 1∶12。每上升 0.75m 时应设平台，平台深度不应小于 1.50m。室外轮椅坡道的净宽不应小于

1.20m，坡道的起止点应有直径不小于 1.50m 的轮椅回转空间。室外轮椅坡道的临空侧应设置栏杆和扶手，并应设置安全阻挡措施。

2. 疗养院建筑主要建筑物的坡道、出入口、走道应满足使用轮椅者的要求。

3. 综合医院建筑在门诊、急诊和住院主要入口处，如设坡道时，坡度不得大于 1：10。通行推床的通道，净宽不应小于 2.40m。有高差者应用坡道相接，坡道坡度应按无障碍坡道设计。

4. 商店建筑室内外台阶的踏步高度不应大于 0.15m 且不宜小于 0.10m，踏步宽度不应小于 0.30m；当高差不足两级踏步时，应按坡道设置，其坡度不应大于 1：12。

5. 剧场建筑观众厅纵走道坡度大于 1：10 时应做防滑处理。坡度大于 1：6 时应做成高度不大于 0.20m 的台阶。观众厅外疏散通道的坡度：室内部分不应大于 1：8，室外部分不应大于 1：10，并应加防滑措施。为残疾人设置的通道坡度不应大于 1：12。

6. 电影院建筑观众厅走道最大坡度不宜大于 1：8。当坡度为 1：10～1：8 时，应做防滑处理；当坡度大于 1：8 时，应采用台阶式踏步；走道踏步高度不宜大于 0.16m 且不应大于 0.20m；供轮椅使用的坡道应符合现行行业标准《无障碍设计规范》中的有关规定。

观众厅外的疏散走道有高差变化时宜做成坡道；当设置台阶时应有明显标志、采光或照明；疏散走道室内坡道不应大于 1：8，并应有防滑措施；为残疾人设置的坡道坡度不应大于 1：12。

7. 交通客运站当候乘厅与入口不在同层时，应设置自动扶梯和无障碍电梯或无障碍坡道；汽车客运站候乘厅内应设检票口，每三个发车位不应少于一个。当采用自动检票机时，不应设置单通道。当检票口与站台有高差时，应设坡道，其坡度不得大于 1：12。汽车客运站的发车位地面设计应坡向外侧，坡度不应小于 0.5%。

8. 铁路旅客车站特大型站的包裹库各层之间应有供包裹车通行的坡道，其净宽度不应小于 3m。当坡道无栏杆时，其净宽度不应小于 4m，坡度不应大于 1：12。

设置在站台上通向地道、天桥的出入口旅客用地道设双向出入口时，宜设阶梯和坡道各 1 处。

旅客用地道、天桥采用坡道时应有防滑措施，坡度不宜大于 1：8。行李、包裹地道出入口坡道的坡度不宜大于 1：12，起坡点距主通道的水平距离不宜小于 10m。

地道出入口的地面应高出站台面 0.1m，并采用缓坡与站台面相接。

9. 体育建筑观众厅外的室内坡道坡度不应大于 1：8，室外坡道坡度不应大于 1：10，当疏散走道有高差变化时宜做坡道。

10. 办公建筑的走道高高差不足 0.30m 时，不应设置台阶，应设坡道，其坡度不应大于 1∶8。非机动车库应设置推行斜坡，斜坡宽度不应小于 0.30m，坡度不宜大于 1∶5，坡长不宜超过 6m；当坡长超过 6m 时，应设休息平台。

11. 机动车库按出入方式，机动车库出入口可分为平入式、坡道式、升降梯式三种类型。车辆出入口及坡道的最小净高应符合规范的规定。出入口室外坡道起坡点与相连的室外车行道路的最小距离不宜小于 5.0m；错层式停车区域两直坡道之间的水平距离应使车辆在停车层作 180°转向，两段坡道中心线之间的距离不应小于 14.0m。当坡道纵向坡度大于 10% 时，坡道上、下端均应设缓坡坡段，其直线缓坡段的水平长度不应小于 3.6m，缓坡坡度应为坡道坡度的 1∶2；曲线缓坡段的水平长度不应小于 2.4m，曲率半径不应小于 20m，缓坡段的中心为坡道原起点或止点（图 6-1-2）；大型车的坡道应根据车型确定缓坡的坡度和长度。

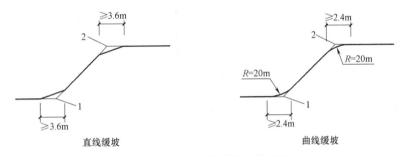

图 6-1-2　机动车坡道缓坡示意图

1—坡道起点；2—坡道止点

非机动车库，机动轮椅车、三轮车宜停放在地面层，当条件限制需停放在其他楼层时，应设坡道式出入口或设置机械提升装置。非机动车库停车当量数量不大于 500 辆时，可设置一个直通室外的带坡道的车辆出入口；超过 500 辆时应设两个或以上出入口，且每增加 500 辆宜增设一个出入口。非机动车库车辆出入口可采用踏步式出入口或坡道式出入口。非机动车库出入口宜采用直线形坡道，当坡道长度超过 6.8m 或转换方向时，应设休息平台，平台长度不应小于 2.00m，并应能保持非机动车推行的连续性。踏步式出入口推车斜坡的坡度不宜大于 25%，单向净宽不应小于 0.35m，总净宽度不应小于 1.80m。坡道式出入口的斜坡坡度不宜大于 15%，坡道宽度不应小于 1.80m。

6.2　栏杆、栏板

栏杆和栏板是高度在人体胸部至腹部之间，用以保障人身安全或分隔空间用的防护分隔构件。无论是楼梯、平台，还是一些维护构件都要用到栏杆和栏板。栏杆和栏板应根据它的材料、构造和装修标准，以及使用对象和使用场合的不同进行合理选择，适合人体尺度，确保使用过程中安全可靠。栏杆在使用过程存在的不安全因素主要表现在：是否具有承受足够大侧向冲击力的能力，杆件之间形成的空花大小是否具有不安全感，栏杆高度是否适宜，尤其是供儿童使用的栏杆和一些特殊用途的栏杆，更应该注意这些问题。栏板虽取消了杆件，但它应能承受侧向的推力，并有防止儿童攀爬的构造措施。

护窗是低窗或落地窗前设置的防止人碰撞窗玻璃而设置的安全防护分隔构件，形式多为栏杆或扶手（图6-2-1）。

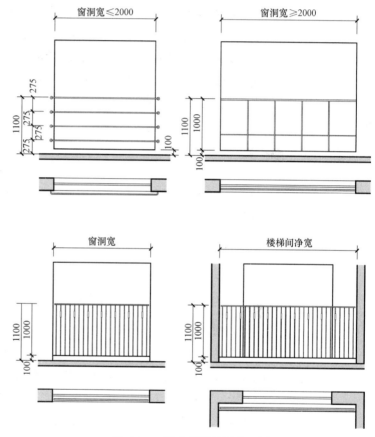

图 6-2-1 护窗栏杆的形式示例

6.2.1 建筑栏杆

所有民用建筑的阳台、外廊、室内回廊、内天井、上人屋面以及室外楼梯等临空处均应设置防护栏杆，栏杆所用材料应坚固、耐久，能承受规范规定的水平荷载。栏杆设计应防止儿童攀登，无论住宅、托儿所、幼儿园、中小学等少年儿童专用活动场所，还是文化娱乐建筑、商业服务建筑、体育建筑、园林景观建筑等允许少年儿童进入活动的场所的栏杆都必须采用防止少年儿童攀登的构造。当采用垂直杆件做栏杆时，其杆件净距不应大于0.11m，且栏杆离楼面或屋面0.10m高度内不宜留空。

栏杆栏板设计的规格应满足下列要求:

1. 栏杆应以坚固、耐久的材料制作,并应能承受现行国家标准《建筑结构荷载规范》及其他国家现行相关标准规定的水平荷载。

2. 当临空高度在 24.0m 以下时,栏杆高度不应低于 1.05m;当临空高度在 24.0m 及以上时,栏杆高度不应低于 1.1m。上人屋面和交通、商业、旅馆、医院、学校等建筑临开敞中庭的栏杆高度不应小于 1.2m (图 6-2-2)。

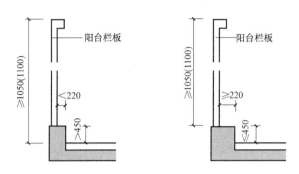

图 6-2-2　栏杆高度示意图

3. 栏杆高度应从所在楼地面或屋面至栏杆扶手顶面垂直高度计算,当底面有宽度大于或等于 0.22m,且高度低于或等于 0.45m 的可踏部位时,应从可踏部位顶面起算。

4. 住宅建筑中阳台栏杆、外廊、内天井及上人屋面等临空处低层、多层住宅的净高不应低于 1.05m,中高层、高层住宅的阳台栏杆净高不应低于 1.10m。封闭阳台栏杆也应满足阳台栏杆净高要求。阳台栏杆设计必须采用防止儿童攀登的构造,栏杆的垂直杆件间净距不应大于 0.11m,放置花盆处必须采取防坠落措施。中高层、高层及寒冷、严寒地区住宅的阳台宜采用实体栏板。

5. 托儿所、幼儿园的外廊、室内回廊、内天井、阳台、上人屋面、平台、看台及室外楼梯等临空处应设置防护栏杆,栏杆应以坚固、耐久的材料制作。防护栏杆的高度应从可踏部位顶面起算,且净高不应小于 1.30m。防护栏杆必须采用防止幼儿攀登和穿过的构造,当采用垂直杆件做栏杆时,其杆件净距离不应大于 0.09m。幼儿使用的楼梯,当楼梯井净宽度大于 0.11m 时,必须采取防止幼儿攀滑措施。楼梯栏杆应采取不易攀爬的构造,当采用垂直杆件做栏杆时,其杆件净距不应大于 0.09m。

6. 中小学校上人屋面、外廊、楼梯、平台、阳台等临空部位必须设防护栏杆,防护栏杆必须牢固,安全,高度不应低于 1.10m。防护栏杆最薄弱处承受的最小水平推力应不小于 1.5kN/m。中小学校的楼梯栏杆不得采用易于攀登的构造和花饰;杆件或花饰的镂空处净距不得大于 0.11m。

7. 文化馆建筑屋顶作为屋顶花园或室外活动场所时,其护栏高度不应低于 1.20m。设置金属护栏时,护栏内设置的支撑不得影响群众活动。

8. 剧场建筑对于池座首排座位与乐池栏杆之间的净距不应小于 1.00m；当池座首排设置轮椅坐席时，至少应再增加 0.50m 的距离。当观众厅座席地坪高于前排 0.50m 以及坐席侧面紧邻有高差的纵向走道或梯步时，应在高处设栏杆，且栏杆应坚固，高度不应小于 1.05m，并不应遮挡视线。观众厅应采取措施保证人身安全，楼座前排栏杆和楼层包厢栏杆不应遮挡视线，高度不应大于 0.85m，下部实体部分不得低于 0.45m。

9. 商店建筑营业部分供轮椅使用的坡道两侧应设高度为 0.65m 的扶手，当其水平投影长度超过 15m 时，宜设休息平台。楼梯、室内回廊、内天井等临空处的栏杆应采用防攀爬的构造，当采用垂直杆件做栏杆时，其杆件净距不应大于 0.11m；栏杆的高度及承受水平荷载的能力应符合现行国家标准《民用建筑设计统一标准》的规定。人员密集的大型商店建筑的中庭应提高栏杆的高度，当采用玻璃栏板时，应符合现行行业标准《建筑玻璃应用技术规程》的规定。

10. 交通客运站建筑候乘厅的检票口应设导向栏杆，通道应顺直，且导向栏杆应采用柔性或可移动栏杆，栏杆高度不应低于 1.2m。港口客运站登船设施的安全防护栏杆高度不应低于 1.2m。售票窗口前宜设导向栏杆，栏杆高度不宜低于 1.2m，宽度宜与窗口中距相同。

11. 铁路旅客车站天桥栏杆或窗台的净高度不宜小于 1.4m。检票口应采用柔性或可移动栏杆，其通道应顺直，净宽度不应小于 0.75m。

12. 旅馆建筑中庭栏杆或栏板高度不应低于 1.20m，并应以坚固、耐久的材料制作，应能承受现行国家标准《建筑结构荷载规范》规定的水平荷载。

13. 老年人建筑扶手高度应为 0.85~0.90m，设置双层扶手时，下层扶手高度宜为 0.65~0.70m。扶手直径宜为 40mm，到墙面净距宜为 40mm。楼梯及坡道扶手端部宜水平延伸不小于 0.30m，末端宜向内拐到墙面，或向下延伸不小于 0.10m 扶手宜保持连贯，扶手的材质宜选用防滑、热惰性指标好的材料。轮椅坡道应设置连续扶手；轮椅坡道的平台、轮椅坡道至建筑物的主要出入口宜设置连续的扶手。

6.2.2 城市道路栏杆

人行天桥上护栏高度应大于或等于 1.1m。城市桥梁引道、高架路引道、立体交叉匝道、高填土道路外侧挡墙等处，高于原地面 2m 的路段，应设置车行护栏或护柱等。平面交叉、广场、停车场等需要渠化的范围，除画线、设导向岛外，可采用分隔物或护栏。大、中型桥梁上应设置高缘石与防撞护栏。

6.2.3 公园栏杆

1. 各种安全防护性、装饰性和示意性护栏不应采用带有尖角、利刺等构造形式。

2. 防护护栏其高度不应低于 1.05m；设置在临空高度 24m 及以上时，护栏高度不应低于 1.10m。护栏应从可踩踏面起计算高度。

3. 儿童专用活动场所的防护护栏必须采用防止儿童攀登的构造，当采用垂直杆件作栏杆时，其杆间净距不应大于 0.11m。

4. 球场、电力设施、猛兽类动物展区以及公园围墙等其他专用防范性护栏，应根据实际需要另行设计和制作。

5. 防护护栏扶手上的活荷载取值应符合下列规定：

1) 竖向荷载按 1.2kN/m 计算，水平向外荷载按 1.0kN/m 计算，其中竖向荷载和水平荷载不同时计算；

2) 作用在栏杆立柱柱顶的水平推力应为 1.0kN/m。

6.3 屋面、门窗、净高和装修

为了保障建筑物的使用安全，建筑设计要考虑到很多因素，如：屋面、门窗、突出物、装修、净高等。不注意这些细节的设计，就会对使用带来很多不安全的隐患。

6.3.1 屋面

1. 屋面工程应根据建筑物的性质、重要程度及使用功能，结合工程特点、气候条件等按不同等级进行防水设防，合理采取保温、隔热措施。

2. 屋面排水坡度应根据屋顶结构形式、屋面基层类别、防水构造形式、材料性能及当地气候等条件确定，且应符合表 6-3-1 的规定，并应符合下列规定：

1) 屋面采用结构找坡时不应小于 3%，采用建筑找坡时不应小于 2%；

2) 瓦屋面坡度大于 100% 以及大风和抗震设防烈度大于 7 度的地区，应采取固定和防止瓦材滑落的措施；

3) 卷材防水屋面檐沟、天沟纵向坡度不应小于 1%，金属屋面集水沟可无坡度；

4) 当种植屋面的坡度大于 20% 时，应采取固定和防止滑落的措施。

屋面的排水坡度   表 6-3-1

屋面的排水坡度		屋面排水坡度（%）
平屋面	防水卷材屋面	≥2，<5
瓦屋面	块瓦	≥30
	波形瓦	≥20
	沥青瓦	≥20
金属屋面	压型金属板、金属夹芯板	≥5
	单层防水卷材金属屋面	≥2
种植屋面	种植屋面	≥2，<50
采光屋面	玻璃采光顶	≥5

3. 上人屋面应选用耐霉变、拉伸强度高的防水材料。防水层应有保护层，保护层宜采用块材或细石混凝土。

4. 种植屋面结构应计算种植荷载作用，并宜设置植物浇灌设施，防水层应满足耐根穿刺要求。

5. 屋面排水应符合下列规定：

1) 屋面排水宜结合气候环境优先采用外排水，严寒地区、高层建筑、多跨及集水面积较大的屋面宜采用内排水，屋面雨水管的数量、管径应通过计算确定。

2) 当上层屋面雨水管的雨水排至下层屋面时，应有防止水流冲刷屋面的设施。

3) 屋面雨水排水系统宜设置溢流系统，溢流排水口的位置不得设在建筑出入口的上方。

4) 当屋面采用虹吸式雨水排水系统时，应设溢流设施，集水沟的平面尺寸应满足汇水要求和雨水斗的安装要求，集水沟宽度不宜小于300mm，有效深度不宜小于250mm，集水沟分水线处最小深度不应小于100mm。

5) 屋面雨水天沟、檐沟不得跨越变形缝和防火墙。

6) 屋面雨水系统不得和阳台雨水系统共用管道。屋面雨水管应设在公共部位，不得在住宅套内穿越。

6. 屋面构造应符合下列规定：

1) 设置保温隔热层的屋面应进行热工验算，应采取防结露、防蒸汽渗透等技术措施，且应符合现行国家标准《建筑设计防火规范》的相关规定。

2) 当屋面坡度较大时，应采取固定加强和防止屋面系统各个构造层及材料滑落的措施。

3) 强风地区的金属屋面和异形金属屋面，应在边区、角区、檐口、屋脊及屋面形态变化处采取构造加强措施。

4) 采用架空隔热层的屋面，架空隔热层的高度应按照屋面的宽度或坡度的大小变化确定，架空隔热层不得堵塞。

5) 屋面应设上人检修口；当屋面无楼梯通达，并低于10m时，可设外墙爬梯，并应有安全防护和防止儿童攀爬的措施；大型屋面及异形屋面的上屋面检修口宜多于2个。

6) 闷顶应设通风口和通向闷顶的检修人孔，闷顶内应设防火分隔。

7) 严寒及寒冷地区的坡屋面，檐口部位应采取防止冰雪融化下坠和冰坝形成等措施。

8) 天沟、天窗、檐沟、檐口、雨水管、泛水、变形缝和伸出屋面管道等处应采取与工程特点相适应的防水加强构造措施，并应符合国家现行有关标准的规定。

6.3.2 门窗

任何建筑都离不开门窗，它的结构、构造、材料、装饰及与墙体的连接方法都关系到安全因素。门窗选用应根据建筑所在地区的气候条件、节能要求等因素综合确定，并应符合国家现行建筑门窗产品标准的规定。门窗的尺寸应符合模数，门窗的材料、功能和质量等应满足使用要求。门窗的配件应与门窗主体相匹配，并应满足相应技术要求。门窗应满足抗风压、水密性、气密性等要求，且应综合考虑安全、采光、节能、通风、防火、隔声等要求。门窗与墙体应连接牢固，不同材料的门窗与墙体连接处应采用相应的密封材料及构造做法。有卫生要求或经常有人员居住、活动房间的外门窗宜设置纱门、纱窗。

6.3.2.1 窗的设置要求

1. 窗的设置应符合下列规定：

1）窗扇的开启形式应方便使用、安全和易于维修、清洗。

2）公共走道的窗扇开启时不得影响人员通行，其底面距走道地面高度不应低于 2.0m。

3）公共建筑临空外窗的窗台距楼地面净高不得低于 0.8m，否则应设置防护设施，防护设施的高度由地面起算不应低于 0.8m。

4）居住建筑临空外窗的窗台距楼地面净高不得低于 0.9m，否则应设置防护设施，防护设施的高度由地面起算不应低于 0.9m。

5）当防火墙上必须开设窗洞口时，应按现行国家标准《建筑设计防火规范》执行。

2. 当凸窗窗台高度低于或等于 0.45m 时，其防护高度从窗台面起算不应低于 0.9m；当凸窗窗台高度高于 0.45m 时，其防护高度从窗台面起算不应低于 0.6m。

3. 天窗的设置应符合下列规定：

1）天窗应采用防破碎伤人的透光材料。

2）天窗应有防冷凝水产生或引泄冷凝水的措施，多雪地区应考虑积雪对天窗的影响。

3）天窗应设置方便开启清洗、维修的设施。

4. 公共建筑中窗的设置

1）托儿所、幼儿园建筑活动室、多功能活动室的窗台面距地面高度不宜大于 0.60m；当窗台面距楼地面高度低于 0.90m 时，应采取防护措施，防护高度应从可踏部位顶面起算，不应低于 0.90m；窗距离楼地面的高度小于或等于 1.80m 的部分，不应设内悬窗和内平开窗扇；外窗开启扇均应设纱窗。

2) 中小学校建筑各教室前端侧窗窗端墙的长度不应小于 1.00m。窗间墙宽度不应大于 1.20m。炎热地区的教学用房及教学辅助用房中，可在内外墙设置可开闭的通风窗。通风窗下沿宜设在距室内楼地面以上 0.10～0.15m 高度处。当风雨操场无围护墙时，应避免眩光影响。有围护墙的风雨操场外窗无避免眩光的设施时，窗台距室内地面高度不宜低于 2.10m。窗台高度以下的墙面宜为深色。临空窗台的高度不应低于 0.90m。

3) 疗养院建筑疗养、理疗、医技门诊、公共活动用房应有良好的自然通风和采光。水疗室、更衣室、淋浴室的窗户应有视线遮挡设施，或设采光通风高窗。光疗用房激光室墙面、顶棚应为深冷色调，窗不应采用反光玻璃。疗养、理疗、医技用房及营养食堂的外门、外窗宜安装纱门纱窗。水疗室浴室的窗户应有视线遮挡措施，并应有通风排气设施。体疗室设有球类活动时，其窗户、灯具应有防护措施。

4) 办公建筑底层及半地下室外窗宜采取安全防范措施。当高层及超高层办公建筑采用玻璃幕墙时应设置清洗设施，并应设有可开启窗或通风换气装置。外窗可开启面积应按现行国家标准《公共建筑节能设计标准》的有关规定；外窗应有良好的气密性、水密性和保温隔热性能，满足节能要求。不利朝向的外窗应采取合理的建筑遮阳措施。

5) 铁路旅客车站建筑候车区（室）窗地比不应小于 1/6，上下窗宜设开启扇，并应有开闭设施。包裹库宜设高窗，并应加设防护设施。

6) 图书馆建筑书库的外门窗应有防尘的密闭措施。特藏书库应设固定窗，必要时可设少量开启窗扇。书库外窗的开启扇应采取防蚊蝇的措施。

7) 档案馆建筑档案库不得采用跨层或跨间的通长窗。档案馆的外门及首层外窗均应有可靠的安全防护设施。档案库外窗的开启扇应设纱窗。

8) 老年人居住建筑不宜设置凸窗或落地窗。

9) 宿舍建筑窗外没有阳台或平台，且窗台距楼面、地面的净高小于 0.90m 时，应设置防护措施。宿舍不宜采用玻璃幕墙，中小学校宿舍居室不应采用玻璃幕墙。开向公共走道的窗扇，其底面距楼地面的高度不宜低于 2m。当低于 2m 时窗扇开启不应妨碍交通，并避免视线干扰。宿舍的底层外窗以及其他各层中窗台下沿距下面屋顶平台或大挑檐等高差小于 2m 的外窗，应采取安全防范措施。居室应设吊挂窗帘的设施。卫生间、洗浴室和厕所的窗应有遮挡视线的措施。宿舍外窗及开敞式阳台外门、亮窗宜设纱窗纱门。

6.3.2.2　门的设置要求

1. 门应开启方便、坚固耐用。

2. 手动开启的大门扇应有制动装置，推拉门应有防脱轨的措施。

3. 双面弹簧门应在可视高度部分装透明安全玻璃。

4. 推拉门、旋转门、电动门、卷帘门、吊门、折叠门不应作为疏散门。

5. 开向疏散走道及楼梯间的门扇开足后，不应影响走道及楼梯平台的疏散宽度。

6. 全玻璃门应选用安全玻璃或采取防护措施，并应设防撞提示标志。

7. 门的开启不应跨越变形缝。

8. 当设有门斗时，门扇同时开启时两道门的间距不应小于0.8m；当有无障碍要求时，应符合现行国家标准《无障碍设计规范》的规定。

9. 公共建筑中门的设置

1）托儿所、幼儿园建筑活动室、寝室、多功能活动室等幼儿使用的房间应设双扇平开门，门净宽不应小于1.20m。严寒地区托儿所、幼儿园建筑的外门应设门斗，寒冷地区宜设门斗。幼儿出入的门当使用玻璃材料时，应采用安全玻璃；距离地面0.60m处宜加设幼儿专用拉手；门的双面均应平滑、无棱角；门下不应设门槛；平开门距离楼地面1.20m以下部分应设防止夹手设施；不应设置旋转门、弹簧门、推拉门，不宜设金属门；生活用房开向疏散走道的门均应向人员疏散方向开启，开启的门扇不应妨碍走道疏散通行；门上应设观察窗，观察窗应安装安全玻璃。

2）中小学校建筑教学用房的门，除音乐教室外，各类教室的门均宜设置上亮窗；除心理咨询室外，教学用房的门扇均宜附设观察窗。

3）疗养院建筑疗养室的门，净宽不宜小于1.1m，其上宜设观察窗。疗养室内卫生间门的有效通行净宽不应小于0.8m；卫生间宜采用外开门或推拉门，门锁装置应内外均可开启。活动室的门净宽不应小于1.0m，其上应设观察窗。

4）老年人居住建筑出入口不应采用旋转门，宜设置推拉门或平开门，设置平开门时应设置闭门器。出入口设置感应开门或电动开门辅助装置。当门扇有较大面积玻璃时，应设置明显的提示标识。老年人居住建筑户门应采用平开门，门扇宜向外开启，并采用横执杆式把手。户门不应设置门槛，户内外地面高差不应大于15mm。卧室门应采用横执杆式把手，宜选用内外均可开启的锁具。厨房和卫生间的门扇应设置透光窗。卫生间门应能从外部开启，应采用可外开的门或推拉门。

5）宿舍建筑的首层直通室外疏散门的净宽度应按各层疏散人数最多一层的人数计算，且净宽不应小于1.40m。宿舍建筑的安全出口不应设置门槛，其净宽不应小于1.40m，出口处距门的1.40m范围内不应设踏步。

6.3.3　室内净高

室内净高应按楼地面完成面至吊顶、楼板或梁底面之间的垂直距离计算；当楼盖、屋盖的下悬构件或管道底面影响有效使用空间时，应按楼地面完成面至下悬构件下缘或管道底面之间的垂直距离计算（图6-3-1）。

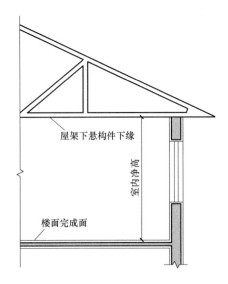

图 6-3-1　室内净高示意图

　　建筑用房的室内净高应符合国家现行相关建筑设计标准的规定，地下室、局部夹层、走道等有人员正常活动的最低处净高不应小于2.0m。

6.3.3.1　居住建筑

　　居住建筑的净高应满足人的居住要求，宿舍建筑居室采用单层床时，层高不宜低于2.80m，净高不应低于2.60m；采用双层床或高架床时，层高不宜低于3.60m，净高不应低于3.40m。辅助用房的净高不宜低于2.50m。住宅建筑卧室和起居室的室内净高不应低于2.40m，局部净高不应低于2.10m，且其面积不应大于室内使用面积的1/3。利用坡屋顶内空间作卧室和起居室时，其1/2面积的室内净高不应低于2.10m。厨房和卫生间的室内净高不应低于2.20m。内排水横管下表面与楼面、地面净距不应低于1.90m，且不得影响门、窗扇开启。住宅的地下室、半地下室做自行车库和设备用房时，其净高不应低于2.00m。住宅地下机动车库库内车道净高不应低于2.20m。车位净高不应低于2.00m。

6.3.3.2　公共建筑

　　公共建筑的净高根据其不同的功能要求而有所差别。

　　1. 托儿所睡眠区、活动区，幼儿园活动室、寝室，多功能活动室的室内最小净高不应低于表6-3-2的规定。

托儿所、幼儿园建筑室内最小净高（m）　　　　表 6-3-2

房间名称	净高
托儿所睡眠区、活动区	2.8
幼儿园活动室、寝室	3.0
多功能活动室	3.9

　　注：改、扩建的托儿所睡眠区和活动区室内净高不应小于2.6m。

2. 中小学校主要房间的净高不应低于表6-3-3的规定。

中小学校主要房间最低净高（m）　　　　表6-3-3

教室	小学	初中	高中
普通教室、史地、美术、音乐教室	3.00	3.05	3.10
舞蹈教室	4.50		
科学教室、实验室、计算机教室、劳动教室、技术教室、合班教室	3.10		
阶梯教室	最后一排（楼地面最高处）距顶棚或上方突出物最小距离为2.20m		

3. 文化馆建筑计算机与网络教室室内净高不应小于3.0m。舞蹈排练室室内净高不应小于4.5m。美工室、展品展具制作与维修用房净高不宜小于4.5m。

4. 图书馆建筑书库、阅览室藏书区净高不得小于2.40m。当有梁或管线时，其底面净高不宜小于2.30m。采用积层书架的书库结构梁（或管线）底面之净高不得小于4.70m。

5. 档案馆建筑档案库净高不应低于2.60m。

6. 博物馆建筑的展厅展示一般历史文物或古代艺术品的展厅，净高不宜小于3.5m；展示一般现代艺术品的展厅，净高不宜小于4.0m。临时展厅的分间面积不宜小于200m²，净高不宜小于4.5m。文物类藏品库房净高宜为2.8～3.0m；现代艺术类藏品、标本类藏品库房净高宜为3.5～4.0m；特大体量藏品库房净高应根据工艺要求确定。自然博物馆，展厅净高不宜低于4.0m。科技馆特大型馆、大型馆主要入口层展厅净高宜为6.0～7.0m；大中型馆、中型馆主要入口层净高宜为5.0～6.0m；特大型馆、大型馆楼层净高宜为5.0～6.0m；大中型馆、中型馆楼层净高宜为4.5～5.0m。

7. 办公建筑的净高有集中空调设施并有吊顶的单间式和单元式办公室净高不应低于2.50m；无集中空调设施的单间式和单元式办公室净高不应低于2.70m；有集中空调设施并有吊顶的开放式和半开放式办公室净高不应低于2.70m；无集中空调设施的开放式和半开放式办公室净高不应低于2.90m；走道净高不应低于2.20m，储藏间净高不宜低于2.00m。非机动车库净高不得低于2.00m；

8. 综合医院建筑室内净高诊查室不宜低于2.60m；病房不宜低于2.80m；公共走道不宜低于2.30m；医技科室宜根据需要确定。

9. 疗养院建筑疗养室及疗养员活动室净高不宜低于2.6m，医护用房净高不宜低于2.4m，走道及其他辅助用房净高不应低于2.2m。体疗用房的面积、净高应根据体疗设施的尺寸，以及医务人员的操作空间、疗养员的活动空间确定。

10. 旅馆建筑房室内净高当设空调时不应低于 2.40m；不设空调时不应低于 2.60m。利用坡屋顶内空间作为客房时，应至少有 8m² 面积的净高不低于 2.40m。卫生间净高不应低于 2.20m。客房层公共走道及客房内走道净高不应低于 2.10m。

11. 商店建筑营业厅的净高应按其平面形状和通风方式确定，不应低于表 6-3-4 的规定。

商店建筑营业厅的净高　　　　　　　　　表 6-3-4

通风方式	自然通风			机械排风和自然通风相结合	空调通风系统
	单面开窗	前后开窗	前面敞开		
最小净高(m)	3.20	3.50	3.20	3.50	3.00

设有全年不断空调，人工采光的小型厅或局部空间的净高可酌减，但不应小于 2.40m。

仓储式商店营业厅的室内净高应满足堆高机、叉车等机械设备的提升高度要求。菜市场内净高应满足通风、排除异味的要求。当采用开架书廊营业方式时，可利用空间设置夹层，其净高不应小于 2.10m。

储存库房的净高应根据有效储存空间及减少至营业厅垂直运距等确定，应按楼地面至上部结构主梁或桁架下弦底面间的垂直高度计算，设有货架的储存库房净高不应小于 2.10m；设有夹层的储存库房净高不应小于 4.60m；无固定堆放形式的储存库房净高不应小于 3.00m。

12. 饮食建筑用餐区域不宜低于 2.6m，设集中空调时，室内净高不应低于 2.4m；设置夹层的用餐区域，室内净高最低处不应低于 2.4m。厨房区域各类加工制作场所的室内净高不宜低于 2.5m。

13. 港口客运站候乘风雨廊宜结合上下船通道设置，候乘风雨廊宽度不宜小于 1.3m，净高不应低于 2.4m，并可设检票口。候乘厅检票口与客运码头间，可根据需要设置平台、廊道或其他登船设施，并应设避雨设施，净高不应低于 2.4m。

行包用房行包仓库内净高不应低于 3.6m；有机械作业的行包仓库，应满足机械作业的要求，其门的净宽度和净高度均不应小于 3.0m。

汽车客运站发车位为露天时，站台应设置雨棚。雨棚宜能覆盖到车辆行李舱位置，雨棚净高不得低于 5.0m。

国际港口客运用房出境、入境用房布置应符合联检程序的要求，并宜具备适当的灵活性和通用性。联检通道净高不宜小于 4.0m。

14. 铁路旅客车站候车区（室）利用自然采光和通风的候车区（室），其室内净高宜根据高跨比确定，并不宜小于 3.6m。行李、包裹用房中包裹库内净高度不应小于 3m。建筑天然采光和自然通风的候车室室内净高度宜根据高跨比确定，并不宜小于 3.6m。行包库室内净高度不应小于 3m。雨棚悬挂物下缘至站台面的高度不应小于 3m。旅客地道净高不应小于 2.5m，行包、邮件地道净高不应小于 3m。

15. 城市道路人行地道净高应大于或等于 2.5m。

6.3.4 装饰装修

装修是以建筑物主体结构为依托，对建筑内、外空间进行的细部加工和艺术处理。一般建筑在主体完工之后，都要进行一定的装饰装修，根据使用功能的不同，装修标准也不同。装修具有保护、美化建筑物的功能，它关系到人们生产、生活和工作环境的优劣。但是，由于装修使用的材料、构造做法以及施工技术水平，会产生不同的效果，也会给人带来不同的影响，甚至危害。所以在设计时也应要考虑装饰装修的安全性。

民用建筑的室内外装修的基本原则为：室内外装修不应影响建筑物结构的安全性。当既有建筑改造时，应进行可靠性鉴定，根据鉴定结果进行加固。装修工程应根据使用功能等要求，采用节能、环保型装修材料，且应符合现行国家标准《建筑设计防火规范》的相关规定。

室内装修不得遮挡消防设施标志、疏散指示标志及安全出口，并不得影响消防设施和疏散通道的正常使用；既有建筑重新装修时，应充分利用原有设施、设备管线系统，且应满足国家现行相关标准的规定；室内装修材料应符合现行国家标准《民用建筑工程室内环境污染控制规范》的相关要求。

外墙装修材料或构件与主体结构的连接必须安全牢固。

公共建筑装饰装修要充分考虑使用者的情况

1. 中小学校建筑教学用房的地面应有防潮处理。在严寒地区、寒冷地区及夏热冬冷地区，教学用房的地面应设保温措施。化学实验室、药品室、准备室宜采用易冲洗、耐酸碱、耐腐蚀的楼地面做法，并装设密闭地漏。计算机教室的室内装修应采取防潮、防静电措施，并宜采用防静电架空地板，不得采用无导出静电功能的木地板或塑料地板。当采用地板采暖系统时，楼地面需采用与之相适应的材料及构造做法。风雨操场的楼、地面构造应根据主要运动项目的要求确定，不宜采用刚性地面。固定运动器械的预埋件应暗设。网络控制室内宜采用防静电架空地板，不得采用无导出静电功能的木地板或塑料地板。当采用地板采暖时，楼地面需采用相适应的构造。

教学用房及学生公共活动区的墙面宜设置墙裙，各类小学的墙裙高度不宜低于 1.20m；各类中学的墙裙高度不宜低于 1.40m；舞蹈教室、风雨操场墙裙高度不应低于 2.10m。美术教室的墙面及顶棚应为白色。合班教室和现代艺术课教室，其墙面及顶棚应采取吸声措施。音乐教室的门窗应隔声。墙面及顶棚应采取吸声措施。风雨操场窗台高度以下的墙面宜为深色。

教学用房的楼层间及隔墙应进行隔声处理；走道的顶棚宜进行吸声处理。美术教室的墙面及顶棚应为白色。

2. 文化馆建筑群众活动用房应采用易清洁、耐磨的地面；严寒地区的儿童和老年人的活动室宜做暖性地面。舞蹈排练室地面应平整，且宜做有木龙骨的双层木地板。琴房墙面不应相互平行，墙体、地面及顶棚应采用隔声材料或做隔声处理，且房间门应为隔声门，内墙面及顶棚表面应做吸声处理。录音录像室的室内应进行声学设计，地面宜铺设木地板，并应采用密闭隔声门；不宜设外窗，并应设置空调设施。洗浴间应采用防滑地面，墙面应采用易清洗的饰面材料。

舞蹈排练室的墙面应平直，室内不得设有独立柱及墙壁柱，墙面及顶棚不得有妨碍活动安全的突出物，采暖设施应暗装。美术教室墙面应设挂镜线。档案室室内地面、墙面及顶棚的装修材料应易于清扫、不易起尘。

3. 综合医院建筑室内装修和防护宜符合医疗用房的地面、踢脚板、墙裙、墙面、顶棚应便于清扫或冲洗，其阴阳角宜做成圆角。踢脚板、墙裙应与墙面平。手术室、检验科、中心实验室和病理科等医院卫生学要求高的用房，其室内装修应满足易清洁、耐腐蚀的要求。

4. 旅馆建筑的主要出入口上方宜设雨篷，多雨雪地区的出入口上方应设雨篷，地面应防滑。

5. 食品类商店各种用房地面、墙裙等均应为可冲洗的面层，并严禁采用有毒和起化学反应的涂料。菜市场类建筑，其地面、货台和墙裙应采用易于冲洗的面层。饮食建筑餐厅与饮食厅的室内各部面层均应选用不易积灰、易清洁的材料，墙及天棚阴角宜做成弧形。

6. 铁路旅客车站建筑售票室内工作区地面宜高出售票厅地面0.3m。严寒和寒冷地区宜采用保暖材质地面。旅客站台应采用刚性防滑地面，并满足行李、包裹车荷载的要求，通行消防车的站台还应满足消防车荷载的要求。

7. 电影院建筑设计规范室内装修所用材料应符合现行国家标准《民用建筑工程室内环境污染控制规范》中的有关规定；应采用防火、防污染、防潮、防水、防腐、防虫的装修材料和辅料。改建、扩建电影院观众厅的室内装修应保证建筑结构的安全性。当观众吊顶内管线较多且空间有限不能进入检修时，可采用便于拆卸的装配式吊顶板或在需要部位设置检修孔；吊顶板与龙骨之间应连接牢靠。观众厅的走道地面宜采用阻燃深色地毯。观众席地面宜采用耐磨、耐清洗地面材料。银幕边框、银幕后墙及附近的侧墙和银幕前方的顶棚应采用无光黑色或深色装修材料，台口、大幕及沿幕应采用无光黑色或深色装修材料。放映机房的地面宜采用防静电、防尘、耐磨、易清洁材料。墙面与顶棚宜做吸声处理。

8. 体育建筑举行重大比赛时，田径检录处宜设在练习场地或进入比赛区之前的区域。由运动员检录处至比赛场地应采用专用通道（或地道），并应采用塑胶或其他弹性材料地面。当不作永久性时，可临时铺设塑胶地毯。

9. 展览建筑的展厅和人员通行的区域的地面、楼面面层材料应耐磨、防滑。展厅不宜采用大面积的透明幕墙或透明顶棚。

10. 公园设的游览、休憩、服务性建筑物有吊顶的亭、廊、敞厅，吊顶采用防潮材料。亭、廊、花架、敞厅等供游人坐憩之处，不采用粗糙饰面材料，也不采用易刮伤肌肤和衣物的构造。

6.4 各类井道和电气

建筑物中的各类井道很多，常见的有：电梯井、管道井、烟道、通风道。

由于各类管道连通着两层或多层建筑的空间，管井内的垂直落差很大。因此，防止各种管线的相互干扰、防火、防盗、防坠落是各类井道设计要考虑的安全问题。

建筑电气安全是保证建筑安全运行的重要内容。由于现代建筑的设备内容越来越多，建筑对于各种设备的依赖程度越来越高，这些设备的运行都依赖建筑电气系统的支持，因此，建筑电气的安全对于建筑安全而言，是至关重要的。

6.4.1 各类井道的设置

管道井是建筑物中用于布置竖向设备管线的竖向井道。烟道是用来排除各种烟气的管道。通风道是可以排除室内蒸汽、潮气或污浊空气以及输送新鲜空气的管道。管道的布置直接关系到建筑物的使用要求、美观和安全（图6-4-1）。管道井、烟道和通风道应用非燃烧体材料制作，且应分别独立设置，不得共用。

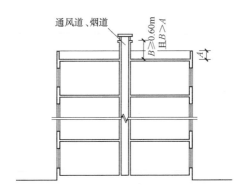

图 6-4-1　竖向井道示意图

6.4.1.1 管道井的设置

1. 在安全、防火和卫生等方面互有影响的管线不应敷设在同一管道井内。

2. 管道井的断面尺寸应满足管道安装、检修所需空间的要求。当井内设置壁装设备时，井壁应满足承重、安装要求。

3. 管道井壁、检修门、管井开洞的封堵做法等应符合现行国家标准的有关规定。

4. 管道井宜在每层临公共区域的一侧设检修门，检修门门槛或井内楼地面宜高出本层楼地面，且不应小于0.1m。

5. 电气管线使用的管道井不宜与厕所、卫生间、盥洗室和浴室等经常积水的潮湿场所贴邻设置。

6. 弱电管线与强电管线宜分别设置管道井。

7. 设有电气设备的管道井，其内部环境应保证设备正常运行。

6.4.1.2 烟道和通风道的设置

1. 进风道、排风道和烟道的断面、形状、尺寸和内壁应有利于进风、排风、排烟（气）通畅，防止产生阻滞、涡流、窜烟、漏气和倒灌等现象。

2. 自然排放的烟道和排风道宜伸出屋面，同时应避开门窗和进风口。伸出高度应有利于烟气扩散，并应根据屋面形式、排出口周围遮挡物的高度、距离和积雪深度确定，伸出平屋面的高度不得小于0.6m。伸出坡屋面的高度应符合下列规定：

1）当烟道或排风道中心线距屋脊的水平面投影距离小于1.5m时，应高出屋脊0.6m；

2）当烟道或排风道中心线距屋脊的水平面投影距离为1.5～3.0m时，应高于屋脊，且伸出屋面高度不得小于0.6m；

3）当烟道或排风道中心线距屋脊的水平面投影距离大于3.0m时，可适当低于屋脊，但其顶部与屋脊的连线同水平线之间的夹角不应大于10°，且伸出屋面高度不得小于0.6m（图6-4-2）。

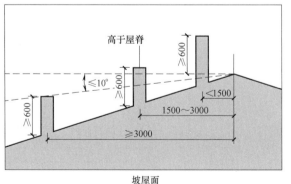
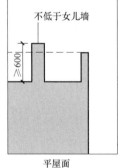

图6-4-2 屋面烟道和风道的设计要求

6.4.2 各类井道的防火

1. 建筑内的电梯井等竖井

电梯井应独立设置，井内严禁敷设可燃气体和甲、乙、丙类液体管道，不应敷设与电梯无关的电缆、电线等。电梯井的井壁除设置电梯门、安全逃生门和通气孔洞外，不应设置其他开口。电缆井、管道井、排烟道、排气道、垃圾道等竖向井道，应分别独立设置。井壁的耐火极限不应低于1h，井壁上的检查门应采用丙级防火门。建筑内的电缆井、管道井应在每层楼板处采用不低于楼板耐火极限的不燃材料或防火封堵材料封堵。建筑内的电缆井、管道井与房间、走道等相连通的孔隙应采用防火封堵材料封堵。建筑内的垃圾道宜靠外墙设置，垃圾道的排气口应直接开向室外，垃圾斗应采用不燃材料制作，并应能自行关闭（图6-4-3）。

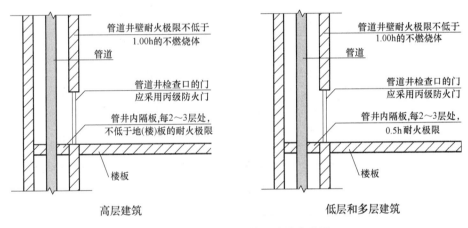

高层建筑   低层和多层建筑

图 6-4-3　竖向管井的防火分隔

防烟、排烟、供暖、通风和空气调节系统中的管道及建筑内的其他管道，在穿越防火隔墙、楼板和防火墙处的孔隙应采用防火封堵材料封堵。风管穿过防火隔墙、楼板和防火墙时，穿越处风管上的防火阀、排烟防火阀两侧各2.0m范围内的风管应采用耐火风管或风管外壁应采取防火保护措施，且耐火极限不应低于该防火分隔体的耐火极限。

2. 汽车库、修车库、停车场

电梯井、管道井、电缆井和楼梯间应分别独立设置。管道井、电缆井的井壁应采用不燃材料，且耐火极限不应低于1h；电梯井的井壁应采用不燃材料，且耐火极限不应低于2h。

电缆井、管道井应在每层楼板处采用不燃材料或防火封堵材料进行分隔，且分隔后的耐火极限不应低于楼板的耐火极限，井壁上的检查门应采用丙级防火门。

6.4.3 电气设备

6.4.3.1 变电所的一般规定

1. 民用建筑物内设置的变电所宜接近用电负荷中心；应方便进出线；应方便设备吊装运输。不应在厕所、卫生间、盥洗室、浴室、厨房或其他蓄水、经常积水场所的直接下一层设置，且不宜与上述场所相贴邻，当贴邻设置时应采取防水措施；变压器室、高压配电室、电容器室，不应在教室、居室的直接上、下层及贴邻处设置；当变电所的直接上、下层及贴邻处设置病房、客房、办公室、智能化系统机房时，应采取屏蔽、降噪等措施（图6-4-4）。

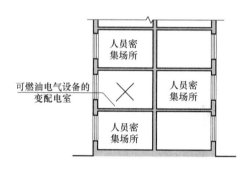

图 6-4-4　可燃油电气设备变配电室示意图

2. 地上高压配电室宜设不能开启的自然采光窗，其窗距室外地坪不宜低于 1.8m；地上低压配电室可设能开启的不临街的自然采光通风窗，其窗应设置防雨雪和小动物从采光窗、通风窗、门、电缆沟等进入室内的设施。

3. 变电所宜设在一个防火分区内。当在一个防火分区内设置的变电所，建筑面积不大于 200.0m² 时，至少应设置 1 个直接通向疏散走道（安全出口）或室外的疏散门；当建筑面积大于 200.0m² 时，至少应设置 2 个直接通向疏散走道（安全出口）或室外的疏散门；当变电所长度大于 60.0m 时，至少应设置 3 个直接通向疏散走道（安全出口）或室外的疏散门。

4. 当变电所内设置值班室时，值班室应设置直接通向室外或疏散走道（安全出口）的疏散门。

5. 当变电所设置 2 个及以上疏散门时，疏散门之间的距离不应小于 5.0m，且不应大于 40.0m。

6. 变压器室、配电室、电容器室的出入口门应向外开启。同一个防火分区内的变电所，其内部相通的门应为不燃材料制作的双向弹簧门。当变压器室、配电室、电容器室长度大于 7.0m 时，至少应设 2 个出入口门。

7. 变电所地面或门槛宜高出所在楼层楼地面不小于 0.1m。如果设在地下层，其地面或门槛宜高出所在楼层楼地面不小于 0.15m。变电所的电缆夹层、电缆沟和电缆室应采取防水、排水措施。

8. 变电所防火门的级别应符合下列规定：

1）变电所直接通向疏散走道（安全出口）的疏散门，以及变电所直接通向非变电所区域的门，应为甲级防火门；

2）变电所直接通向室外的疏散门，应为不低于丙级的防火门。

6.4.3.2　柴油发电机房的一般规定

1. 柴油发电机房的设置应符合民用建筑变电所的一般规定。

2. 柴油发电机房宜设有发电机间、控制及配电室、储油间、备件贮藏间等，设计时可根据具体情况对上述房间进行合并或增减。

3. 当发电机间、控制及配电室长度大于 7.0m 时，至少应设 2 个出入口门。其中一个门及通道的大小应满足运输机组的需要，否则应预留运输条件。

4. 发电机间的门应向外开启。发电机间与控制及配电室之间的门和观察窗应采取防火措施，门应开向发电机间。

5. 柴油发电机房宜靠近变电所设置，当贴邻变电所设置时，应采用防火墙隔开。

6. 当柴油发电机房设在地下时，宜贴邻建筑外围护墙体或顶板布置，机房的送、排风管（井）道和排烟管（井）道应直通室外。室外排烟管（井）的口部下缘距地面高度不宜小于 2.0m。

7. 柴油发电机房墙面或管（井）的送风口宜正对发电机进风端。

8. 建筑物内设或外设储油设施设置应符合现行国家标准的规定。

9. 高压柴油发电机房可与低压柴油发电机房分别设置。

6.4.3.3　建筑智能化系统机房的一般规定

1. 机房地面或门槛宜高出本层楼地面不小于 0.1m。

2. 机房宜铺设架空地板、网络地板或地面线槽，宜采用防静电、防尘材料，机房净高不宜小于 2.5m。

3. 机房可单独设置，也可合用设置。当消防控制室与其他控制室合用时，消防设备在室内应占有独立的区域，且相互间不会产生干扰；当安防监控中心与其他控制室合用时，风险等级应得到主管安防部门的确认。

4. 消防控制室、安防监控中心的设置应符合有关国家现行消防、安防标准的规定。消防控制室、安防监控中心宜设在建筑物的首层或地下一层。

6.4.3.4　电气竖井的设置要求

1. 电气竖井的面积、位置和数量应根据建筑物规模、使用性质、供电半径和防火分区等因素确定，每层设置的检修门应开向公共走道。电气竖井不宜与卫生间等潮湿场所相贴邻。

2. 250.0m 及以上的超高层建筑应设 2 个及以上强电竖井，宜设 2 个及以上弱电竖井。

3. 电气竖井井壁、楼板及封堵材料的耐火极限应根据建筑本体耐火极限设置，检修门应采用不低于丙级的防火门。

4. 设有综合布线机柜的弱电竖井宜大于 5.0m²；采用对绞电缆布线时，其距最远端信息点的布线距离不宜大于 90.0m。

6.4.3.5　线路敷设的设置要求

1. 无关的管道和线路不得穿越和进入变电所、控制室、楼层配电室、智能化系统机房、电气竖井，与其有关的管道和线路进入时应做好防护措施。

2. 有关的管道在变电所、控制室、楼层配电室、智能化系统机房、电气竖井布置时，不应设置在电气设备的正上方。风口设置应避免气流短路。

3. 在楼板、墙体、柱内暗敷的电气线缆保护管其覆盖层不应小于 15.0mm；在楼板、墙体、柱内暗敷的消防设备配电线缆保护管其覆盖层不应小于 30.0mm。覆盖层应采用不燃性材料。

4. 电缆桥架顶距楼板不宜小于 0.3m，距梁底不宜小于 0.1m。

6.4.3.6　公共建筑的电气安全

1. 托儿所、幼儿园的房间内应设置插座，且位置和数量根据需要确定。活动室插座不应少于四组，寝室插座不应少于两组。插座应采用安全型，安装高度不应低于 1.80m。插座回路与照明回路应分开设置，插座回路应设置剩余电流动作保护，其额定动作电流不应大于 30mA。幼儿活动场所不宜安装配电箱、控制箱等电气装置；当不能避免时，应采取安全措施，装置底部距地面高度不得低于 1.80m。

2. 中小学校应设置安全的供电设施和线路。各幢建筑的电源引入处应设置电源总切断装置和可靠的接地装置，各楼层应分别设置电源切断装置。室内线路应采用暗线敷设。中小学校的电源插座回路、各实验室内，教学用电应设置专用线路，并应有可靠的接地措施。电源侧应设置短路保护、过载保护措施的配电装置。电开水器电源、室外照明电源均应设置剩余电流动作保护器。

3. 文化馆建筑报告厅、计算机与网络教室、计算机机房、多媒体视听教室、录音录像室、电子图书阅览室、维修间等场所宜设置专用配电箱，且设备用电宜采用单独回路供电。各类用房室内线路宜采用暗敷设方式。多媒体视听教室、计算机与网络教室等场所宜设置防静电地板，且语音、数据、设备电源等线路宜采用地面线槽沿静电地板下布线。

4. 图书馆公用空间与内部使用空间的照明宜分别配电和控制。书库电源总开关箱应设于库外，书库照明宜分区、分架控制。当沿金属书架敷设照明线路及安装照明设备时，应设置剩余电流动作保护措施。图书馆建筑内电气配线宜采用低烟无卤阻燃型电线电缆。

5. 博物馆建筑陈列展览区内不应有外露的配电设备；当展区内有公众可触摸、操作的展品电气部件时应采用安全低电压供电。藏品库房的电源开关应统一安装在藏品库区的藏品库房总门之外，并应设置防剩余电流的安全保护装置。熏蒸室的电气开关应设置在室外。藏品库房和展厅的电气照明线路应采用铜芯绝缘导线穿金属保护管暗敷；利用古建筑改建时，可采取铜芯绝缘导线穿金属保护管明敷。博物馆建筑应根据其使用性质和重要性、发生雷电事故的可能性及造成后果的严重性，进行防雷设计。特大型、大型、大中型博物馆应按第二类防雷建筑物进行设计，中型、小型博物馆应根据年预计雷击次数确定防雷等级，并应按不低于第三类防雷建筑物进行设计。

6. 电影院建筑观众厅及放映机房等处墙面及吊顶内的照明线路应采用阻燃型铜芯绝缘导线或铜芯绝缘电缆穿金属管或金属线槽敷设。放映机房、保安监控设备用房及其他弱电系统控制机房内采用专用接地装置时，接地电阻值不应大于4Ω。采用共用接地装置时，接地电阻值不应大于1Ω。

7. 办公建筑的变电所不应在厕所、浴室、盥洗室或其他蓄水、经常积水场所的直接下一层设置，且不宜与上述场所相贴邻，当贴邻时应采取防水和防潮措施。办公建筑内带洗浴的卫生间应设置局部等电位联结。

8. 商店建筑除消防负荷外的配电干线，可采用铜芯或电工级铝合金电缆和母线槽，营业区配电分支线路应采用铜芯导线。对于大型和中型商店建筑的营业厅，线缆的绝缘和护套应采用低烟低毒阻燃型。大中型商店建筑的营业场所内导线明敷设时，应穿金属管、可绕金属电线导管或金属线槽敷设。

9. 汽车库建筑在机械式汽车库中，严禁设置或穿越与本车库无关的管道、电缆等管线。

10. 老年人居住建筑各部位电源插座均应采用安全插座。常用插座高度宜为0.60~0.80m。套内电源插座应满足主要家用电器和安全报警装置的使用要求。

11. 公园配电系统接地形式应采用 TT 系统或 TN-S 系统。室外线路宜采用 TT 系统并采用剩余电流保护器（RCD）作接地故障保护，动作电流不宜小于正常运行时最大泄漏电流的2.0~2.5倍，且不宜大于100mA，动作时间不应大于0.3s。戏水池和喷水池应有安全防护措施，戏水池和喷水池按其使用性质，水池旁用电设备应装设具有检修隔离功能的开关及控制按钮。树冠高于文物建筑的古树名木或树冠离建筑物距离小于2m的高大树木，应采取防雷措施。建筑物旁高大树木的防雷装置接地极应与建筑物防雷装置接地极可靠连通。

6.4.3.7 公共建筑电气防火

1. 消防用电设备应采用专用的供电回路，当建筑内的生产、生活用电被切断时，应仍能保证消防用电。消防配电干线宜按防火分区划分，消防配电支线不宜穿越防火分区。

2. 消防控制室、消防水泵房、防烟和排烟风机房的消防用电设备及消防电梯等的供电,应在其配电线路的最末一级配电箱处设置自动切换装置。

3. 消防配电线路明敷时（包括敷设在吊顶内），应穿金属导管或采用封闭式金属槽盒保护，金属导管或封闭式金属槽盒应采取防火保护措施；当采用阻燃或耐火电缆并敷设在电缆井、沟内时，可不穿金属导管或采用封闭式金属槽盒保护；当采用矿物绝缘类不燃性电缆时，可直接明敷。暗敷时，应穿管并应敷设在不燃性结构内且保护层厚度不应小于30mm。消防配电线路宜与其他配电线路分开敷设在不同的电缆井、沟内；确有困难需敷设在同一电缆井、沟内时，应分别布置在电缆井、沟的两侧，且消防配电线路应采用矿物绝缘类不燃性电缆。

4. 电力电缆不应和输送甲、乙、丙类液体管道、可燃气体管道、热力管道敷设在同一管沟内。配电线路不得穿越通风管道内腔或直接敷设在通风管道外壁上，穿金属导管保护的配电线路可紧贴通风管道外壁敷设。配电线路敷设在有可燃物的闷顶、吊顶内时，应采取穿金属导管、采用封闭式金属槽盒等防火保护措施。

5. 开关、插座和照明灯具靠近可燃物时，应采取隔热、散热等防火措施。卤钨灯和额定功率不小于100W的白炽灯泡的吸顶灯、槽灯、嵌入式灯，其引入线应采用瓷管、矿棉等不燃材料作隔热保护。额定功率不小于60W的白炽灯、卤钨灯、高压钠灯、金属卤化物灯、荧光高压汞灯（包括电感镇流器）等，不应直接安装在可燃物体上或采取其他防火措施。

6. 可燃材料仓库内宜使用低温照明灯具，并应对灯具的发热部件采取隔热等防火措施，不应使用卤钨灯等高温照明灯具。配电箱及开关应设置在仓库外。

6.5　无障碍设计

建筑师在进行建筑设计时，首先是要明确建筑物的适用对象。比如幼儿园，在设计时就必须考虑幼儿的尺度；福利院，就必须考虑残疾人的行动特点才能合理地进行设计。考虑公共建筑的使用对象时，不能仅考虑健康的成年人，而应将残疾人、老年人和儿童等服务对象也考虑在内，方便这一部分人群的使用。基于这种认识，建筑师应设计出包括残疾人、老年人和儿童在内的所有人都能安全、便利地使用的建筑。

随着社会文明的进步，公共设施需要适应各种类型人群的问题，已成为世界范围内普遍存在并越来越受到关注的社会问题。20世纪50年代末，西方发达国家就开始注意这一问题，并取得了很大进展。70年代以来，日本吸取了发达国家的经验，积极为老年人和残疾人探索并提供便利的物质环境条件，提高这部分人的自立程度，使得他们的生活圈子大为扩展。我国自20世纪 80 年代起开始这方面的努力，包括颁布现行的《无障碍设计规范》，发行了现行的有关无障碍设施的通用图集。

无障碍设计是指城市道路和建筑物为了保证残疾人（包括视觉残疾、肢体残疾）和体能缺陷者（老年人、儿童）的使用而进行的相关设计。无障碍设计包括城市道路无障碍设计和建筑物无障碍设计两部分内容。

城市道路无障碍设计的范围包括：新建、改建和扩建的城市道路、城市广场、城市绿地。

建筑物无障碍设计的建筑类型包括所有类型的公共建筑和居住建筑。虽然各种类型公共建筑无障碍设计的内容和要求都不同，但都包括：建筑基地内的道路和停车场、建筑入口、入口平台、门、水平与垂直交通、卫生间。因此，本节只介绍建筑物无障碍设计的有关内容。

6.5.1 缘石坡道

为了方便行动不便的人特别是乘轮椅者通过路口，人行道的路口需要设置缘石坡道。缘石坡道的坡面应平整、防滑；缘石坡道的坡口与车行道之间宜没有高差；当有高差时，高出车行道的地面不应大于 10mm；宜优先选用全宽式单面坡缘石坡道。全宽式单面坡缘石坡道的坡度不应大于 1∶20；三面坡缘石坡道正面及侧面的坡度不应大于 1∶12；其他形式的缘石坡道的坡度均不应大于 1∶12。全宽式单面坡缘石坡道的宽度应与人行道宽度相同；三面坡缘石坡道的正面坡道宽度不应小于 1.20m；其他形式的缘石坡道的坡口宽度均不应小于 1.50m（图 6-5-1）。

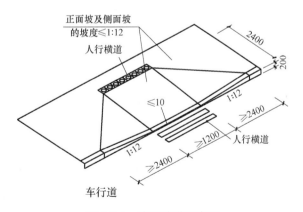

图 6-5-1　缘石坡道示意图

6.5.2 盲道

盲道按其使用功能可分为行进盲道和提示盲道；盲道的纹路应凸出路面 4mm 高；盲道铺设应连续，应避开树木（穴）、电线杆、拉线等障碍物，其他设施不得占用盲道；盲道的颜色宜与相邻的人行道铺面的颜色形成对比，并与周围景观相协调，宜采用中黄色；盲道型材表面应防滑。行进盲道应与人行道的走向一致；行进盲道的宽度宜为 250~500mm；行进盲道宜在距围墙、花台、绿化带 250~500mm 处设置；行进盲道宜在距树池边缘 250~500mm 处设置；如无树池，行进盲道与路缘石上沿在同一水平面时，距路缘石不应小于 500mm，行进盲道比路缘石上沿低时，距路缘石不应小于 250mm；盲道应避开非机动车停放的位置；行进盲道的触感条规格应符合表 6-5-1 的规定。

行进盲道的触感条规格　　　　　　　　表 6-5-1

部位	尺寸要求(mm)
面宽	25
底宽	35
高度	4
中心距	62~75

行进盲道在起点、终点、转弯处及其他有需要处应设提示盲道，当盲道的宽度不大于 300mm 时，提示盲道的宽度应大于行进盲道的宽度；提示盲道的触感圆点规格应符合表 6-5-2 的规定。

提示盲道的触感圆点规格　　　　　　　　表 6-5-2

部位	尺寸要求(mm)
表面直径	25
底面直径	35
圆点高度	4
圆点中心距	50

6.5.3　无障碍出入口

无障碍出入口包括三种类别，平坡出入口、同时设置台阶和轮椅坡道的出入口、同时设置台阶和升降平台的出入口。

无障碍出入口的地面应平整、防滑；室外地面滤水箅子的孔洞宽度不应大于 15mm；同时设置台阶和升降平台的出入口宜只应用于受场地限制无法改造坡道的工程。除平坡出入口外，在门完全开启的状态下，建筑物无障碍出入口的平台的净深度不应小于 1.50m；建筑物无障碍出入口的门厅、过厅如设置两道门，门扇同时开启时两道门的间距不应小于 1.50m；建筑物无障碍出入口的上方应设置雨棚。

无障碍出入口的平坡出入口的地面坡度不应大于 1∶20，当场地条件比较好时，不宜大于 1∶30；同时设置台阶和轮椅坡道的出入口，轮椅坡道的坡度应符合坡道规定。

6.5.4　轮椅坡道

轮椅坡道宜设计成直线形、直角形或折返形。轮椅坡道的净宽度不应小于 1.00m，无障碍出入口的轮椅坡道净宽度不应小于 1.20m。轮椅坡道的高度超过 300mm 且坡度大于 1：20 时，应在两侧设置扶手，坡道与休息平台的扶手应保持连贯，扶手应符合相关规定。轮椅坡道的最大高度和水平长度应符合表 6-5-3 的规定。

<table>
<tr><td colspan="6" style="text-align:left">轮椅坡道的最大高度和水平长度　　　　　　　　　表 6-5-3</td></tr>
<tr><td>坡度</td><td>1：20</td><td>1：16</td><td>1：12</td><td>1：10</td><td>1：8</td></tr>
<tr><td>最大高度(m)</td><td>1.20</td><td>0.90</td><td>0.75</td><td>0.60</td><td>0.30</td></tr>
<tr><td>水平长度(m)</td><td>24.00</td><td>14.40</td><td>9.00</td><td>6.00</td><td>2.40</td></tr>
</table>

注：其他坡度可用插入法进行计算。

轮椅坡道的坡面应平整、防滑、无反光。轮椅坡道起点、终点和中间休息平台的水平长度不应小于 1.50m。轮椅坡道临空侧应设置安全阻挡措施。轮椅坡道应设置无障碍标志，无障碍标志应符合有关规定（图 6-5-2）。

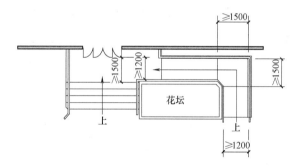

图 6-5-2　轮椅道示意图

6.5.5　无障碍通道、门

无障碍室内走道不应小于 1.20m，人流较多或较集中的大型公共建筑的室内走道宽度不宜小于 1.80m（图 6-5-3）；室外通道不宜小于 1.50m；检票口、结算口轮椅通道不应小于 900mm（图 6-5-4）。

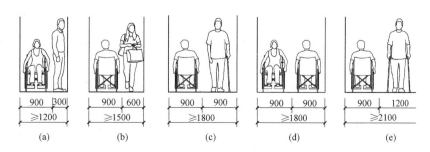

图 6-5-3　无障碍通道

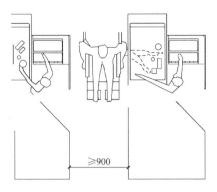

图 6-5-4　结算通道

　　无障碍通道应连续，其地面应平整、防滑、反光小或无反光，并不宜设置厚地毯；无障碍通道上有高差时，应设置轮椅坡道；室外通道上的雨水箅子的孔洞宽度不应大于 15mm；固定在无障碍通道的墙、立柱上的物体或标牌距地面的高度不应小于 2.00m；如小于 2.00m 时，探出部分的宽度不应大于 100mm；如突出部分大于 100mm，则其距地面的高度应小于 600mm；斜向的自动扶梯、楼梯等下部空间可以进入时，应设置安全挡牌（图 6-5-5）。

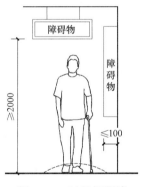

图 6-5-5　以杖探测墙

　　门的无障碍设计不应采用力度大的弹簧门并不宜采用弹簧门、玻璃门；当采用玻璃门时，应有醒目的提示标志；自动门开启后通行净宽度不应小于 1.00m；平开门、推拉门、折叠门开启后的通行净宽度不应小于 800mm，有条件时，不宜小于 900mm；在门扇内外应留有直径不小于 1.50m 的轮椅回转空间；在单扇平开门、推拉门、折叠门的门把手一侧的墙面，应设宽度不小于 400mm 的墙面（图 6-5-6）；平开门、推拉门、折叠门的门扇应设距地 900mm 的把手，宜设视线观察玻璃，并宜在距地 350mm 范围内安装护门板（图 6-5-7）；门槛高度及门内外地面高差不应大于 15mm，并以斜面过渡；无障碍通道上的门扇应便于开关；宜与周围墙面有一定的色彩反差，方便识别。

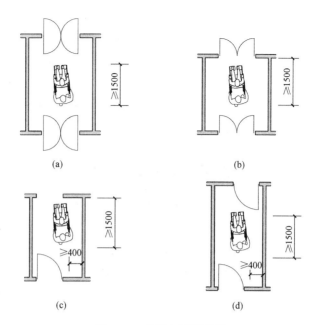

图 6-5-6　门的无障碍设计

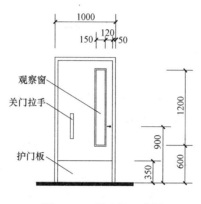

图 6-5-7　平开门示意图

6.5.6　无障碍楼梯、台阶

无障碍楼梯宜采用直线形楼梯；公共建筑楼梯的踏步宽度不应小于280mm，踏步高度不应大于160mm；不应采用无踢面和直角形突缘的踏步（图 6-5-8）；宜在两侧均做扶手；如采用栏杆式楼梯，在栏杆下方宜设置安全阻挡措施；踏面应平整防滑或在踏面前缘设防滑条；距踏步起点和终点 250~300mm 宜设提示盲道；踏面和踢面的颜色宜有区分和对比；楼梯上行及下行的第一阶宜在颜色或材质上与平台有明显区别。

公共建筑的室内外台阶踏步宽度不宜小于 300mm，踏步高度不宜大于150mm，并不应小于 100mm，踏步应防滑，三级及三级以上的台阶应在两侧

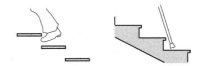

无踢面踏步和突缘直角形踏步

图 6-5-8　残疾人楼梯禁止使用的踏步形式

设置扶手，台阶上行及下行的第一阶宜在颜色或材质上与其他阶有明显区别。

6.5.7　无障碍电梯、升降平台

无障碍电梯的候梯厅深度不宜小于 1.50m，公共建筑及设置病床梯的候梯厅深度不宜小于 1.80m；呼叫按钮高度为 0.90～1.10m；电梯门洞的净宽度不宜小于 900mm；电梯出入口处宜设提示盲道；候梯厅应设电梯运行显示装置和抵达音响（图 6-5-9）。

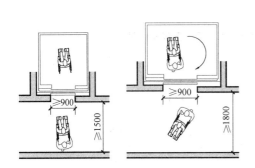

公共建筑及设置病床梯的候梯厅

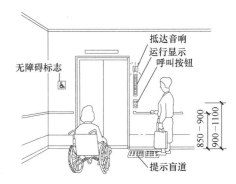

候梯厅无障碍设施

图 6-5-9　无障碍电梯

无障碍电梯的轿厢门开启的净宽度不应小于 800mm；在轿厢的侧壁上应设高 0.90～1.10m 带盲文的选层按钮，盲文宜设置于按钮旁；轿厢的三面壁上应设高 850～900mm；轿厢内应设电梯运行显示装置和报层音响；轿厢正面高 900mm 处至顶部应安装镜子或采用有镜面效果的材料；轿厢的规格应依据建筑性质和使用要求的不同而选用。最小规格为深度不应小于 1.40m，宽度不应小于 1.10m；中型规格为深度不应小于 1.60m，宽度不应小于 1.40m；医疗建筑与老人建筑宜选用病床专用电梯；电梯位置应设无障碍标志。

升降平台只适用于场地有限的改造工程；垂直升降平台的深度不应小于 1.20m，宽度不应小于 900mm，应设扶手、挡板及呼叫控制按钮；垂直升降平台的基坑应采用防止误入的安全防护措施；斜向升降平台宽度不应小于 900mm，深度不应小于 1.00m，应设扶手和挡板；垂直升降平台的传送装置应有可靠的安全防护装置（图 6-5-10）。

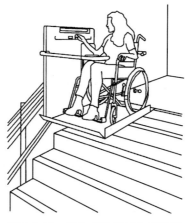

图 6-5-10　斜向式升降平台示意图

6.5.8　扶手

　　无障碍单层扶手的高度应为 850~900mm，无障碍双层扶手的上层扶手高度应为 850~900mm，下层扶手高度应为 650~700mm。扶手应保持连贯，靠墙面的扶手的起点和终点处应水平延伸不小于 300mm 的长度（图 6-5-11）。扶手末端应向内拐到墙面或向下延伸不小于 100mm，栏杆式扶手应向下成弧形或延伸到地面上固定扶手内侧，与墙面的距离不应小于 40mm（图 6-5-12）。扶手应安装坚固，形状易于抓握。圆形扶手的直径应为 35~50mm，矩形扶手的截面尺寸应为 35~50mm。扶手的材质宜选用防滑、热惰性指标好的材料（图 6-5-13）。

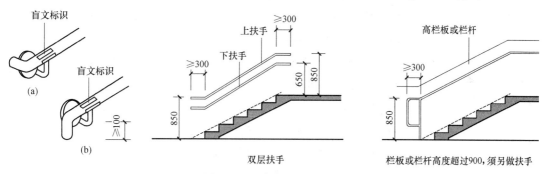

图 6-5-11　残疾人楼梯扶手设计要求

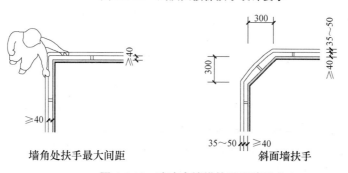

图 6-5-12　残疾人楼梯扶手设计要求

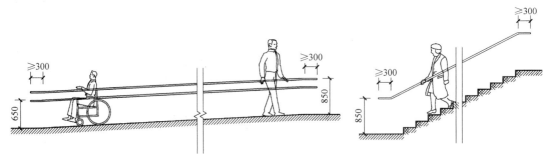

图 6-5-13　残疾人坡道扶手设计要求

6.5.9　公共厕所、无障碍厕所

公共厕所的无障碍：女厕所的无障碍设施包括至少 1 个无障碍厕位和 1 个无障碍洗手盆；男厕所的无障碍设施包括至少 1 个无障碍厕位、1 个无障碍小便器和 1 个无障碍洗手盆；厕所的入口和通道应方便乘轮椅者进入和进行回转，回转直径不小于 1.50m；门应方便开启，通行净宽度不应小于 800mm；地面应防滑、不积水；无障碍厕位应设置无障碍标志。

无障碍厕位应方便乘轮椅者到达和进出，尺寸宜做到 2.00m×1.50m，不应小于 1.80m×1.00m；无障碍厕位的门宜向外开启，如向内开启，需在开启后厕位内留有直径不小于 1.50m 的轮椅回转空间，门的通行净宽不应小于 800mm，平开门外侧应设高 900mm 的横扶把手，在关闭的门扇里侧设高 900mm 的关门拉手，并应采用门外可紧急开启的插销；厕位内应设坐便器，厕位两侧距地面 700mm 处应设长度不小于 700mm 的水平安全抓杆，另一侧应设高 1.40m 的垂直安全抓杆。

无障碍厕所的无障碍设计：位置宜靠近公共厕所，应方便乘轮椅者进入和进行回转，回转直径不小于 1.50m；面积不应小于 4.00m²；当采用平开门，门扇宜向外开启，如向内开启，需在开启后留有直径不小于 1.50m 的轮椅回转空间，门的通行净宽度不应小于 800mm，平开门应设高 900mm 的横扶把手，在门扇里侧应采用门外可紧急开启的门锁；地面应防滑、不积水；内部应设坐便器、洗手盆、多功能台、挂衣钩和呼叫按钮；多功能台长度不宜小于 700mm，宽度不宜小于 400mm，高度宜为 600mm；挂衣钩距地高度不应大于 1.20m；在坐便器旁的墙面上应设高 400～500mm 的救助呼叫按钮；入口应设置无障碍标志（图 6-5-14）。

厕所里的其他无障碍设施：无障碍小便器下口距地面高度不应大于 400mm，小便器两侧应在离墙面 250mm 处，设高度为 1.20m 的垂直安全抓杆，并在离墙面 550mm 处，设高度为 900mm 水平安全抓杆，与垂直安全抓杆连接；无障碍洗手盆的水嘴中心距侧墙应大于 550mm，其底部应留出宽 750mm、高 650mm、深 450mm 供乘轮椅者膝部和足尖部的移动空间，并在洗手盆上方安装镜子，出水龙头宜采用杠杆式水龙头或感应式自动出水方式；安全抓杆应安装牢固，直径应为 30～40mm，内侧距墙不应小于 40mm（图 6-5-15）；取纸器应设在坐便器的侧前方，高度为 400～500mm。

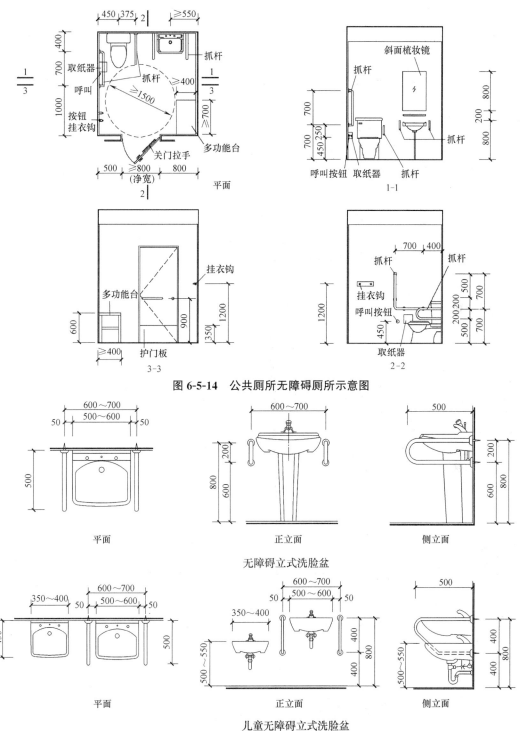

图 6-5-14　公共厕所无障碍厕所示意图

无障碍立式洗脸盆

儿童无障碍立式洗脸盆

图 6-5-15　无障碍立式洗手盆示意图

6.5.10 公共浴室

公共浴室的无障碍设施包括 1 个无障碍淋浴间或盆浴间以及 1 个无障碍洗手盆；公共浴室的入口和室内空间应方便乘轮椅者进入和使用，浴室内部应能保证轮椅进行回转，回转直径不小于 1.50m；浴室地面应防滑、不积水；浴间入口宜采用活动门帘，当采用平开门时，门扇应向外开启，设高 900mm 的横扶把手，在关闭的门扇里侧设高 900mm 的关门拉手，并应采用门外可紧急开启的插销；应设置一个无障碍厕位。

无障碍淋浴间的短边宽度不应小于 1.50m；浴间坐台高度宜为 450mm，深度不宜小于 450mm；淋浴间应设距地面高 700mm 的水平抓杆和高 1.40~1.60m 的垂直抓杆；淋浴间内的淋浴喷头的控制开关的高度距地面不应大于 1.20m；毛巾架的高度不应大于 1.20m。

无障碍盆浴间在浴盆一端设置方便进入和使用的坐台，其深度不应小于 400mm；浴盆内侧应设高 600mm 和 900mm 的两层水平抓杆，水平长度不小于 800mm；洗浴坐台一侧的墙上设高 900mm、水平长度不小于 600mm 的安全抓杆；毛巾架的高度不应大于 1.20m（图 6-5-16）。

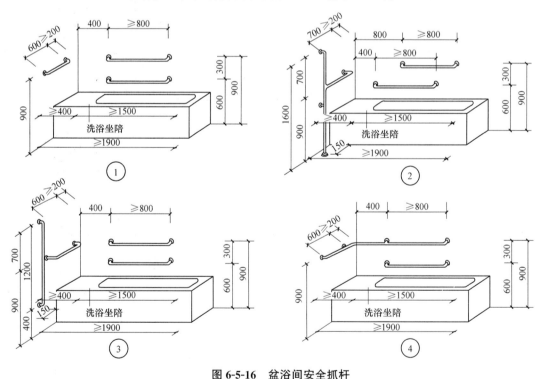

图 6-5-16 盆浴间安全抓杆

6.5.11 无障碍客房

无障碍客房应设在便于到达、进出和疏散的位置。房间内应有空间能保证轮椅进行回转，回转直径不小于 1.50m。无障碍客房卫生间内应保证轮椅进行回转，回转直径不小于 1.50m，卫生器具应设置安全抓杆，其地面、门、内部设施应符合规定。

无障碍客房的床间距离不应小于 1.20m；家具和电器控制开关的位置和高度应方便乘轮椅者靠近和使用，床的使用高度为 450mm；客房及卫生间应设高 400~500mm 的救助呼叫按钮；客房应设置为听力障碍者服务的闪光提示门铃。

6.5.12 无障碍住房及宿舍

户门及户内门开启后的净宽应符合本无障碍门的规定。往卧室、起居室(厅)、厨房、卫生间、储藏室及阳台的通道应为无障碍通道，并按照无障碍扶手的要求在一侧或两侧设置扶手。浴盆、淋浴、坐便器、洗手盆及安全抓杆等应符合无障碍有关规定。

无障碍住房及宿舍的单人卧室面积不应小于 7.00m²，双人卧室面积不应小于 10.50m²，兼起居室的卧室面积不应小于 16.00m²，起居室面积不应小于 14.00m²，厨房面积不应小于 6.00m²；设坐便器、洗浴器（浴盆或淋浴）、洗面盆三件卫生洁具的卫生间面积不应小于 4.00m²；设坐便器、洗浴器二件卫生洁具的卫生间面积不应小于 3.00m²；设坐便器、洗面盆二件卫生洁具的卫生间面积不应小于 2.50m²；单设坐便器的卫生间面积不应小于 2.00m²；供乘轮椅者使用的厨房，操作台下方净宽和高度都不应小于 650mm，深度不应小于 250mm；居室和卫生间内应设求助呼叫按钮；家具和电器控制开关的位置和高度应方便乘轮椅者靠近和使用；供听力障碍者使用的住宅和公寓应安装闪光提示门铃。

6.5.13 轮椅席位

轮椅席位应设在便于到达疏散口及通道的附近，不得设在公共通道范围内。观众厅内通往轮椅席位的通道宽度不应小于 1.20m。轮椅席位的地面应平整、防滑，在边缘处宜安装栏杆或栏板。每个轮椅席位的占地面积不应小于 1.10m×0.80m。在轮椅席位上观看演出和比赛的视线不应受到遮挡，但也不应遮挡他人的视线。在轮椅席位旁或在邻近的观众席内宜设置 1∶1 的陪护席位。轮椅席位处地面上应设置无障碍标志（图 6-5-17）。

6.5.14 无障碍机动车停车位

应将通行方便、行走距离路线最短的停车位设为无障碍机动车停车位。无障碍机动车停车位的地面应平整、防滑、不积水，地面坡度不应大于 1∶50。无障碍机动车停车位一侧，应设宽度不小于 1.20m 的通道，供乘轮椅者从轮

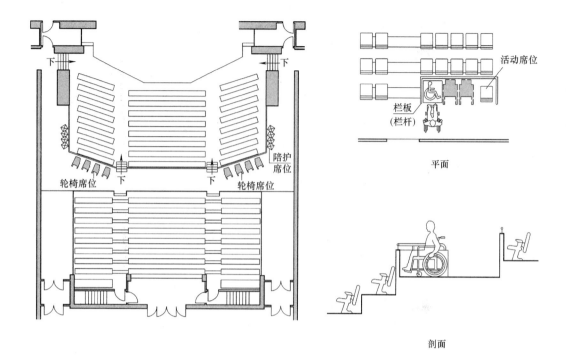

图 6-5-17 轮椅席位

椅通道直接进入人行道和到达无障碍出入口。无障碍机动车停车位的地面应涂有停车线、轮椅通道线和无障碍标志（图 6-5-18）。

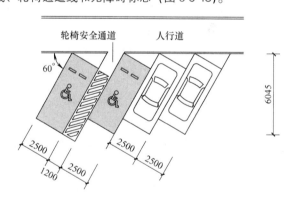

图 6-5-18 无障碍机动车停车位

6.5.15 低位服务设施

设置低位服务设施的范围包括问询台、服务窗口、电话台、安检验证台、行李托运台、借阅台、各种业务台、饮水机等。低位服务设施上表面距地面高度宜为 700～850mm，其下部宜至少留出宽 750mm，高 650mm，深 450mm 供乘轮椅者膝部和足尖部的移动空间。低位服务设施前应有轮椅回转空间，回转直径不小于 1.50m。挂式电话离地不应高于 900mm（图 6-5-19）。

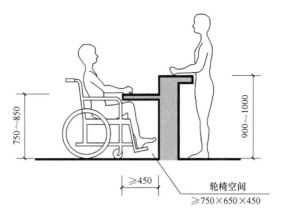

图 6-5-19　低位服务台

6.5.16　无障碍标识系统、信息无障碍

　　无障碍标志包括通用的无障碍标志；无障碍设施标志牌；带指示方向的无障碍设施标志牌。

　　无障碍标志应醒目，避免遮挡。无障碍标志应纳入城市环境或建筑内部的引导标志系统，形成完整的系统，清楚地指明无障碍设施的走向及位置。

　　盲文标志可分成盲文地图、盲文铭牌、盲文站牌；盲文标志的盲文必须采用国际通用的盲文表示方法。

　　信息无障碍应符合下列规定：根据需求，因地制宜设置信息无障碍的设备和设施，使人们便捷地获取各类信息；信息无障碍设备和设施位置和布局应合理。

第7章　规范在住宅设计方面的规定

住宅建筑与人们日常生活密切相关。据统计，人的一生中大约有80％的时间是在室内度过的，而其中绝大部分又是在住宅中度过的。因此，住宅设计的合理与否，室内环境是否舒适，成为人们在选择住宅时的一个首要的因素。在建筑师的设计工作中，有很大一部分都是围绕与住宅相关的工作进行的。住宅设计是建筑设计中的一个重要的组成部分。因此，与住宅设计有关的规范是一名建筑师必须掌握的知识。

与住宅有关的建筑设计规范主要有三部：《住宅设计规范》《住宅建筑规范》《城市居住区规划设计标准》。

《住宅设计规范》是《住宅建筑规范》在设计方面的细化，是部分强制执行的规范。

《住宅建筑规范》是我国首部全文强制执行的规范。它使用的对象是全方位的，是参与住宅建设活动的各方主体必须遵守的准则，是管理者对住宅建设、使用及维护依法履行监督和管理职能的基本技术依据。同时，也是住宅使用者判定住宅是否合格和正确使用住宅的基本要求。

《城市居住区规划设计标准》是关于城市居住区规划设计的规范。

本章主要着眼于规范与住宅设计有关的规定，从住宅的户内套型、公共部分、室内环境、室内设备、经济技术评价、住宅建筑节能、居住区规划七个方面来进行介绍。

基本概念：

1. 住宅：供家庭居住使用的建筑。

2. 套型：由居住空间和厨房、卫生间等共同组成的基本住宅单位。

3. 使用面积：房间实际能使用的面积，不包括墙、柱等结构构造的面积(图7-0-1)。

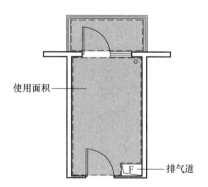

图7-0-1 使用面积示意图

4. 层高：上下相邻两层楼面或楼面与地面之间的垂直距离。

5. 室内净高：楼面或地面至上部楼板底面或吊顶底面之间的垂直距离。

6. 凸窗：凸出建筑外墙面的窗户。

7. 跃层住宅：套内空间跨越两个楼层且设有套内楼梯的住宅。

8. 附建公共用房：附于住宅主体建筑的公共用房，包括物业管理用房、符合噪声标准的设备用房、中小型商业用房、不产生油烟的餐饮用房等。

9. 设备层：建筑物中专为设置暖通、空调、给水排水和电气的设备和管道施工人员进入操作的空间层。

7.1 户内套型

住宅应按套型设计，是指每套住宅的分户界线应明确，必须独门独户，每套住宅至少应包含卧室、起居室、厨房和卫生间等基本空间。要求将这些功能空间设计于户门之内，不得共用或合用。基本功能空间不等于房间，没有要求独立封闭，有时不同的功能空间会部分地重合或相互"借用"。当起居功能空间和卧室功能空间合用时，称为兼起居的卧室。

住宅套型的使用面积不应小于下列规定：

1. 由卧室、起居室（厅）、厨房和卫生间等组成的住宅套型，其使用面积不应小于 30m²；

2. 由兼起居的卧室、厨房和卫生间等组成的住宅最小套型，其使用面积不应小于 22m²。

7.1.1 住宅中的卧室和起居室

住宅设计应避免穿越卧室进入另一卧室，而且应保证卧室有直接采光和自然通风的条件。卧室的最小面积是根据居住人口、家具尺寸及必要的活动空间确定的。双人卧室不小于 9m²，单人卧室不小于 5m²，兼起居的卧室为 12m²。

起居室在住宅套型中，已成为必不可少的居住空间。起居室的主要功能是供家庭团聚、接待客人、看电视之用，常兼有进餐、杂务、交通等作用。要保证这一空间能直接采光和自然通风，宜有良好的视野景观。起居室的使用面积应在 10m² 以上才能满足必要的家具布置和方便使用。除了应保证一定的使用面积外，应减少交通干扰，厅内门的数量不宜过多，门的位置应集中布置，宜有适当的直线墙面布置家具。只有保证 3m 以上直线墙面布置一组沙发，起居室才有一个相对稳定的使用空间（图 7-1-1）。较大的套型中，除了起居室以外，另有的过厅或餐厅等可无直接采光，但其面积不宜大于 10m² 否则套内无直接采光的空间过大，降低了居住生活标准（图 7-1-2）。

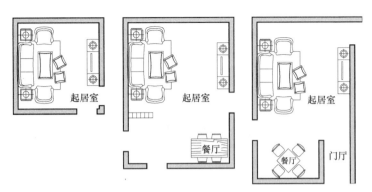

| 单一功能的起居室 | 起居室与餐厅组合 | 起居室、餐厅和门厅的组合 |

图 7-1-1　起居室平面布置示例

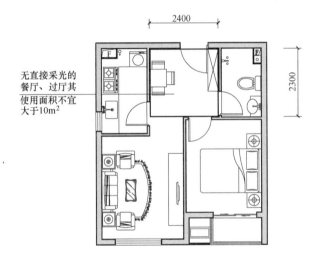

无直接采光的
餐厅、过厅其
使用面积不宜
大于10m²

图 7-1-2　无直接采光空间

7.1.2 厨房

由卧室、起居室（厅）、厨房和卫生间等组成的住宅套型的厨房使用面积不应小于 4.0m²；由兼起居的卧室、厨房和卫生间等组成的住宅最小套型的厨房使用面积不应小于 3.5m²。厨房应有直接对外的采光通风口，保证基本的操作需要和自然采光、通风换气。因此厨房应有可通向室外并开启的门或窗，以保证自然通风。厨房布置在套内近入口处，有利于管线布置及厨房垃圾清运，是套型设计时达到洁污分区的重要保证，有条件时应尽量做到（图7-1-3）。

厨房应设置洗涤池、案台、炉灶及排油烟机等设施，设计时应按操作流程合理布置（图7-1-4），按炊事操作流程排列，排油烟机的位置应与炉灶位置对应，并应与排气道直接连通（图7-1-5）。厨房的平面应根据具体情况灵活布置（图7-1-6）。单排布置的厨房，其操作台最小宽度为 0.50m，考虑操作

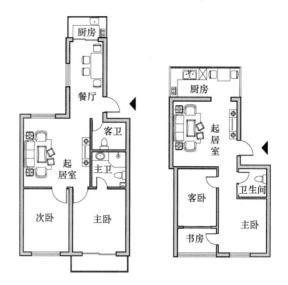

图 7-1-3　厨房在住宅套内的位置应靠近入口

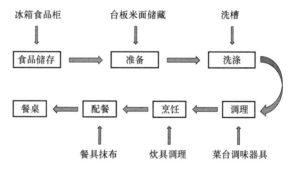

图 7-1-4　厨房操作内容及流程

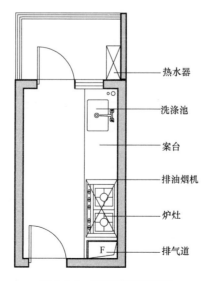

图 7-1-5　厨房平面布置图

人下蹲打开柜门、抽屉所需的空间或另一人从操作人身后通过的极限距离，要求厨房最小净宽为 1.50m（图 7-1-7）。双排布置设备的厨房，两排设备之间的距离按人体活动尺度要求，不应小于 0.90m（图 7-1-8）。

一列式

并列式

曲尺型

U型

图 7-1-6 厨房平面类型示例

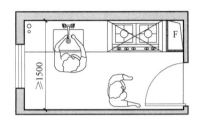

图 7-1-7 单排布置的厨房

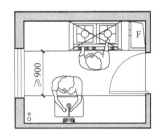

图 7-1-8 双排布置的厨房

7.1.3 卫生间

每套住宅应设卫生间至少应配置便器、洗浴器、洗面器三件卫生设备或为其预留位置。三件卫生设备集中配置的卫生间的使用面积不应小于 2.50m²。卫生间可根据使用功能要求组合不同的设备。不同组合的空间使用面积不应小于下列规定：设便器、洗面器的为 1.80m²；设便器、洗浴器的为 2.00m²；设洗面器、洗浴器的为 2.00m²；设洗面器、洗衣机的为 1.80m²；单设便器的为 1.10m²（图 7-1-9）。住宅的卫生间面积要保证无障碍设计要求和为照顾儿童使用时留有余地。

无前室的卫生间的门不应直接开向起居室或厨房。卫生间的地面防水层，因施工质量差而发生漏水的现象十分普遍，同时管道噪声、水管冷凝水下滴等问题也很严重，因此不得将卫生间直接布置在下层住户的卧室、起居室和厨房的上层，跃层住宅中允许将卫生布置在本套内的卧室、起居室、厨房的上层，并均应采取防水、隔声和便于检修的措施。

洗衣为基本生活需求，洗衣机是普遍使用的家用设备，所以在住宅设计时套内需设置洗衣机的位置，包括专用给排水接口和电插座等（图 7-1-10）。

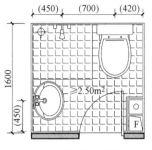
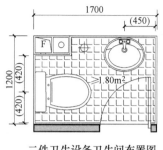
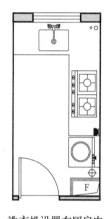
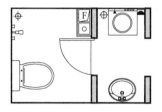
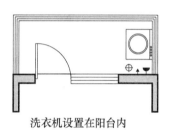

三件卫生设备卫生间布置图　　二件卫生设备卫生间布置图　　一件卫生设备卫生间布置图

图 7-1-9　卫生间布置示意图

洗衣机设置在卫生间过道

洗衣机设置在阳台内　　洗衣机设置在厨房内

图 7-1-10　洗衣机布置示意图

7.1.4　住宅的层高和室内净高

对于普通住宅，层高一般宜为 2.80m，不宜过高或过低。把住宅层高控制在 2.80m 以下，不仅是控制投资的问题，更重要的是为住宅节地、节能、节材、节约资源。

卧室和起居室是住宅套内活动最频繁的空间，也是大型家具集中的场所，要求其室内净高不低于 2.40m，以保证基本使用要求。卧室和起居室室内局部净高不应低于 2.10m，是指室内梁底处的净高、活动空间上部吊柜的柜底与地面的距离等应在 2.10m 以上，才能保证身材较高的居民的基本活动并具有安全感（图 7-1-11）。在一间房间中，低于 2.40m 的梁和吊柜不应太多，不应超过室内空间的 1/3 面积，否则视为净高低于 2.40m。利用坡屋顶内空间作卧室和起居室时，其 1/2 面积的室内净高不应低于 2.10m（图 7-1-12）。当净高低于 2.10m 的空间超过一半时，实际使用很不方便。

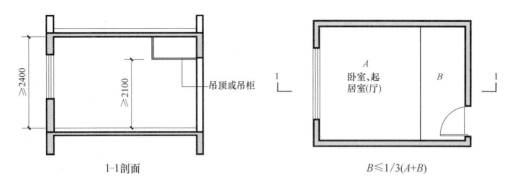

1-1剖面 $B \leqslant 1/3(A+B)$

图 7-1-11　住宅的层高和净高示意图

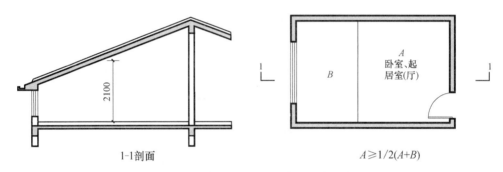

1-1剖面 $A \geqslant 1/2(A+B)$

图 7-1-12　坡屋面住宅的层高和净高示意图

厨房和卫生间人流交通较少，室内净高可比卧室和起居室（厅）低。厨房、卫生间的室内净高不应低于 2.20m。厨房、卫生间内排水横管下表面与楼面、地面净距不应低于 1.90m，且不得影响门、窗扇开启。

7.1.5　阳台

阳台是室内与室外之间的过渡空间，在城市居住生活中发挥了越来越重要的作用。住宅应设阳台，住宅底层和退台式住宅的上人屋面可设平台。栏杆（包括栏板局部栏杆）的垂直杆件净距应小于 0.11m，才能防止儿童钻出。同时为防止因栏杆上放置花盆而坠落伤人，要求可搁置花盆的栏杆必须采取防止坠落措施。

六层及六层以下的住宅阳台栏杆净高不应低于 1.05m，七层及七层以上的住宅阳台栏杆净高不应低于 1.10m。封闭阳台栏杆也应满足阳台栏杆净高要求。七层及七层以上的住宅和寒冷、严寒地区住宅的阳台宜采用实体栏板。

顶层阳台应设雨罩。各套住宅之间毗连的阳台应设分隔板。阳台、雨罩均应做有组织排水，雨罩及开敞阳台应做防水措施。

当阳台设有洗衣设备时，应设置专用给水、排水管线及专用地漏，阳台楼、地面均应做防水；严寒和寒冷地区应封闭阳台，并应采取保温措施。

当阳台或建筑外墙设置空调室外机时，其安装位置应符合下列要求：能通畅地向室外排放空气和自室外吸入空气；在排出空气一侧不应有遮挡物；可方便地对室外机进行维修和清扫换热器；安装位置不应对室外人员形成热污染。

7.1.6 过道、贮藏空间和套内楼梯

套内入口的过道，常起门斗的作用，既是交通要道，又是更衣、换鞋和临时搁置物品的场所，是搬运大型家具的必经之路。在大型家具中沙发、餐桌、钢琴等的尺度较大，要求在一般情况下，过道净宽不宜小于1.20m。

通往卧室、起居室（厅）的过道要考虑搬运写字台、大衣柜等的通过宽度，尤其在入口处有拐弯时，门的两侧应有一定余地，该过道不应小于1.00m。通往厨房、卫生间、贮藏室的过道净宽可适当减小，但也不应小于0.90m。各种过道在拐弯处应考虑搬运家具的路线，方便搬运（图7-1-13）。

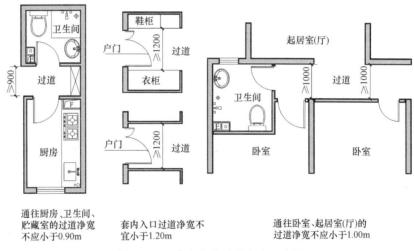

通往厨房、卫生间、
贮藏室的过道净宽
不应小于0.90m

套内入口过道净宽
不宜小于1.20m

通往卧室、起居室(厅)的
过道净宽不应小于1.00m

图7-1-13　住宅套内过道宽度示意图

套内合理设置贮藏空间或位置对提高居室空间利用率，使室内保持整洁起到很大作用。居住实态调查资料表明，套内壁柜常因通风防潮不良造成贮藏物霉烂，对设于底层或靠外墙、靠卫生间等容易受潮的壁柜应采取防潮措施。

套内楼梯一般在两层住宅和跃层住宅内做垂直交通使用。套内楼梯的净宽，当一边临空时，其净宽不应小于0.75m，当两边为墙面时，其净宽不应小于0.90m，这是搬运家具和日常手提东西上楼梯的最小宽度（图7-1-14）。套内楼梯的踏步宽度不应小于0.22m，高度不应大于0.20m。使用扇形楼梯时，踏步宽度自较窄边起0.25m处的踏步宽度不应小于0.22m，是考虑人上下楼梯时，脚踏扇形踏步的部位。

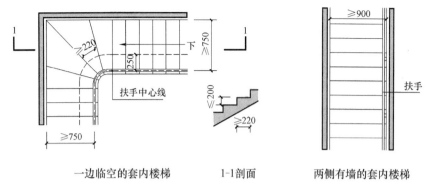

一边临空的套内楼梯　　　1-1剖面　　　两侧有墙的套内楼梯

图 7-1-14　住宅套内楼梯宽度示意图

7.1.7　门窗

没有邻接阳台或平台的外窗窗台,如距地面净高较低,容易发生儿童坠落事故。要求当窗台距地面低于 0.90m 时,应采取防护措施。有效的防护高度应保证净高 0.90m。距离楼(地)面 0.45m 以下的台面、横栏杆等容易造成无意识攀登的可踏面,不应计入窗台净高。

当设置凸窗时,窗台高度低于或等于 0.45m 时,防护高度从窗台面起算不应低于 0.90m;可开启窗扇窗洞口底距窗台面的净高低于 0.90m 时,窗洞口处应有防护措施。其防护高度从窗台面起算不应低于 0.90m;严寒和寒冷地区不宜设置凸窗(图 7-1-15)。

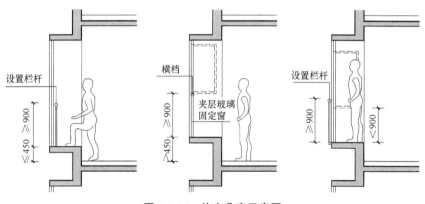

图 7-1-15　住宅凸窗示意图

从安全防范和满足住户安全感的角度出发,底层住宅的外窗和阳台门下沿低于 2.00m 且紧邻走廊或共用上人屋面上均应有一定的防卫措施。

居住生活中的私密性要求已成为住宅的重要要求之一,住宅凹口的窗和面临走廊的窗要采取措施避免视线干扰,如设固定式亮窗并采用压花玻璃以遮挡走廊中人的视线。

住宅入户门要求设计采用安全防卫门，并宜将几种功能如保温、防盗、防火、隔声集于一门。住宅入户门向外开户时，不应妨碍套外其他人员的正常交通。一般可采用加大楼梯平台、设大小扇门、入口处设凹口等措施，以保证安全疏散。

厨房和卫生间的门应在下部设有效截面积不小于 0.02m² 的固定百叶，或距地面留出不小于 30mm 的缝隙。

住宅各部位门洞的最小尺寸是根据使用要求的最低标准提出的，各部位门洞的最小尺寸应符合表 7-1-1 的规定。

门洞最小尺寸   表 7-1-1

类别	洞口宽度（m）	洞口高度（m）
共用外门	1.20	2.00
户（套）门	1.00	2.00
起居室（厅）门	0.90	2.00
卧室门	0.90	2.00
厨房门	0.80	2.00
卫生间门	0.70	2.00
阳台门（单扇）	0.70	2.00

注：① 表中门洞口高度不包括门上亮子高度，宽度以平开门为准。
    ② 洞口两侧地面有高低差时，以高地面为起算高度。

7.2 公共部分

住宅的共用部分是指各套的户门之外的部分，这部分由单元内或整栋住宅的居民共同使用，住宅的公共部分包括：楼梯和电梯、走廊和出入口、垃圾收集设施、地下室和半地下室、附建公共用房等。

7.2.1 楼梯和电梯

目前国内住宅楼梯间绝大多数是靠外墙布置的，这有利于天然采光、自然通风和排烟，也有利于节约能源，符合使用及防火疏散的要求。高层住宅的楼梯间当受平面布置限制不能直接对外开窗时，须设防烟楼梯间，采用人工照明和机械通风排烟措施，以符合防火规范有关规定。

7.2.1.1 楼梯

梯段最小净宽是根据使用要求、模数标准、防火规范的规定等综合因素加以确定的。楼梯梯段净宽不应小于 1.10m，不超过六层的住宅，一边设有栏杆的梯段净宽不应小于 1.00m。楼梯平台净宽不应小于楼梯梯段净宽，且不得小于 1.20m。如果平台上有暖气片、配电箱等凸出物时，平台宽度以凸出面起算（图7-2-1），垃圾道不宜占用平台（图7-2-2）。楼梯为剪刀梯时，楼梯平台的净宽不得小于1.30m。楼梯平台的结构下缘至人行过道的垂直高度不应低于2.00m。入口处地坪与室外地面应有高差，并不应小于0.10m（图7-2-3）。当住宅建筑带有半地下室、地下室时，还应严防雨水倒灌。

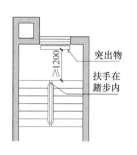

图 7-2-1　楼梯平台宽度

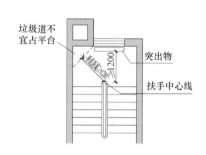

图 7-2-2　楼梯平台设垃圾道

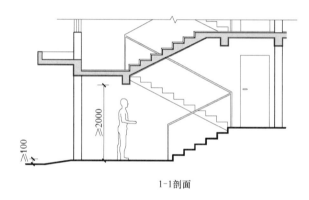

1-1剖面

图 7-2-3　住宅楼梯示意图

对于楼梯踏步，考虑到居民上下楼的方便性，尤其是老年人，踏步宽度不小于0.26m，高度不大于0.175m，坡度为33.94°为宜。扶手高度不宜小于0.90m。楼梯水平段栏杆长度大于0.50m时，其扶手高度不应小于1.05m。楼梯栏杆垂直杆件间净空不应大于0.11m。楼梯井宽度大于0.11m时，必须采取防止儿童攀滑的措施。

7.2.1.2　电梯

电梯是中高层、高层住宅的主要垂直交通工具，多少层开始设计电梯是个居住标准的问题，各国标准不同。在欧美一些国家，一般规定四层起应设电梯，苏联、日本规范规定六层起应设电梯。我国规范严格规定七层（含七层）以上必须设置电梯。住户入口层楼面距室外地面的高度在16m以上的住宅必须设置电梯。

底层作为商店或其他用房的多层住宅，其住户入口层楼面距该建筑物的室外设计地面高度超过16m时必须设置电梯。底层做架空层或贮存空间的多层住宅，其住户入口层楼面距该建筑物的室外地面高度超过 16m 时必须设置电梯。顶层为两层一套的跃层式住宅时，跃层部分不计层数。其顶层住户入口层楼面距该建筑物室外设计地面的高度不超过 16m 时，可不设电梯。住宅中间层有直通室外地面的出入口并具有消防通道时，其层数可由中间层起计算。

十二层及十二层以上的住宅，每栋楼设置电梯不应少于两台，主要考虑到其中的一台电梯进行维修时，居民可通过另一部电梯通行。住宅要适应多种功能需要，因此，电梯的设置除考虑日常人流垂直交通需要外，还要考虑保障病人安全、能满足紧急运送病人的担架乃至较大型家具等需要。

十二层及十二层以上的住宅每个住宅单元只设置一部电梯时，在电梯维修期间，会给居民带来极大不便，只能通过联系廊或屋顶连通的方式从其他单元的电梯通行。当一栋楼只有一部能容纳担架的电梯时，其他单元只能通过联系廊到达这电梯运输担架。在两个住宅单元之间设置联系廊并非推荐做法，只是一种过渡做法。从第十二层起应设置与可容纳担架的电梯联通的联系廊。联系廊可隔层设置，上下联系廊之间的间隔不应超过五层。联系廊的净宽不应小于 1.10m，局部净高不应低于 2.00m（图 7-2-4）。

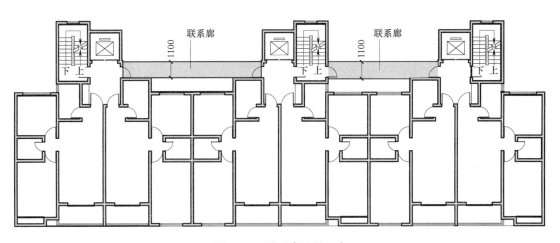

图 7-2-4 联系廊设置示意

七层及七层以上住宅电梯应在设有户门或公共走廊的每层设站。住宅电梯宜成组集中布置。候梯厅为满足日常候梯人停留、搬运家具和担架病人等需要深度所以不应小于多台电梯中最大轿厢的深度，且不应小于 1.50m（图 7-2-5）。电梯不应紧邻卧室布置。当受条件限制，电梯不得不紧邻兼起居的卧室布置时，应采取隔声、减震的构造措施。

7.2.2 走廊和出入口

外廊、内天井及上人屋面等处一般都是交通和疏散通道，人流较集中，

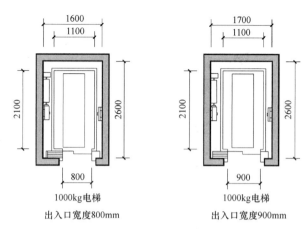

图 7-2-5　住宅电梯示意图

特别在紧急情况下容易出现拥挤现象,临空处栏杆高度应有安全保障。因此对六层及六层以下住宅栏杆的最低安全高度确定为 1.05m。对于七层及七层以上住宅,由于人们登高和临空俯视时会产生恐惧的心理,而造成不安全感,如适当提高栏杆高度将会增加人们心理的安全感,故比低层、多层住宅的要求提高了 0.05m,即不应低于 1.10m。为防止儿童攀登,垂直杆件间净空不应大于 0.11m。对栏杆的开始计算部位应从栏杆下部可踏部位起计,以确保安全高度。放置花盆处必须采取防坠落措施。

外廊是指居民日常必经之主要通道,不包括单元之间的联系廊等辅助外廊。从调查来看,严寒和寒冷地区由于气候寒冷、风雪多,外廊型住宅都做成封闭外廊(有的外廊在墙上开窗户,也有的做成玻璃窗全封闭的挑廊);另夏热冬冷地区,因冬季很冷,风雨较多,设计标准也规定设封闭外廊。故在住宅中作为主要通道的外廊宜做封闭外廊。由于沿外廊一侧通常布置厨房、卫生间,封闭外廊需要良好通风,还要考虑防火排烟,故规定封闭外廊要有能开启的窗扇或通风排烟设施。走廊通道的净宽不应小于 1.20m,局部净高不应低于 2.00m。

为防止阳台、外廊和开敞楼梯平台物品下坠伤人,设在下部的出入口应采取设置雨罩等安全措施。

在住宅建筑设计中,有的对出入口门头处理很简单,各栋住宅出入口没有自己的特色,形成千篇一律,以至于住户不易识别自己的家门。要求出入口设计上要有醒目的识别标志,包括建筑装饰、建筑小品、单元门牌编号等。同时在出入口处应按户数设置信报箱,三层以上住宅建筑应采用国家标准《楼房信报箱》规定的统一规格的信报箱,每户一格。十层及十层以上定为高层住宅,其入口人流相对较大,同时信报箱等公共设施需要一定的布置空间,因此对十层及十层以上住宅应设置入口门厅。

设电梯的住宅,其公共出入口通常又设踏步,给行动不便的残疾人(乘轮椅）及老龄人上楼造成很大困难。应在住宅楼出入口处设方便轮椅上下的坡道和扶手，以解决因室内外地坪高差带来的不便（图7-2-6）。

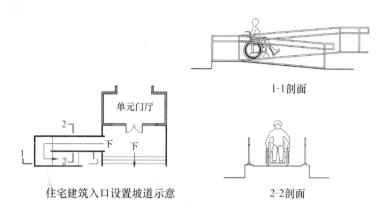

图 7-2-6　住在坡道示意图

7.2.3 地下室和半地下室

住宅建筑中的地下室由于通风、采光、日照、防潮、排水等条件差，对居住者健康不利，故规定住宅建筑中的卧室、起居室、厨房不应布置在地下室。但半地下室有对外开启的窗户，条件相对较好，若采取采光、通风、日照、防潮、排水、安全防护措施，可布置卧室、起居室（厅）、厨房（图7-2-7）。

半地下室平面

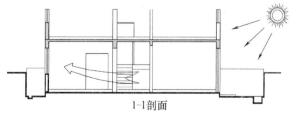

1-1剖面

图 7-2-7　住宅地下室示意图

住宅的地下室、半地下室做自行车库和设备用房时，其净高不应低于2.00m。

当住宅的地上架空层及半地下室做机动车停车位时，其净高不应低于2.20m。地上住宅楼、电梯间宜与地下车库连通，但直通住宅单元的地下楼梯间入口处应设置乙级防火门（图7-2-8）。严禁利用楼、电梯间为地下车库进行自然通风，并应采取安全防盗措施。

地下室、半地下室应采取防水、防潮及通风措施，采光井应采取排水措施。

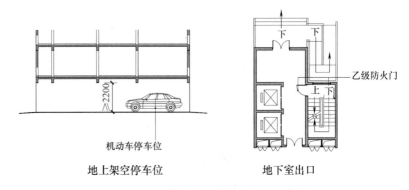

图 7-2-8　住宅地下车位、出口示意图

7.2.4　附建公共用房

在住宅区内，为了节约用地，增加绿化面积和公共活动场地面积，方便居民生活等，往往在住宅建筑底层或适当部位布置商店及其他公共服务设施。随着我国经济的改革，第三产业的发展，由集体或个人经营的服务项目往往也布置在住宅楼内。从现状来看，主要在多层、中高层和高层住宅的一至二层部位设置商业服务网点，不少地区建有"商住大楼"，在大楼一至三层布置大型商场、餐厅、酒楼等服务项目。在住宅建筑中附建为居住区（甚至为整个地区）服务的公共设施会日益增多，允许布置居民日常生活必需的商店、邮政、银行、托幼园、餐馆、修理行业等公共用房。但为保障住户的安全，防止火灾、爆炸灾害的发生，必须严禁布置存放和使用火灾危险性为甲、乙类物品的商店、车间和仓库，如石油化工商店、液化石油气钢瓶贮存库等。有关防护要求应按建筑设计防火规范的有关规定执行。在住宅建筑中不应布置产生噪声、振动和污染环境的商店、车间和娱乐设施，具体限制项目由当地主管部门依法规定。

住宅建筑内设置饮食店、食堂等用房时，在厨房内将产生大量蒸汽和油烟。因此，其烟囱和通风道应直通出住宅顶层屋面，防止倒灌，避免有害烟气侵入住房。同时空调、冷藏设备和加工机械往往产生噪声和振动，影响居民休息，因此必须作减振、消声处理。

水泵房、冷热源机房、变配电机房等公共机电用房不宜设置在住宅主体建筑内，不宜设置在与住户相邻的楼层内，在无法满足上述要求贴临设置时，应增加隔声减振处理。

在住宅建筑中布置商店等公共用房时，要解决使用功能完全不同的用房放在一起所产生的矛盾。除解决结构和设备系统矛盾外，还要将住宅与附建公共用房的出入口分开布置，互不干扰。对于设有公寓的多功能综合大楼，公寓部分应有单独出入口，不得与其他功能区入口合用（图7-2-9）。

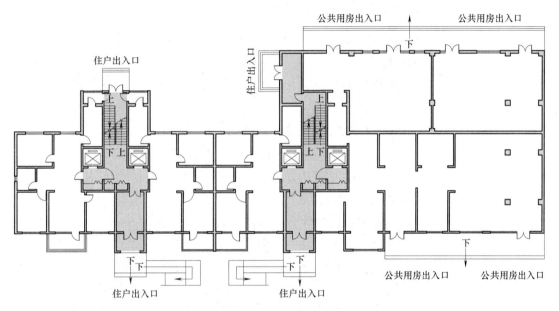

图7-2-9　住宅与附建公共建筑出入口布置示例

7.2.5　无障碍住宅设计

七层及七层以上的住宅，应对下列部位进行无障碍设计：建筑入口、入口平台、候梯厅、公共走道。

七层及七层以上住宅建筑入口平台宽度不应小于2.00m，七层以下住宅建筑入口平台宽度不应小于1.50m（图7-2-10）。

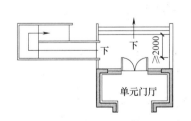

七层及七层以上住宅建筑入口平台

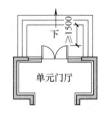

七层以下住宅建筑入口平台

图7-2-10　住宅入口平台示例

7.3　室内环境

住宅设计在考虑室内环境时，通常从住宅的日照、天然采光、自然通风、保温隔热和隔声等几个方面进行。住宅室内环境反映的是卫生、健康、安全、舒适性等方面的保障。

7.3.1　日照、天然采光、自然通风

日照对人的生理和心理健康都非常重要，每套住宅应至少有一个居住空间能获得冬季日照。但是住宅的日照又受地理位置、朝向、外部遮挡等许多外部条件的限制，很不容易达到比较理想的状态。尤其是在冬季，太阳的高度角较小，在楼与楼之间的间距不足的情况下更加难以满足要求。由于住宅日照受外界条件和住宅单体设计两个方面的影响。事实上，除了外界严重遮挡的情况外，只要不将一套住宅的居住空间都朝北布置，就应能满足这条要求。这里没有规定室内在某特定日子里一定要达到的理论日照时数，这是因为针对住宅单体设计时的定性分析提出要求，而日照的时数、强度、角度、质量等量化指标受室外环境影响更大，因此，住宅的日照设计，应执行《城市居住区规划设计标准》等其他相关规范、标准提出的具体指标规定。

为保证居住空间的日照质量，确定为获得冬季日照的居住空间的窗洞不宜过小。一般情况下住宅所采用的窗都能符合要求，但在特殊情况下，例如建筑凹槽内的窗、转角窗的主要朝向面等，都要注意避免因窗洞开口宽度过小而降低日照质量。工程设计实践中，由于强调满窗日照，反而缩小窗洞开口宽度的例子时有发生。因此，需要获得冬季日照的居住空间的窗洞开口宽度不应小于0.60m。

卧室和起居室（厅）具有天然采光条件是居住者生理和心理健康的基本要求，有利于降低人工照明能耗；同时，厨房具有天然采光条件可保证基本的炊事操作的照明需求，也有利于降低人工照明能耗；因此卧室、起居室（厅）、厨房应有天然采光。卧室、起居室（厅）、厨房的采光系数不应低于1%；当住宅楼梯间设置采光窗时，采光系数不应低于0.5%。当住宅楼梯间设置采光窗时，采光窗洞口的窗地面积比不应低于1/12。采光窗下沿离楼面或地面高度低于0.50m的窗洞口面积不计入采光面积内，窗洞口上沿距地面高度不宜低于2.00m。

住宅采用侧窗采光时，西向或东向外窗采取外遮阳措施能有效减少夏季射入室内的太阳辐射对夏季空调负荷的影响和避免眩光，同时依据《民用建筑热工设计规范》以及寒冷地区、夏热冬冷地区和夏热冬暖地区相关"居住建筑节能设计标准"对于外窗遮阳的规定和把握尺度，规定除严寒地

区外，住宅的居住空间朝西外窗应采取外遮阳措施，住宅的居住空间朝东外窗宜采取外遮阳措施。当住宅采用天窗、斜屋顶窗采光时，应采取活动遮阳措施。

住宅卧室、起居室（厅）、厨房应有自然通风。住宅的平面空间组织、剖面设计、门窗的位置、方向和开启方式的设置，应有利于组织室内自然通风。单朝向住宅宜采取改善自然通风的措施。采用自然通风的房间，其通风开口面积应符合下列规定：卧室、起居室、明卫生间的通风开口面积不应小于该房间地板面积的 1/20；当采用自然通风的房间外设置阳台时，阳台的自然通风开口面积不应小于采用自然通风的房间和阳台地板面积总和的 1/20；厨房的通风开口面积不应小于该房间地板面积的 1/10，并不得小于 $0.60m^2$。当厨房外设置阳台时，阳台的自然通风开口面积不应小于厨房和阳台地板面积总和的 1/10，并不得小于 $0.60m^2$。

7.3.2　隔声、降噪

住宅应给居住者提供一个安静的室内生活环境，但是在现代城镇中，尤其是大中城市中，大部分住宅的室外环境均比较嘈杂，特别是邻近主要街道的住宅，交通噪声的影响较为严重。同时住宅的内部各种设备机房动力设备的振动会传递到住宅房间，动力设备振动所产生的低频噪声也会传递到住宅房间，这都会严重影响居住质量。特别是动力设备的振动产生的低频噪声往往难以完全消除，因此，住宅设计时，不仅针对室外环境噪声要采取有效的隔声和防噪声措施，而且卧室、起居室（厅）也要布置在远离可能产生噪声的设备机房（如水泵房、冷热机房等）的位置，且做到结构相互独立也是十分必要的措施（图 7-3-1）。

分户墙和分户楼板的空气声隔声性能应满足下列要求：分隔卧室、起居室（厅）的分户墙和分户楼板，空气声隔声评价量应大于 45dB；分隔住宅和非居住用途空间的楼板，空气声隔声评价量应大于 51dB。

卧室、起居室（厅）的分户楼板的计权规范化撞击声压级宜小于 75dB。当条件受到限制时，住宅分户楼板的计权规范化撞击声压级应小于 85dB，且应在楼板上预留可供今后改善的条件。

住宅建筑的体形、朝向和平面布置应有利于噪声控制。在住宅平面设计时，当卧室、起居室（厅）布置在噪声源一侧时，外窗应采取隔声降噪措施；当居住空间与可能产生噪声的房间相邻时，分隔墙和分隔楼板应采取隔声降噪措施；当内天井、凹天井中设置相邻户间窗口时，宜采取隔声降噪措施。

起居室（厅）不宜紧邻电梯布置。受条件限制起居室（厅）紧邻电梯布置时，必须采取有效的隔声和减振措施。

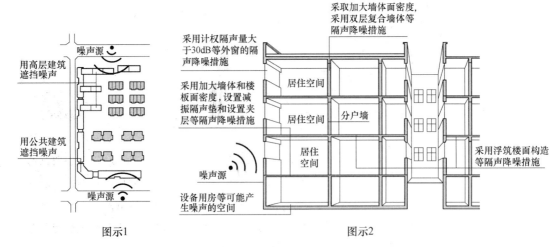

图 7-3-1　住宅防噪示意图

7.4　室内设备

　　住宅的建筑设计应综合考虑建筑设备和管线的配置，并提供必要的空间条件。满足建筑设备和系统的功能有效、运行安全、维修方便等基本要求。建筑设备设计还应有建筑空间合理布局的整体观念。建筑设备管线的设计，应相对集中，布置紧凑，合理占用空间，宜为住户进行装修留有灵活性。每套住宅宜集中设置布线箱，对有线电视、通信、网络、安全监控等线路集中布线。

　　厨房、卫生间和其他建筑设备及管线较多的部位，应进行详细的综合设计。采暖散热器、电源插座、有线电视终端插座和电话终端出线口等，应与室内设施和家具综合布置。

　　公共功能的管道，包括采暖供回水总立管、给水总立管、雨水立管、消防立管和电气立管等，以及有线电视设备箱和电话分线箱等不宜布置在住宅套内。公共功能管道的阀门和需经常操作的部件，应设在公用部位。

　　应合理确定各种计量仪表的设置位置，以满足能源计量和物业管理要求。计量仪表的合理设置位置，随着新产品的不断开发，仍在广泛探索中，但不论采用何种计量仪表和安装方式，都应符合安全可靠、便于计量和减少扰民等原则。

7.4.1　给水排水

　　生活用水是居民生活和提高环境质量最基本的条件，因此，住宅内应设给水排水系统。为了确保居民正常用水条件，规范提出最低给水水压的要求。

根据给水配件的一般质量状况及住宅的维修条件，住宅给水压力不宜过高。入户管的供水压力不应大于 0.35MPa。套内用水点供水压力不宜大于 0.20MPa，且不应小于用水器具要求的最低压力。

住宅应预留安装热水供应设施的条件，或设置热水供应设施。给水和集中热水供应系统，应分户分别设置冷水和热水表。当无条件采用集中热水供应系统时，应预留安装其他热水供应设施的条件。卫生器具和配件应采用节水性能良好的产品。管道、阀门和配件应采用不易锈蚀的材质。

厨房和卫生间的排水立管应分别设置。排水管道不得穿越卧室。排水立管不应设置在卧室内，且不宜设置在靠近与卧室相邻的内墙；当必须靠近与卧室相邻的内墙时，应采用低噪声管材。

住宅的污废水排水横管宜设于本层套内；当敷设于下一层的套内空间时，其清扫口应设于本层，并应进行夏季管道外壁结露验算，采取相应的防止结露的措施。污废水排水立管的检查口宜每层设置。

设置淋浴器和洗衣机的部位应设置地漏，布置洗衣机的部位宜采用能防止溢流和干涸的专用地漏。洗衣机设在阳台上时，其排水不应排入雨水管。

无存水弯的卫生器具和无水封的地漏与生活排水管道连接时，在排水口以下应设存水弯；存水弯和有水封地漏的水封高度不应小于50mm。

地下室、半地下室中低于室外地面的卫生器具和地漏的排水管不应与上部排水管连接，应设置集水设施用污水泵排出。

采用中水冲洗便器时，中水管道和预留接口应设明显标识。坐便器安装洁身器时，洁身器不应与中水管连接。

排水通气管的出口，设置在上人屋面、住户露台上时，应高出屋面或露台地面2.00m；当周围4.00m之内有门窗时，应高出门窗上口0.60m。

7.4.2 采暖设备

严寒和寒冷地区的住宅宜设集中采暖系统。"集中采暖"系指热源和散热设备分别设置，由热源通过管道向各个房间或各个建筑物供给热量的采暖方式。夏热冬冷地区住宅采暖方式应根据当地能源情况，经技术经济分析，并综合考虑用户对设备运行费用的承担能力等因素确定。设置集中采暖系统的普通住宅的室内采暖计算温度，不应低于表7-4-1的规定。

室内采暖计算温度　　　　　　　　　　　表 7-4-1

用房	温度(℃)
卧室、起居室、卫生间	18
厨房	15
设采暖的楼梯间和走廊	14

7.4.3 燃气

住宅管道燃气的供气压力不应高于0.2MPa。住宅内各类用气设备应使用低压燃气,其入口压力应在0.75~1.5倍燃具额定范围内。

户内燃气立管应设置在有自然通风的厨房或与厨房相连的阳台内,且宜明装设置,不得设在通风排气竖井内(图7-4-1)。

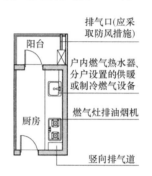

图7-4-1 住宅燃气设备示意图

燃气设备的设置应符合下列规定:燃气设备严禁设置在卧室内;严禁在浴室内安装直接排气式、半密闭式燃气热水器等在使用空间内积聚有害气体的加热设备;户内燃气灶应安装在通风良好的厨房、阳台内;燃气热水器等燃气设备应安装在通风良好的厨房、阳台内或其他非居住房间(图7-4-2)。

图7-4-2 住宅燃气安全示意图

住宅内各类用气设备的烟气必须排至室外。排气口应采取防风措施,安装燃气设备的房间应预留安装位置和排气孔洞位置;当多台设备合用竖向排气道排放烟气时,应保证互不影响。户内燃气热水器、分户设置的采暖或制冷燃气设备的排气管不得与燃气灶排油烟机的排气管合并接入同一管道。

使用燃气的住宅,每套的燃气用量应根据燃气设备的种类、数量和额定燃气量计算确定,且至少按一个双眼灶和一个燃气热水器计算。

7.4.4 通风和空调

现代住宅中所用各种电器越来越多，其中有一些会产生有害的气体，比如厨房中的抽油烟机，必须设置可靠的排烟措施。还有在严寒地区、寒冷地区以及夏热冬冷地区，由于冬季一般门窗紧闭，所以必须设置必要的通风设施。随着人们对生活质量的追求，越来越多的家庭开始使用空调设备，因此在设计时必须充分考虑到这一点。

严寒地区、寒冷地区和夏热冬冷地区的厨房，除设置排气机械外，还应设置供房间全面排气的自然通风设施。无外窗的暗卫生间，应设置防止回流的机械通风设施或预留机械通风设置条件。以煤、薪柴、燃油为燃料进行分散式采暖的住宅，以及以煤、薪柴为燃料的厨房，应设烟囱；上下层或相邻房间合用一个烟囱时，必须采取防止串烟的措施。

位于寒冷（B区）、夏热冬冷和夏热冬暖地区的住宅，当不采用集中空调系统时，主要房间应设置空调设施或预留安装空调设施的位置和条件。室内空调设备的冷凝水应能够有组织地排放。空调系统应设置分室或分户温度控制设施。

7.4.5 电气

随着我国住宅建设的不断发展，与此相配套的住宅电气设备也相应地不断发展。每套住宅的用电负荷应根据住宅的套内建筑面积和用电负荷计算确定，且不应小于2.5kW。

1. 住宅供电系统的设计，应符合下列基本安全要求：

1) 应采用 TT、TN-C-S 或 TN-S 接地方式，并进行总等电位联结。

2) 电气线路应采用符合安全和防火要求的敷设方式配线，住宅套内的电气管线应采用穿管暗敷设方式配线。导线应采用铜芯绝缘线，每套住宅进户线截面不应小于 10mm^2，分支回路截面不应小于 2.5mm^2。

3) 套内的空调电源插座、一般电源插座与照明应分路设计，厨房插座应设置独立回路，卫生间插座宜设置独立回路。

4) 除壁挂式分体空调电源插座外，电源插座回路应设置剩余电流保护装置。

5) 设洗浴设备的卫生间应作局部等电位联结。

6) 每幢住宅的总电源进线应设剩余电流动作保护或剩余电流动作报警。

2. 每套住宅应设置户配电箱，其电源总开关装置应采用可同时断开相线和中性线的开关电器。

3. 住宅套内安装在 1.80m 及以下的插座均应采用安全型插座。

4. 住宅的共用部位应设人工照明，应采用高效节能的照明装置（光源、灯具及附件）和节能控制措施。当应急照明采用节能自熄开关时，必须采取消防时应急点亮的措施。

5. 住宅套内电源插座应根据住宅套内空间和家用电器设置，电源插座的数量不应少于表 7-4-2 的规定：

电源插座的设置数量   表 7-4-2

空间	设置数量和内容
卧室	一个单相三线和一个单相二线的插座两组
兼起居的卧室	一个单相三线和一个单相二线的插座三组
起居室(厅)	一个单相三线和一个单相二线的插座三组
厨房	防溅水型一个单相三线和一个单相二线的插座两组
卫生间	防溅水型一个单相三线和一个单相二线的插座一组
布置洗衣机、冰箱、排油烟机、排风机及预留家用空调器处	专用单相三线插座各一个

6. 每套住宅应设有线电视系统、电话系统和信息网络系统，宜设置家居配线箱。有线电视、电话、信息网络等线路宜集中布线。并应符合下列规定：

1) 有线电视系统的线路应预埋到住宅套内。每套住宅的有线电视进户线不应少于 1 根，起居室、主卧室、兼起居的卧室应装设电视插座。

2) 电话通讯系统的线路应预埋到住宅套内。每套住宅的电话通信进户线不应少于 1 根，起居室、主卧室、兼起居的卧室应装设电话插座。

3) 信息网络系统的线路宜预埋到住宅套内。每套住宅的进户线不应少于 1 根，起居室、卧室或兼起居室的卧室应装设信息网络插座。

7. 住宅建筑宜设安全防范系统。

8. 当发生火警时，疏散通道上和出入口处的门禁应能集中解锁或能从内部手动解锁。

7.5 经济技术评价

建筑业是国民经济的重要组成部分，而住宅建筑在建筑业中占有重要的位置。大量的兴建住宅，势必每年要投入大量的资金、人力和资源。因此需要从设计、施工与使用等各个阶段开辟途径，并相应提出衡量住宅建筑技术经济效果的标准。本节将介绍在住宅设计中，规范对于经济技术评价的方法和要求。

7.5.1 住宅技术经济指标

1. 住宅设计应计算其技术经济指标：各功能空间使用面积（m^2）；套内使用面积（m^2/套）；套型阳台面积（m^2/套）；套型总建筑面积（m^2/套）；住宅楼总建筑面积（m^2）。

2. 计算住宅的技术经济指标，应符合下列规定：

1) 各功能空间使用面积应等于各功能空间墙体内表面所围合的水平投影面积。

2) 套内使用面积等于套内各功能空间使用面积之和。

3) 套型阳台面积应等于套内各阳台的面积之和；阳台的面积均应按其结构底板投影净面积的一半计算。

4) 套型总建筑面积应等于套内使用面积、相应的建筑面积和套型阳台面积之和。

5) 住宅楼总建筑面积应等于全楼各套型总建筑面积之和。

3. 套内使用面积计算，应符合下列规定：

1) 套内使用面积应包括卧室、起居室（厅）、餐厅、厨房、卫生间、过厅、过道、贮藏室、壁柜等使用面积的总和。

2) 跃层住宅中的套内楼梯应按自然层数的使用面积总和计入套内使用面积。

3) 烟囱、通风道、管井等均不应计入套内使用面积。

4) 套内使用面积应按结构墙体表面尺寸计算；有复合保温层时，应按复合保温层表面尺寸计算。

5) 利用坡屋顶内的空间时，屋面板下表面与楼板地面的净高低于 1.20m 的空间不应计算使用面积，净高在 1.20～2.10m 的空间应按 1/2 计算使用面积，净高超过 2.10m 的空间应全部计入套内使用面积；坡屋顶无结构顶层楼板，不能利用坡屋顶空间时不应计算其使用面积。

6) 坡屋顶内的使用面积应列入套内使用面积中。

4. 套型总建筑面积计算，应符合下列规定：

1) 应按全楼各层外墙结构外表面及柱外沿所围合的水平投影面积之和求出住宅楼建筑面积，当外墙设外保温层时，应按保温层表面计算。

2) 应以全楼总套内使用面积除以住宅楼建筑面积得出计算比值。

3) 套型总建筑面积应等于套内使用面积除以计算比值所得面积，加上套型阳台面积。

5. 住宅楼的层数计算应符合下列规定：

1) 当住宅楼的所有楼层的层高不大于 3.00m 时，层数应按自然层数计。

2) 当住宅和其他功能空间处于同一建筑物内时，应将住宅部分的层数与其他功能空间的层数叠加计算建筑层数。当建筑中有一层或若干层的层高大于 3.00m 时，应对大于 3.00m 的所有楼层按其高度总和除以 3.00m 进行层数折算，余数小于 1.50m 时，多出部分不应计入建筑层数，余数大于或等于 1.50m 时，多出部分应按 1 层计算。

3) 层高小于 2.20m 的架空层和设备层不应计入自然层数。

4) 高出室外设计地面小于 2.20m 的半地下室不应计入地上自然层数。

7.5.2 住宅评价指标的特点

住宅建筑经济技术评价指标的主要特点：

1. 指标是定量与定性相结合进行评价的，不能定量的则按定性考虑。为了排除定性指标定量化过程中的主观因素的影响，采用了评分法。

2. 为体现评价指标项目在总体评价中重要程度的差别，运算时按照指标的相对重要程度进行加权运算。

3. 在计算中，采用评分法解决定性指标定量计算问题，采用指数法消除了指标的不同计量单位。

7.5.3 适用范围

本指标主要适用于多层住宅建筑评价。对于中高层住宅和高层住宅，由于影响技术经济效果的因素与多层住宅基本相同，评价指标和权重的差异不大，而评价方法和指标计算完全相同，因此，在评价时可参照执行。

正确评选技术经济效果好的方案设计，对于提高住宅投资效果有着首要的意义。因此，标准主要用于方案设计的选优工作，也可用于工程评价。在评价住宅建筑时，被评价的方案或工程和对比标准之间必须具有共同的比较条件，以保证评价的正确性。如果不具备这些条件，则须转化为可比的，然后再进行比较。标准从建筑功能条件、费用范围和计算依据三个方面对可比条件做了规定，即统一建筑标准、全寿命费用、统一定额和费率。

7.5.4 评价指标

住宅建筑必须满足居民对于适用、安全、卫生的基本要求，因此，应具备各种必要的功能，并且能够经济地实现。评价指标体系的设置包括建筑功能效果和社会劳动消耗两部分。

住宅建筑功能，是指住宅满足居住者对于适用、安全、卫生等方面基本要求的总和。社会劳动消耗，是指为取得建筑功能所付出的全部社会劳动消耗量。

住宅经济技术评价体系分为两个阶段：住宅建筑设计方案评价指标体系与住宅工程评价指标体系。住宅设计方案评价有 19 项技术经济指标见表 7-5-1。住宅工程评价有 29 项技术经济指标见表 7-5-2。按二级设置评价指标。

住宅的各种必要功能及其劳动消耗，是构成住宅的基本因素，它们不因地域条件和生活习惯不同而变化，反映这些因素的指标称为一级指标，也称为控制指标。由于我国幅员广大，地域辽阔，各地风俗习惯不同，这些地区性特点，通过二级指标加以反映。二级指标也称表述指标。

住宅建筑设计方案评价指标体系　　　　表 7-5-1

序号	指标类型	一级指标	二级指标
1	建筑功能效果	平面空间布局	平面空间综合效果
2			平均每套卧室、起居室数
3			平均每套良好朝向卧室、起居室面积
4			家具布置
5			储藏设施
6		平面指标	平均每套建筑面积
7			使用面积系数
8			平均每套面宽
9		厨卫	厨房布置
10			卫生间布置
11		物理性能	采光
12			通风
13			保温(隔热)
14			隔声
15		安全性	安全措施
16			结构安全
17		建筑艺术	立面效果
18			室内效果
19	社会劳动消耗		造价

住宅建筑工程评价指标体系　　　　表 7-5-2

序号	指标类型	一级指标	二级指标
1	建筑功能效果	平面空间布局	平面空间综合效果
2			平均每套卧室、起居室数
3			平均每套良好朝向卧室、起居室面积
4			家具布置
5			储藏设施
6			楼梯走道
7			阳台设置
8			公用设施
9		平面指标	平均每套建筑面积
10			使用面积系数
11			平均每套面宽
12		厨卫	厨房布置
13			卫生间布置

序号	指标类型	一级指标	二级指标
14	建筑功能效果	物理性能	采光
15			通风
16			保温(隔热)
17			隔声
18		安全性	安全措施
19			结构安全
20		建筑艺术	立面效果
21			室内效果
22	社会劳动消耗	主要指标	造价
23			工期
24			房屋经常使用费
25			使用能耗
26		辅助指标	钢材
27			木材
28			水泥
29			劳动量耗用

一级指标是根据技术经济效果各因素的不同性质和重要程度概括产生的。二级指标根据一级指标的内容和特性展开，并直接反映住宅建筑技术经济各方面的具体特征。住宅建筑功能的评价指标基本上是从用户角度考虑的。同时，也考虑到我国当前技术经济所要求的宏观经济效果。

7.5.5 评价指标计算

7.5.5.1 定量指标计算

定量指标是指能够通过数值的大小具体反映优劣状况的指标，定量指标包括了以下几项：

1. 在建筑面积标准相同，卧室、起居室净面积符合住宅建筑设计规范要求的情况下，增多起居室、卧室数量，有利于合理安排、灵活分室，满足住户住得下分得开的要求。因此，平均每套卧室、起居室数以多者为优。

2. 平均每套良好朝向的卧室、起居室面积以多者为优。良好朝向一般指南向和东南向。将东向的指标值乘以 0.6 降低系数，计算其面积。某些地区也可根据当地情况对其他朝向采取类似方法，计算次好朝向指标。总之，该指标以冬季更好地获得良好日照为考虑原则。

3. 平均每套建筑面积：以符合或接近国家或地方规定的面积标准者为优。平均每套建筑面积，是指平均每套住宅建筑面积与每套标准建筑面积的正负差额。如甲方委托的建设任务，以符合或接近甲方提出的建筑面积为优。

如系设计方案竞赛，则以竞赛组织者所规定的面积指标为准。

4. 使用面积系数指标：使用面积是指住宅建筑套内使用面积占全部建筑面积的百分比，使用面积系数越高，则说明可供用户使用的面积越多，则该建筑方案越经济，因此，以使用面积系数大者为优。

5. 平均每户面宽：在采用"平均每套面宽"指标时，住宅方案（工程）须具有基本相同的户型和面积标准。平均每套面宽是反映节约土地的一个指标。当建筑面积一定，缩小面宽加大进深可以起到节约用地的作用。平均每户面宽以小者为优。

6. 保温与隔热效果指标：对严寒和寒冷地区计算保温，温暖地区计算保温与隔热，炎热地区计算隔热。

7. 隔声量指标：分户墙与楼板的空气声隔声量以大者为优。

8. 造价指标系数：造价指标系指住宅建筑的土建及设备的全部造价，不包括基础工程的造价。在方案设计评价阶段以设计概算为准。在工程评价阶段以设计预算为准。

9. 平均每套造价：指一栋或一个标准单元的造价平均值。

10. 工期指标：工期系指单位工程从开工到竣工的全部日历天数，不包括基础工程的工期。以工期少者为优。

11. 房屋经常使用费：房屋经常使用费一般包括管理、维修、税金、资金利息、保险、能耗六项，以小者为优。目前该项指标一般可仅计算维修和管理两项费用。

12. 住宅的使用能耗指标：住宅的使用能耗，原则上应包括采暖、空调、热水供应、电器照明、炊事等。以能耗少者为优。

13. 劳动量耗用指标：劳动量耗用系指住宅建造过程中直接耗用的全部劳动量。包括现场用工和预制厂用工，按预算定额计算。劳动量耗用指标以少者为优。

7.5.5.2 定性指标计算

定性指标是不能直接通过计算数值定量反映事物好坏的指标。住宅经济技术评价指标中除了定量指标以外的部分均为定性指标。简要概述如下：

1. 平面空间综合效果：是衡量住宅平面空间设计效果的综合性指标，它反映每套住宅的房间配置是否合理，交通联系是否方便，分区是否明确，布置是否紧凑等。

2. 家具布置：以起居室和卧室的平面尺度适宜，门窗位置（采暖地区尚须考虑散热器位置）适当，墙面完整，利于灵活布置家具的程度评定分值，以高分者优。

3. 厨房：以平面尺度适宜，固定设备布置合理，空间利用及通风排烟良好评定分值，以高分者优。

4. 卫生间和厕所：根据所采用设备的数量，布置合理程度以及采光和排气等评定分值，以高分者优。

5. 储藏设施：指贮藏间、壁橱、吊柜、搁板等。以空间利用合理，使用方便者为优。

6. 楼梯和走道：用以安全疏散，栏杆设置、休息平台以方便搬运家具等，作为衡量优劣的标准。户内走道应按联系方便，线路短捷，搬运家具方便等评分。

7. 阳台设置：以面积合理、位置恰当，安全美观等评分。

8. 公用设施：指垃圾道、电话管线、公用电视天线、信报箱等，应以设置的合理程度评分。

9. 通风：以起居室和卧室的自然通风顺畅程度评定分值。

10. 结构安全：以满足设计规范和抗震要求，主体结构的稳定性程度评定分值。

11. 安全措施：指疏散、防火、防盗、防坠落等措施，应以适宜程度评定分值。

12. 室内效果：以室内空间比例适度，色调协调，简洁明快，观感舒适等评分。

13. 立面效果：以体型、比例、立面、色调的谐调程度评定分值。

7.5.5.3 评价方法

1. 评价步骤：住宅的评价步骤，包括从提出需要评价的技术方案开始，到写出结论意见为止的全部过程。评价步骤包括：提出评价项目、确定对比标准、描述评价项目和对比标准的工程概况和建筑特征、审查建立可比条件、计算技术经济指标的基础数据（包括计算值和分值）、计算技术经济指标的转换值、计算技术经济指标的指数值、计算技术经济指标的加权指数、计算住宅建筑技术经济效果的综合指数、综合评价与结论意见。

2. 定量标准：定量标准是定性指标进行定量计算的依据。评定时，可将指标实际达到的状况与定量标准表对照以此确定指标的分值。定量标准的分值定为"0""1""2""3""4"共5档，差值均为1分。"0"分为淘汰标准，有一项指标出现"0"分，方案即被淘汰，不再参加评比。"1"分为基本标准线，表示指标达到最低合格标准。"2""3"分表示使用功能递增的分值。"4"分为创新标准，表示指标所反映的内容有独到之处的效果。

3. 技术经济效果综合评价：由于住宅建筑是一个复杂的多目标系统，因此综合评价其技术经济效果，就要将评价指标的众多不同计量单位化为相同的计量单位。技术经济效果综合评价是将定性指标的评分值，和定量指标的计算值，通过指数运算实现综合。

技术经济效果评价指标体系的综合，按住宅建筑功能和社会劳动消耗两类指标分别进行。住宅建筑功能是提供满足人民居住需要的使用价值，也是付出社会劳动消耗的目的。所以这部分评价指标的计算值和评分值越大，表示功能效果越好。但有些功能指标，如平均每户面宽，其值却是越小越好，为了进行综合，在进行指数化运算之前，应将这些指标转置运算，使其也成为越大越好的数列，以便实现指标综合。

7.6 住宅建筑节能

能源问题是当前国际社会面临的第一大难题，也成为制约我国经济发展的首要问题之一，如何节约能源、高效率地利用有限的能源创造更多的价值，已经成为刻不容缓的问题。据统计，建筑行业所占的能源消耗已经达到全部能源用量的四分之一。因此，从建筑行业来说，节能已成为头等大事。

我国地域辽阔，南北气候相差很大，能源消耗的方式和途径也不尽相同。依据各地所处地理位置及气候情况，我国将全国范围分为五个气候分区。针对各气候分区的能耗特点，我国制定了《严寒和寒冷地区居住建筑节能设计标准》《夏热冬冷地区居住建筑节能设计标准》《夏热冬暖地区居住建筑节能设计标准》三部有关住宅建筑节能的规范。本节将介绍规范对住宅建筑节能的有关要求。

7.6.1 严寒和寒冷地区居住建筑节能设计

7.6.1.1 室内热环境和建筑节能设计指标

严寒和寒冷地区城镇的气候区属应符合现行国家标准《民用建筑热工设计规范》的规定，严寒地区分为 3 个二级区（1A、1B、1C 区），寒冷地区分为 2 个二级区（2A、2B 区）。主要城镇新建居住建筑设计供暖年累计热负荷和能耗水平应符合规范要求。

7.6.1.2 建筑节能设计措施

建筑群的总体布置，单体建筑的平面、立面设计，应考虑冬季利用日照并避开冬季主导风向，严寒和寒冷 A 区建筑的出入口应考虑防风设计，寒冷 B 区应考虑夏季通风。建筑物宜朝向南北或接近朝向南北。建筑物不宜设有三面外墙的房间，一个房间不宜在不同方向的墙面上设置两个或更多的窗。

严寒 A、B 区的楼梯间宜供暖，设置供暖的楼梯间的外墙和外窗的热工性能应满足标准要求。非供暖楼梯间的外墙和外窗宜采取保温措施。

地下车库等公共空间，宜设置导光管等天然采光设施。

有采光要求的主要功能房间，室内各表面的加权平均反射比不应低于 0.4。

7.6.1.3　采暖、通风和空调节能设计

1. 供暖

1）居住建筑的热、冷源方式及设备的选择，应根据节能要求，考虑当地资源情况、环境保护、能源效率及用户对供暖运行费用可承受的能力等综合因素，经技术经济分析比较确定。

2）居住建筑供暖热源应采用高能效、低污染的清洁供暖方式，并应符合下列规定：有可供利用的废热或低品位工业余热的区域，宜采用废热或工业余热；技术经济条件合理时，应根据当地资源条件采用太阳能、热电联产的低品位余热、空气源热泵、地源热泵等可再生能源建筑应用形式或多能互补的可再生能源复合应用形式；不具备以上条件，但在城市集中供热范围内时，应优先采用城市热网提供的热源。当采用电直接加热设备作为供暖热源时，应分散设置。

3）居住建筑的集中供暖系统，应按热水连续供暖进行设计。居住区内的商业、文化及其他公共建筑的供暖形式，可根据其使用性质、供热要求经技术经济比较后确定。公共建筑的供暖系统应与居住建筑分开，并应具备分别计量的条件。除集中供暖的热源可兼作冷源的情况外，居住建筑不宜设多户共用冷源的集中供冷系统。

2. 通风和空气调节系统

通风和空气调节系统设计应结合建筑设计，首先确定全年各季节的自然通风措施，并应做好室内气流组织，提高自然通风效率，减少机械通风和空调的使用时间。当在大部分时间内自然通风不能满足降温要求时，宜设置机械通风或空气调节系统，设置的机械通风或空气调节系统不应妨碍建筑的自然通风。

7.6.2　夏热冬冷地区居住建筑节能设计

7.6.2.1　室内热环境和建筑节能设计指标

夏热冬冷地区城镇的气候区属应符合现行国家标准《民用建筑热工设计规范》的规定，夏热冬冷地区分为 2 个二级区（3A、3B）。在夏热冬冷地区，建筑能耗主要来自于夏季使用空调设备及冬季室内采暖，因此要从夏季制冷和冬季采暖这两个方面来进行节能。

冬季采暖室内热环境设计指标，应符合下列要求：卧室、起居室室内设计温度取 18℃。换气次数取 1.0 次/h。

夏季空调室内热环境设计指标，应符合下列要求：卧室、起居室室内设计温度取 26℃。换气次数取 1.0 次/h。

7.6.2.2　建筑节能设计措施

建筑群的总体布置、单体建筑的平面、立面设计和门窗的设置应有利于自然通风。建筑物宜朝向南北或接近朝向南北。

东偏北 30°至东偏南 60°、西偏北 30°至西偏南 60°范围内的外窗应设置挡板式遮阳或可以遮住窗户正面的活动外遮阳，南向的外窗宜设置水平遮阳或可以遮住窗户正面的活动外遮阳。各朝向的窗户，当设置了可以完全遮住正面的活动外遮阳时，应认定满足规范对外窗遮阳的要求。

外窗可开启面积（含阳台门面积）不应小于外窗所在房间地面面积的 5%。多层住宅外窗宜采用平开窗。

围护结构的外表面宜采用浅色饰面材料。平屋顶宜采取绿化、涂刷隔热涂料等隔热措施。

7.6.2.3　采暖、通风和空调节能设计

居住建筑采暖、空调方式及其设备的选择，应根据当地资源情况，经技术经济分析，及用户对设备运行费用的承担能力综合考虑确定。

居住建筑进行夏季空调、冬季采暖，宜采用下列方式：电驱动的热泵型空调器（机组）；燃气、蒸汽或热水驱动的吸收式冷（热）水机组；低温地板辐射采暖方式；燃气（油、其他燃料）的采暖炉采暖等。

当技术经济合理时，应鼓励居住建筑中采用太阳能，地热能等可再生能源，以及在居住建筑小区采用热、电、冷联产技术。

居住建筑通风设计应处理好室内气流组织、提高通风效率。厨房、卫生间应安装局部机械排风装置。对采用采暖、空调设备的居住建筑，宜采用带热回收的机械换气装置。

7.6.3　夏热冬暖地区居住建筑节能设计

7.6.3.1　室内热环境和建筑节能设计指标

夏热冬暖地区城镇的气候区属应符合现行国家标准《民用建筑热工设计规范》的规定，夏热冬暖地区分为 2 个二级区（4A、4B）。夏热冬暖地区划分为南北两个区。北区内建筑节能设计应主要考虑夏季空调，兼顾冬季采暖。南区内建筑节能设计应考虑夏季空调，可不考虑冬季采暖。

夏季空调室内设计计算指标应按下列规定取值：居住空间室内设计计算温度 26℃。计算换气次数 1.0 次/h。

北区冬季采暖室内设计计算指标应按下列规定取值：居住空间室内设计计算温度 16℃。计算换气次数 1.0 次/h。

7.6.3.2　建筑节能设计措施

建筑群的总体规划应有利于自然通风和减轻热岛效应。建筑的平面、立面设计应有利于自然通风。居住建筑的朝向宜采用南北向或接近南北向。北区内，单元式、通廊式住宅的体形系数不宜超过 0.35，塔式住宅的体形系数不宜超过 0.40。

居住建筑南、北向外窗应采取建筑外遮阳措施，建筑外遮阳系数 SD 不应

大于0.9。当采用水平、垂直或综合建筑外遮阳构造时，外遮阳构造的挑出长度不应小于表7-6-1规定。

建筑外遮阳构造的挑出长度限值（m）　　　　表 7-6-1

朝向	南			北		
遮阳形式	水平	垂直	综合	水平	垂直	综合
北区	0.25	0.20	0.15	0.40	0.25	0.15
南区	0.30	0.25	0.15	0.45	0.30	0.20

居住建筑应能自然通风，每户至少应有一个居住房间通风开口和通风路径的设计满足自然通风要求。

居住建筑的屋顶和外墙宜采用下列隔热措施：反射隔热外饰面；屋顶内设置贴铝箔的封闭空气间层；用含水多孔材料做屋面或外墙面的面层；屋面蓄水；屋面遮阳；屋面种植；东、西外墙采用花格构件或植物遮阳。

7.6.3.3　通风和空调节能设计

居住建筑空调与采暖方式及设备的选择，应根据当地资源情况，充分考虑节能、环保因素，并经技术经济分析后确定。

居住建筑进行夏季空调、冬季采暖时，宜采用电驱动的热泵型空调器（机组），燃气、蒸汽或热水驱动的吸收式冷（热）水机组，或有利于节能的其他形式的冷（热）源。居住建筑设计时采暖方式不宜设计采用直接电热设备。

空调室外机的安装位置应避免多台相邻室外机吹出气流相互干扰，并应考虑凝结水的排放和减少对相邻住户的热污染和噪声污染；设计搁板（架）构造时应有利于室外机的吸入和排出气流通畅和缩短室内外机的连接管路，提高空调器效率；设计安装整体式（窗式）房间空调器的建筑应预留其安放位置。

居住建筑通风宜采用自然通风使室内满足热舒适及空气质量要求；当自然通风不能满足要求时，可辅以机械通风。

居住建筑通风设计应处理好室内气流组织，提高通风效率。厨房、卫生间应安装机械排风装置。

7.7　居住区规划

随着城市人口的持续增加，社会需要提供越来越多的住房来解决人口增加和有限的城市用地之间的矛盾，而采取一种比较合理的住宅形式就成为城市中需要解决的一个问题。经过长期的探索，在我国已经基本上普遍采用将住宅建筑按照一定的规模集中布局，形成居住区的形式，来解决城市的居住需要。同时居住区内可以集中配置商业服务等公共设施。这种方式不仅可以经济、合理、有效地使用土地和空间，为城市居民营造安全、卫生、方便、舒适、美丽、和谐以及多样化的居住生活环境，而且还可以有效地增加居民的安全感，增进居民之间的交往。

1. 居住区规划设计应坚持以人为本的基本原则，遵循适用、经济、绿色、美观的建筑方针，并应符合下列规定：

1) 应符合城市总体规划及控制性详细规划。

2) 应符合所在地气候特点与环境条件、经济社会发展水平和文化习俗。

3) 应遵循统一规划、合理布局，节约土地、因地制宜，配套建设、综合开发的原则。

4) 应为老年人、儿童、残疾人的生活和社会活动提供便利的条件和场所。

5) 应延续城市的历史文脉、保护历史文化遗产并与传统风貌相协调。

6) 应采用低影响开发的建设方式，并应采取有效措施促进雨水的自然积存、自然渗透与自然净化。

7) 应符合城市设计对公共空间、建筑群体、园林景观、市政等环境设施的有关控制要求。

2. 居住区应选择在安全、适宜居住的地段进行建设，并应符合下列规定：

1) 不得在有滑坡、泥石流、山洪等自然灾害威胁的地段进行建设。

2) 与危险化学品及易燃易爆品等危险源的距离，必须满足有关安全规定。

3) 存在噪声污染、光污染的地段，应采取相应的降低噪声和光污染的防护措施。

4) 土壤存在污染的地段，必须采取有效措施进行无害化处理，并应达到居住用地土壤环境质量的要求。

3. 居住区规划设计应统筹考虑居民的应急避难场所和疏散通道，并应符合国家有关应急防灾的安全管控要求。

4. 居住区按照居民在合理的步行距离内满足基本生活需求的原则，可分为十五分钟生活圈居住区、十分钟生活圈居住区、五分钟生活圈居住区及居住街坊四级，其分级控制规模应符合表7-7-1的规定。

居住区分级控制规模　　　表 7-7-1

距离与规模	十五分钟生活圈居住区	十分钟生活圈居住区	五分钟生活圈居住区	居住街坊
步行距离(m)	800～1000	500	300	—
居住人口(人)	50000～100000	15000～25000	5000～12000	1000～3000
住宅数量(套)	17000～32000	5000～8000	1500～4000	300～1000

5. 居住区应根据其分级控制规模，对应规划建设配套设施和公共绿地，并应符合下列规定：

1）新建居住区，应满足统筹规划、同步建设、同期投入使用的要求。

2）旧区可遵循规划匹配、建设补缺、综合达标、逐步完善的原则进行改造。

6. 涉及历史城区、历史文化街区、文物保护单位及历史建筑的居住区规划建设项目，必须遵守国家有关规划的保护与建设控制规定。

7. 居住区应有效组织雨水的收集与排放，并应满足地表径流控制、内涝灾害防治、面源污染治理及雨水资源化利用的要求。

8. 居住区地下空间的开发利用应适度，应合理控制用地的不透水面积并留足雨水自然渗透、净化所需的土壤生态空间。

9. 居住区的工程管线规划设计应符合现行国家标准《城市工程管线综合规划规范》的有关规定；居住区的竖向规划设计应符合现行行业标准《城乡建设用地竖向规划规范》的有关规定。

10. 居住区所属的建筑气候区划应符合现行国家标准《建筑气候区划标准》的规定；其综合技术指标及用地面积的计算方法应符合表 7-7-1 居住区分级控制规模的规定。

7.7.1 用地与建筑

1. 各级生活圈居住区用地应合理配置、适度开发，其控制指标应符合下列规定：

1）十五分钟生活圈居住区用地控制指标应符合表 7-7-2 的规定。

2）十分钟生活圈居住区用地控制指标应符合表 7-7-3 的规定。

3）五分钟生活圈居住区用地控制指标应符合表 7-7-4 的规定。

十五分钟生活圈居住区用地控制指标   表 7-7-2

建筑气候区划	住宅建筑平均层数类别	人均居住区用地面积（m²/人）	居住区用地容积率	居住区用地构成（%）				
				住宅用地	配套设施用地	公共绿地	城市道路用地	合计
Ⅰ、Ⅶ	多层Ⅰ类（4层~6层）	40~54	0.8~1.0	58~61	12~16	7~11	15~20	100
Ⅱ、Ⅵ		38~51	0.8~1.0					
Ⅲ、Ⅳ、Ⅴ		37~48	0.9~1.1					
Ⅰ、Ⅶ	多层Ⅱ类（7层~9层）	35~42	1.0~1.1	52~58	13~20	9~13	15~20	100
Ⅱ、Ⅵ		33~41	1.0~1.2					
Ⅲ、Ⅳ、Ⅴ		31~39	1.1~1.3					
Ⅰ、Ⅶ	高层Ⅰ类（10层~18层）	28~38	1.1~1.4	48~52	16~23	11~16	15~20	100
Ⅱ、Ⅵ		27~36	1.2~1.4					
Ⅲ、Ⅳ、Ⅴ		26~34	1.2~1.5					

注：居住区用地容积率是生活圈内，住宅建筑及其配套设施地上建筑面积之和与居住区用地总面积的比值。

十分钟生活圈居住区用地控制指标　　　　　　　　**表 7-7-3**

建筑气候区划	住宅建筑平均层数类别	人均居住区用地面积（m²/人）	居住区用地容积率	居住区用地构成（%）				
				住宅用地	配套设施用地	公共绿地	城市道路用地	合计
Ⅰ、Ⅶ	低层（1层~3层）	49~51	0.8~0.9	71~73	5~8	4~5	15~20	100
Ⅱ、Ⅵ		45~51	0.8~0.9					
Ⅲ、Ⅳ、V		42~51	0.8~0.9					
Ⅰ、Ⅶ	多层Ⅰ类（4层~6层）	35~47	0.8~1.1	68~70	8~9	4~6	15~20	100
Ⅱ、Ⅵ		33~44	0.9~1.1					
Ⅲ、Ⅳ、V		32~41	0.9~1.2					
Ⅰ、Ⅶ	多层Ⅱ类（7层~9层）	30~35	1.1~1.2	64~67	9~12	6~8	15~20	100
Ⅱ、Ⅵ		28~33	1.2~1.3					
Ⅲ、Ⅳ、V		26~32	1.2~1.4					
Ⅰ、Ⅶ	高层Ⅰ类（10层~18层）	23~31	1.2~1.6	60~64	12~14	7~10	15~20	100
Ⅱ、Ⅵ		22~28	1.3~1.7					
Ⅲ、Ⅳ、V		21~27	1.4~1.8					

注：居住区用地容积率是生活圈内，住宅建筑及其配套设施地上建筑面积之和与居住区用地总面积的比值。

五分钟生活圈居住区用地控制指标　　　　　　　　**表 7-7-4**

建筑气候区划	住宅建筑平均层数类别	人均居住区用地面积（m²/人）	居住区用地容积率	居住区用地构成（%）				
				住宅用地	配套设施用地	公共绿地	城市道路用地	合计
Ⅰ、Ⅶ	低层（1层~3层）	46~47	0.7~0.8	76~77	3~4	2~3	15~20	100
Ⅱ、Ⅵ		43~47	0.8~0.9					
Ⅲ、Ⅳ、V		39~47	0.8~0.9					
Ⅰ、Ⅶ	多层Ⅰ类（4层~6层）	32~43	0.8~1.1	74~76	4~5	2~3	15~20	100
Ⅱ、Ⅵ		31~40	0.9~1.2					
Ⅲ、Ⅳ、V		29~37	1.0~1.2					
Ⅰ、Ⅶ	多层Ⅱ类（7层~9层）	28~31	1.2~1.3	72~74	5~6	3~4	15~20	100
Ⅱ、Ⅵ		25~29	1.2~1.4					
Ⅲ、Ⅳ、V		23~28	1.3~1.6					
Ⅰ、Ⅶ	高层Ⅰ类（10层~18层）	20~27	1.4~1.8	69~72	6~8	4~5	15~20	100
Ⅱ、Ⅵ		19~25	1.5~1.9					
Ⅲ、Ⅳ、V		18~23	1.6~2.0					

注：居住区用地容积率是生活圈内，住宅建筑及其配套设施地上建筑面积之和与居住区用地总面积的比值。

2. 居住街坊用地与建筑控制指标应符合表 7-7-5 的规定。

3. 当住宅建筑采用低层或多层高密度布局形式时，居住街坊用地与建筑控制指标应符合表 7-7-6 的规定。

居住街坊用地与建筑控制指标   表 7-7-5

建筑气候区划	住宅建筑平均层数类别	住宅用地容积率	建筑密度最大值(%)	绿地率最小值(%)	住宅建筑高度控制最大值(m)	人均住宅用地面积最大值(m²/人)
Ⅰ、Ⅶ	低层(1层~3层)	1.0	35	30	18	36
	多层Ⅰ类(4层~6层)	1.1~1.4	28	30	27	32
	多层Ⅱ类(7层~9层)	1.5~1.7	25	30	36	22
	高层Ⅰ类(10层~18层)	1.8~2.4	20	35	54	19
	高层Ⅱ类(19层~26层)	2.5~2.8	20	35	80	13
Ⅱ、Ⅵ	低层(1层~3层)	1.0~1.1	40	28	18	36
	多层Ⅰ类(4层~6层)	1.2~1.5	30	30	27	30
	多层Ⅱ类(7层~9层)	1.6~1.9	28	30	36	21
	高层Ⅰ类(10层~18层)	2.0~2.6	20	35	54	17
	高层Ⅱ类(19层~26层)	2.7~2.9	20	35	80	13
Ⅲ、Ⅳ、Ⅴ	低层(1层~3层)	1.0~1.2	43	25	18	36
	多层Ⅰ类(4层~6层)	1.3~1.6	32	30	27	27
	多层Ⅱ类(7层~9层)	1.7~2.1	30	30	36	20
	高层Ⅰ类(10层~18层)	2.2~2.8	22	35	54	16
	高层Ⅱ类(19层~26层)	2.9~3.1	22	35	80	12

注：① 住宅用地容积率是居住街坊内，住宅建筑及其便民服务设施地上建筑面积之和与住宅用地总面积的比值。
② 建筑密度是居住街坊内，住宅建筑及其便民服务设施建筑基底面积与该居住街坊用地面积的比率（%）。
③ 绿地率是居住街坊内绿地面积之和与该居住街坊用地面积的比率（%）。

4. 新建各级生活圈居住区应配套规划建设公共绿地，并应集中设置具有一定规模，且能开展休闲、体育活动的居住区公园；公共绿地控制指标应符合表 7-7-7 的规定。

低层或多层高密度居住街坊用地与建筑控制指标   表 7-7-6

建筑气候区划	住宅建筑平均层数类别	住宅用地容积率	建筑密度最大值(%)	绿地率最小值(%)	住宅建筑高度控制最大值(m)	人均住宅用地面积最大值(m²/人)
Ⅰ、Ⅶ	低层(1层~3层)	1.0、1.1	42	25	11	32~36
	多层Ⅰ类(4层~6层)	1.4、1.5	32	28	20	24~26
Ⅱ、Ⅵ	低层(1层~3层)	1.1、1.2	47	23	11	30~32
	多层Ⅰ类(4层~6层)	1.5~1.7	38	28	20	21~24
Ⅲ、Ⅳ、Ⅴ	低层(1层~3层)	1.2、1.3	50	20	11	27~30
	多层Ⅰ类(4层~6层)	1.6~1.8	42	25	20	20~22

注：① 住宅用地容积率是居住街坊内，住宅建筑及其便民服务设施地上建筑面积之和与住宅用地总面积的比值；
② 建筑密度是居住街坊内，住宅建筑及其便民服务设施建筑基底面积与该居住街坊用地面积的比率（%）；
③ 绿地率是居住街坊内绿地面积之和与该居住街坊用地面积的比率（%）。

公共绿地控制指标 表 7-7-7

类别	人均公共绿地面积（m²/人）	居住区公园		备注
		最小规模（hm²）	最小宽度（m）	
十五分钟生活圈居住区	2.0	5.0	80	不含十分钟生活圈及以下级居住区的公共绿地指标
十分钟生活圈居住区	1.0	1.0	50	不含五分钟生活圈及以下级居住区的公共绿地指标
五分钟生活圈居住区	1.0	0.4	30	不含居住街坊的绿地指标

注：居住区公园中应设置 10%～15% 的体育活动场地。

5. 当旧区改建确实无法满足表 7-7-7 的规定时，可采取多点分布以及立体绿化等方式改善居住环境，但人均公共绿地面积不应低于相应控制指标的 70%。

6. 居住街坊内的绿地应结合住宅建筑布局设置集中绿地和宅旁绿地；绿地的计算方法应符合表 7-7-5 条的规定。

7. 居住街坊内集中绿地的规划建设，应符合下列规定：

1) 新区建设不应低于 0.50m²/人，旧区改建不应低于 0.35m²/人。

2) 宽度不应小于 8m。

3) 在标准的建筑日照阴影线范围之外的绿地面积不应少于 1/3，其中应设置老年人、儿童活动场地。

8. 住宅建筑与相邻建、构筑物的间距应在综合考虑日照、采光、通风、管线埋设、视觉卫生、防灾等要求的基础上统筹确定，并应符合现行国家标准《建筑设计防火规范（2018 年版）》GB 50016—2014 的有关规定。

9. 住宅建筑的间距应符合表 7-7-8 的规定；对特定情况，还应符合下列规定：

1) 老年人居住建筑日照标准不应低于冬至日日照时数 2h；

2) 在原设计建筑外增加任何设施不应使相邻住宅原有日照标准降低，既有住宅建筑进行无障碍改造加装电梯除外；

3) 旧区改建项目内新建住宅建筑日照标准不应低于大寒日日照时数 1h。

10. 居住区规划设计应汇总重要的技术指标，并应符合表 7-7-13 的规定。

住宅建筑日照标准 表 7-7-8

建筑气候区划	I、II、III、VII气候区		IV气候区		V、VI气候区
城区常住人口（万人）	≥50	<50	≥50	<50	无限定
日照标准日	大寒日				冬至日
日照时数（h）	≥2		≥3		≥1
有效日照时间带（当地真太阳时）	8～16 时				9～15 时
计算起点	底层窗台面				

注：底层窗台面是指距室内地坪 0.9m 高的外墙位置。

7.7.2 配套设施

1. 配套设施应遵循配套建设、方便使用、统筹开放、兼顾发展的原则进行配置，其布局应遵循集中和分散兼顾、独立和混合使用并重的原则，并应符合下列规定：

1）十五分钟和十分钟生活圈居住区配套设施，应依照其服务半径相对居中布局。

2）十五分钟生活圈居住区配套设施中，文化活动中心、社区服务中心（街道级）、街道办事处等服务设施宜联合建设并形成街道综合服务中心，其用地面积不宜小于 1hm²。

3）五分钟生活圈居住区配套设施中，社区服务站、文化活动站（含青少年、老年活动站）、老年人日间照料中心（托老所）、社区卫生服务站、社区商业网点等服务设施，宜集中布局、联合建设，并形成社区综合服务中心，其用地面积不宜小于 0.3hm²。

4）旧区改建项目应根据所在居住区各级配套设施的承载能力合理确定居住人口规模与住宅建筑容量；当不匹配时，应增补相应的配套设施或对应控制住宅建筑增量。

2. 居住区配套设施分级设置应符合本书 7.7.6 居住区配套设施设置规定的要求。

3. 配套设施用地及建筑面积控制指标，应按照居住区分级对应的居住人口规模进行控制，并应符合表 7-7-9 的规定。

配套设施控制指标（m²/千人）　　　　　　　　　　　　　　表 7-7-9

类别		十五分钟生活圈居住区		十分钟生活圈居住区		五分钟生活圈居住区		居住街坊	
		用地面积	建筑面积	用地面积	建筑面积	用地面积	建筑面积	用地面积	建筑面积
总指标		1600～2910	1450～1830	1980～2660	1050～1270	1710～2210	1070～1820	50～150	80～90
其中	公共管理与公共服务设施 A 类	1250～2360	1130～1380	1890～2340	730～810	—	—	—	—
	交通场站设施 S 类	—	—	70～80	—	—	—	—	—
	商业服务设施 B 类	350～550	320～450	20～240	320～460	—	—	—	—
	社区服务设施 R12、R22、R32	—	—	—	—	1710～2210	1070～1820	—	—
	便民服务设施 R11、R21、R31	—	—	—	—	—	—	50～150	80～90

注：① 十五分钟生活圈居住区指标不含十分钟生活圈居住区指标，十分钟生活圈居住区指标不含五分钟生活圈居住区指标，五分钟生活圈居住区指标不含居住街坊指标。
② 配套设施用地应含与居住区分级对应的居民室外活动场所用地；未含高中用地、市政公用设施用地，市政公用设施应根据专业规划确定。

4. 各级居住区配套设施规划建设应符合本书 7.7.7 居住区配套设施规划建设控制要求的规定。

5. 居住区相对集中设置且人流较多的配套设施应配建停车场（库），并应符合下列规定：

1) 停车场（库）的停车位控制指标，不宜低于表 7-7-10 的规定。

2) 商场、街道综合服务中心机动车停车场（库）宜采用地下停车、停车楼或机械式停车设施。

3) 配建的机动车停车场（库）应具备公共充电设施安装条件。

配建停车场（库）的停车位控制指标（车位/100m² 建筑面积）

表 7-7-10

名称	非机动车	机动车
商场	≥7.5	≥0.45
菜市场	≥7.5	≥0.30
街道综合服务中心	≥7.5	≥0.45
社区卫生服务中心(社区医院)	≥1.5	≥0.45

6. 居住区应配套设置居民机动车和非机动车停车场（库），并应符合下列规定：

1) 机动车停车应根据当地机动化发展水平、居住区所处区位、用地及公共交通条件综合确定，并应符合所在地城市规划的有关规定。

2) 地上停车位应优先考虑设置多层停车库或机械式停车设施，地面停车位数量不宜超过住宅总套数的 10%。

3) 机动车停车场（库）应设置无障碍机动车位，并应为老年人、残疾人专用车等新型交通工具和辅助工具留有必要的发展余地。

4) 非机动车停车场（库）应设置在方便居民使用的位置。

5) 居住街坊应配置临时停车位。

6) 新建居住区配建机动车停车位应具备充电基础设施安装条件。

7.7.3 道路

1. 居住区内道路的规划设计应遵循安全便捷、尺度适宜、公交优先、步行友好的基本原则，并应符合现行国家标准《城市综合交通体系规划标准》的有关规定。

2. 居住区的路网系统应与城市道路交通系统有机衔接，并应符合下列规定：

1) 居住区应采取"小街区、密路网"的交通组织方式，路网密度不应小于 8km/km²；城市道路间距不应超过 300m，宜为 150～250m，并应与居住街坊的布局相结合。

2）居住区内的步行系统应连续、安全、符合无障碍要求，并应便捷连接公共交通站点。

3）在适宜自行车骑行的地区，应构建连续的非机动车道。

4）旧区改建，应保留和利用有历史文化价值的街道、延续原有的城市肌理。

3. 居住区内各级城市道路应突出居住使用功能特征与要求，并应符合下列规定：

1）两侧集中布局了配套设施的道路，应形成尺度宜人的生活性街道；道路两侧建筑退线距离，应与街道尺度相协调。

2）支路的红线宽度，宜为 14～20m。

3）道路断面形式应满足适宜步行及自行车骑行的要求，人行道宽度不应小于 2.5m。

4）支路应采取交通稳静化措施，适当控制机动车行驶速度。

4. 居住街坊内附属道路的规划设计应满足消防、救护、搬家等车辆的通达要求，并应符合下列规定：

1）主要附属道路至少应有两个车行出入口连接城市道路，其路面宽度不应小于 4.0m；其他附属道路的路面宽度不宜小于 2.5m。

2）人行出入口间距不宜超过 200m。

3）最小纵坡不应小于 0.3%，最大纵坡应符合表 7-7-11 的规定；机动车与非机动车混行的道路，其纵坡宜按照或分段按照非机动车道要求进行设计。

附属道路最大纵坡控制指标（%） 表 7-7-11

道路类别及其控制内容	一般地区	积雪或冰冻区
机动车道	8.0	6.0
非机动车道	3.0	2.0
步行道	8.0	4.0

5. 居住区道路边缘至建筑物、构筑物的最小距离，应符合表 7-7-12 的规定。

居住区道路边缘至建筑物、构筑物最小距离（m） 表 7-7-12

与建、构筑物关系		城市道路	附属道路
建筑物面向道路	无出入口	3.0	2.0
	有出入口	5.0	2.5
建筑物山墙面向道路		2.0	1.5
围墙面向道路		1.5	1.5

注：道路边缘对于城市道路是指道路红线；附属道路分两种情况：道路断面设有人行道时，指人行道的外边线；道路断面未设人行道时，指路面边线。

7.7.4 居住环境

1. 居住区规划设计应尊重气候及地形地貌等自然条件，并应塑造舒适宜人的居住环境。

2. 居住区规划设计应统筹庭院、街道、公园及小广场等公共空间形成连续、完整的公共空间系统，并应符合下列规定：

1) 宜通过建筑布局形成适度围合、尺度适宜的庭院空间。

2) 应结合配套设施的布局塑造连续、宜人、有活力的街道空间。

3) 应构建动静分区合理、边界清晰连续的小游园、小广场。

4) 宜设置景观小品美化生活环境。

3. 居住区建筑的肌理、界面、高度、体量、风格、材质、色彩应与城市整体风貌、居住区周边环境及住宅建筑的使用功能相协调，并应体现地域特征、民族特色和时代风貌。

4. 居住区内绿地的建设及其绿化应遵循适用、美观、经济、安全的原则，并应符合下列规定：

1) 宜保留并利用已有的树木和水体。

2) 应种植适宜当地气候和土壤条件、对居民无害的植物。

3) 应采用乔、灌、草相结合的复层绿化方式。

4) 应充分考虑场地及住宅建筑冬季日照和夏季遮阴的需求。

5) 适宜绿化的用地均应进行绿化，并可采用立体绿化的方式丰富景观层次、增加环境绿量。

6) 有活动设施的绿地应符合无障碍设计要求并与居住区的无障碍系统相衔接。

7) 绿地应结合场地雨水排放进行设计，并宜采用雨水花园、下凹式绿地、景观水体、干塘、树池、植草沟等具备调蓄雨水功能的绿化方式。

5. 居住区公共绿地活动场地、居住街坊附属道路及附属绿地的活动场地的铺装，在符合有关功能性要求的前提下应满足透水性要求。

6. 居住街坊内附属道路、老年人及儿童活动场地、住宅建筑出入口等公共区域应设置夜间照明；照明设计不应对居民产生光污染。

7. 居住区规划设计应结合当地主导风向、周边环境、温度湿度等微气候条件，采取有效措施降低不利因素对居民生活的干扰，并应符合下列规定：

1) 应统筹建筑空间组合、绿地设置及绿化设计，优化居住区的风环境。

2) 应充分利用建筑布局、交通组织、坡地绿化或隔声设施等方法，降低周边环境噪声对居民的影响。

3) 应合理布局餐饮店、生活垃圾收集点、公共厕所等容易产生异味的设施，避免气味、油烟等对居民产生影响。

8. 既有居住区对生活环境进行的改造与更新，应包括无障碍设施建设、绿色节能改造、配套设施完善、市政管网更新、机动车停车优化、居住环境品质提升等。

7.7.5 技术指标与用地面积计算方法

1. 居住区用地面积应包括住宅用地、配套设施用地、公共绿地和城市道路用地，其计算方法应符合下列规定：

1）居住区范围内与居住功能不相关的其他用地以及本居住区配套设施以外的其他公共服务设施用地，不应计入居住区用地；

2）当周界为自然分界线时，居住区用地范围应算至用地边界。

3）当周界为城市快速路或高速路时，居住区用地边界应算至道路红线或其防护绿地边界。快速路或高速路及其防护绿地不应计入居住区用地。

4）当周界为城市干路或支路时，各级生活圈的居住区用地范围应算至道路中心线。

5）居住街坊用地范围应算至周界道路红线，且不含城市道路。

6）当与其他用地相邻时，居住区用地范围应算至用地边界。

7）当住宅用地与配套设施（不含便民服务设施）用地混合时，其用地面积应按住宅和配套设施的地上建筑面积占该幢建筑总建筑面积的比率分摊计算，并应分别计入住宅用地和配套设施用地。

2. 居住街坊内绿地面积的计算方法应符合下列规定：

1）满足当地植树绿化覆土要求的屋顶绿地可计入绿地。绿地面积计算方法应符合所在城市绿地管理的有关规定。

2）当绿地边界与城市道路临接时，应算至道路红线；当与居住街坊附属道路临接时，应算至路面边缘；当与建筑物临接时，应算至距房屋墙脚 1.0m 处；当与围墙、院墙临接时，应算至墙脚。

3）当集中绿地与城市道路临接时，应算至道路红线；当与居住街坊附属道路临接时，应算至距路面边缘 1.0m 处；当与建筑物临接时，应算至距房屋墙脚 1.5m 处。

3. 居住区综合技术指标应符合表 7-7-13 的要求。

居住区综合技术指标 表 7-7-13

项目			计算单位	数值	所占比例（%）	人均面积指标（m^2/人）
各级生活圈居住区指标	居住区用地	总用地面积	hm^2	▲	100	▲
		其中 住宅用地	hm^2	▲	▲	▲
		配套设施用地	hm^2	▲	▲	▲
		公共绿地	hm^2	▲	▲	▲
		城市道路用地	hm^2	▲	▲	—

项目			计算单位	数值	所占比例（%）	人均面积指标（m²/人）
各级生活圈居住区指标	居住区总人口		人	▲	—	—
	居住总套（户）数		套	▲	—	—
	住宅建筑总面积		万 m²	▲	—	—
居住街坊指标	用地面积		hm²	▲	—	▲
	容积率		—	▲	—	—
	地上建筑面积	总建筑面积	万 m²	▲	100	—
		其中 住宅建筑	万 m²	▲	▲	—
		其中 便民服务设施	万 m²	▲	▲	—
	地下总建筑面积		万 m²	▲	▲	—
	绿地率		%	▲	—	—
	集中绿地面积		m²	▲	—	▲
	住宅套（户）数		套	▲	—	—
	住宅套均面积		m²/套	▲	—	—
	居住人数		人	▲	—	—
	住宅建筑密度		%	▲	—	—
	住宅建筑平均层数		层	▲	—	—
	住宅建筑高度控制最大值		m	▲	—	—
	停车位	总停车位	辆	▲	—	—
		其中 地上停车位	辆	▲	—	—
		其中 地下停车位	辆	▲	—	—
	地面停车位		辆	▲	—	—

注：▲为必列指标。

7.7.6 居住区配套设施设置规定

1. 十五分钟生活圈居住区、十分钟生活圈居住区配套设施应符合表 7-7-14 的设置规定。

十五分钟生活圈居住区、十分钟生活圈居住区配套设施设置规定　　表 7-7-14

类别	序号	项目	十五分钟生活圈居住区	十分钟生活圈居住区	备注
公共管理和公共服务设施	1	初中	▲	△	应独立占地
	2	小学	—	▲	应独立占地
	3	体育馆(场)或全民健身中心	△	—	可联合建设
	4	大型多功能运动场	▲	—	宜独立占地
	5	中型多功能运动场	—	—	宜独立占地
	6	卫生服务中心(社区医院)	▲	—	宜独立占地

类别	序号	项目	十五分钟生活圈居住区	十分钟生活圈居住区	备注
公共管理和公共服务设施	7	门诊部	▲	—	可联合建设
	8	养老院	▲	—	宜独立占地
	9	老年养护院	▲	—	宜独立占地
	10	文化活动中心(含青少年、老年活动中心)	▲	—	可联合建设
	11	社区服务中心(街道级)	▲	—	可联合建设
	12	街道办事处	▲	—	可联合建设
	13	司法所	▲	—	可联合建设
	14	派出所	△	—	宜独立占地
	15	其他	△	△	可联合建设
商业服务设施	16	商场	▲	▲	可联合建设
	17	菜市场或生鲜超市	—	▲	可联合建设
	18	健身房	△	△	可联合建设
	19	餐饮设施	▲	▲	可联合建设
	20	银行营业网点	▲	▲	可联合建设
	21	电信营业网点	▲	▲	可联合建设
	22	邮政营业场所	▲	—	可联合建设
	23	其他	△	△	可联合建设
市政公用设施	24	开闭所	▲	△	可联合建设
	25	燃料供应站	△	△	宜独立占地
	26	燃气调压站	△	△	宜独立占地
	27	供热站或热交换站	△	△	宜独立占地
	28	通信机房	△	△	可联合建设
	29	有线电视基站	△	△	可联合设置
	30	垃圾转运站	△	△	应独立占地
	31	消防站	△	—	宜独立占地
	32	市政燃气服务网点和应急抢修站	△	△	可联合建设
	33	其他	△	△	可联合建设
交通场站	34	轨道交通站点	△	△	可联合建设
	35	公交首末站	△	△	可联合建设
	36	公交车站	▲	▲	宜独立设置
	37	非机动车停车场(库)	△	△	可联合建设
	38	机动车停车场(库)	△	△	可联合建设
	39	其他	△	△	可联合建设

注：① ▲为应配建的项目；△为根据实际情况按需配建的项目；
　　② 在国家确定的一、二类人防重点城市，应按人防有关规定配建防空地下室。

2. 五分钟生活圈居住区配套设施应符合表 7-7-15 的设置规定。

五分钟生活圈居住区配套设施设置规定 表 7-7-15

类别	序号	项目	五分钟生活圈居住区	备注
社区服务设施	1	社区服务站(含居委会、治安联防站、残疾人康复室)	▲	可联合建设
	2	社区食堂	△	可联合建设
	3	文化活动站(含青少年活动站、老年活动站)	▲	可联合建设
	4	小型多功能运动(球类)场地	▲	宜独立占地
	5	室外综合健身场地(含老年户外活动场地)	▲	宜独立占地
	6	幼儿园	▲	宜独立占地
	7	托儿所	△	可联合建设
	8	老年人日间照料中心(托老所)	▲	可联合建设
	9	社区卫生服务站	△	可联合建设
	10	社区商业网点(超市、药店、洗衣店、美发店等)	▲	可联合建设
	11	再生资源回收点	▲	可联合建设
	12	生活垃圾收集站	▲	宜独立设置
	13	公共厕所	▲	可联合建设
	14	公交车站	△	宜独立设置
	15	非机动车停车场(库)	△	可联合建设
	16	机动车停车场(库)	△	可联合建设
	17	其他	△	可联合建设

注：① ▲为应配建的项目；△为根据实际情况按需配建的项目；

② 在国家确定的一、二类人防重点城市，应按人防有关规定配建防空地下室。

3. 居住街坊配套设施应符合表 7-7-16 的设置规定。

居住街坊配套设施设置规定 表 7-7-16

类别	序号	项目	居住街坊	备注
便民服务设施	1	物业管理与服务	▲	可联合建设
	2	儿童、老年人活动场地	▲	宜独立占地
	3	室外健身器械	▲	可联合设置
	4	便利店(5、日杂等)	▲	可联合建设
	5	邮件和快递送达设施	▲	可联合设置
	6	生活垃圾收集点	▲	宜独立设置
	7	居民非机动车停车场(库)	▲	可联合建设
	8	居民机动车停车场(库)	▲	可联合建设
	9	其他	△	可联合建设

注：① ▲为应配建的项目；△为根据实际情况按需配建的项目；

② 在国家确定的一、二类人防重点城市，应按人防有关规定配建防空地下室。

7.7.7 居住区配套设施规划建设控制要求

1. 十五分钟生活圈居住区、十分钟生活圈居住区配套设施规划建设应符合表 7-7-17 的规定。

十五分钟生活圈居住区、十分钟生活圈居住区配套设施规划建设控制要求　表 7-7-17

类别	设施名称	单向规模		服务内容	设置要求
		建筑面积（m²）	用地面积（m²）		
公共管理与公共服务设施	初中*	—	—	满足 12 周岁～18 周岁青少年入学要求	(1)选址应避开城市干道交叉口等交通繁忙地段。 (2)服务半径不宜大于 1000m。 (3)学校规模应根据适龄青少年人口确定，且不宜超过 36 班。 (4)鼓励教学区和运动场地相对独立设置，并向社会错时开放运动场地
	小学*	—	—	满足 6 周岁～12 周岁儿童入学要求	(1)选址应避开城市干道交叉口等交通繁忙地段。 (2)服务半径不宜大于 500m；学生上下学穿越城市道路时，应有相应的安全措施。 (3)学校规模应根据适龄儿童人口确定，且不宜超过 36 班。 (4)应设不低于 200m 环形跑道和 60m 直跑道的运动场，并配置符合标准的球类场地。 (5)鼓励教学区和运动场地相对独立设置，并向社会错时开放运动场地
	体育场(馆)或全民健身中心	2000～5000	1200～15000	具备多种健身设施、专用于开展体育健身活动的综合体育场(馆)或健身馆	(1)服务半径不宜大于 1000m。 (2)体育场应设置 60～100m 直跑道和环形跑道。 (3)全民健身中心应具备大空间球类活动、乒乓球、体能训练和体质检测等用房
	大型多功能活动场地	—	3150～5620	多功能运动场地或等同规模的球类场地	(1)宜结合公共绿地等公共活动空间统筹布局。 (2)服务半径不宜大于 1000m。 (3)宜集中设置篮球、排球、7 人足球场地
	中型多功能运动场地	—	1310～2460	多功能运动场地或等同规模的球类场地	(1)宜结合公共绿地等公共活动空间统筹布局。 (2)服务半径不宜大于 500m。 (3)宜集中设置篮球、排球、5 人足球场地
	卫生服务中心*（社区医院）	1700～2000	1420～2860	预防、医疗、保健、康复、健康教育、计生等	(1)一般结合街道办事处所辖区域进行设置，且不宜与菜市场、学校、幼儿园、公共娱乐场所、消防站、垃圾转运站等设施毗邻。 (2)服务半径不宜大于 1000m。 (3)建筑面积不得低于 1700m²

类别	设施名称	单向规模		服务内容	设置要求
		建筑面积（m²）	用地面积（m²）		
商业服务业设施	门诊部	—	—	—	(1)宜设置于辖区内位置适中、交通方便的地段。 (2)服务半径不宜大于1000m
	养老院*	7000～17500	3500～22000	对自理、介助和介护老年人给予生活起居、餐饮服务、医疗保健、文化娱乐等综合服务	(1)宜临近社区卫生服务中心、幼儿园、小学以及公共服务中心。 (2)一般规模宜为200～500床
	老年养护院*	3500～17500	1750～22000	对介助和介护老年人给予生活护理、餐饮服务、医疗保健、心理疏导、临终关怀等综合服务	(1)宜临近社区卫生服务中心、幼儿园、小学以及公共服务中心。 (2)一般中型规模宜为100～500床
	文化活动中心*（含青少年活动中心、老年活动中心）	3000～6000	3000～12000	开展图书阅览、科普知识宣传与教育，影视厅、舞厅、游艺厅、球类、棋类、科技与艺术等活动；宜包括儿童之家服务功能	(1)宜结合或靠近绿地设置。 (2)服务半径不宜大于1000m
	社区服务中心（街道级）	700～1500	600～1200	—	(1)一般结合街道办事处所辖区域设置。 (2)服务半径不宜大于1000m。 (3)建筑面积不应低于700m²
	街道办事处	1000～2000	800～1500	—	(1)一般结合所辖区域设置。 (2)服务半径不宜大于1000m
	司法所	80～240	—	法律事务援助、人民调解、服务保释、监外执行人员的社区矫正等	(1)一般结合街道所辖区域设置。 (2)宜与街道办事处或其他行政管理单位结合建设，应设置单独出入口
	商场	1500～3000	—	—	(1)应集中布局在居住区相对居中的位置。 (2)服务半径不宜大于500m
	菜市场或生鲜超市	750～1500 或 2000～2500	—	—	(1)服务半径不宜大于500m。 (2)应设置机动车、非机动车停车场
	健身房	600～2000	—	—	服务半径不宜大于1000m
	银行营业网点	—	—	—	宜与商业服务设施结合或临近设置
	电信营业场所	—	—	—	根据专业规划设置
	邮政营业场所	—	—	包括邮政局、邮政支局等邮政设施以及其他快递营业设施	(1)宜与商业服务设施结合或临近设置。 (2)服务半径不宜大于1000m

类别	设施名称	单向规模		服务内容	设置要求
		建筑面积（m²）	用地面积（m²）		
市政公用设施	开闭所*			—	(1)0.6万～1.0万套住宅设置1所。 (2)用地面积不应小于500m²
	燃料供应站*	—	—	—	根据专业规划设置
	燃气调压站*	50	100～200	—	按每个中低压调压站负荷半径500m设置；无管道燃气地区不设置
	供热站或热交换站*	—	—	—	根据专业规划设置
	通信机房*	—	—	—	根据专业规划设置
	有线电视基站*	—	—	—	根据专业规划设置
	垃圾转运站*	—	—	—	根据专业规划设置
	消防站*	—	—	—	根据专业规划设置
	市政燃气服务网点和应急抢修站*	—	—	—	根据专业规划设置
交通场站	轨道交通站点*			—	服务半径不宜大于800m
	公交首末站*			—	根据专业规划设
	公交车站			—	服务半径不宜大于500m
	非机动车停车场(库)			—	(1)宜就近设置在非机动车(含共享单车)与公共交通换乘接驳地区。 (2)宜设置在轨道交通站点周边非机动车车程15min范围内的居住街坊出入口处，停车面积不应小于30m²
	机动车停车场(库)			—	根据所在地城市规划有关规定配置

注：① 加 * 的配套设施，其建筑面积与用地面积规模应满足国家相关规划及标准规范的有关规定；

② 小学和初中可合并设置九年一贯制学校，初中和高中可合并设置完全中学；

③ 承担应急避难功能的配套设施，应满足国家有关应急避难场所的规定。

2. 五分钟生活圈居住区配套设施规划建设应符合表 7-7-18 的规定。

五分钟生活圈居住区配套设施规划建设要求 表 7-7-18

设施名称	单项规模		服务内容	设置要求
	建筑面积（m²）	用地面积（m²）		
社区服务站	600～1000	500～800	社区服务台、社区服务大厅、管委室、社区居委会办公室，居民活动用房,活动室、阅览室、长经纪人康复室	(1)服务半径不宜大于300m。 (2)建筑面积不得低于600m²
社区食堂	—	—	为社区居民尤其是老年人提供助餐服务	宜结合社区服务站、文化活动站等设置

设施名称	单项规模		服务内容	设置要求
	建筑面积（m²）	用地面积（m²）		
文化活动站	25～1200	—	书报阅览、书画、文娱、健身、音乐欣赏、茶座等，可供青少年和老年人活动的场所	(1)宜结合或靠近公共绿地设置。 (2)服务半径不宜大于500m
小型多功能运动（球类）场地	—	770～1310	小型多功能运动场地或同等规模的球类场地	(1)服务半径不宜大于300m。 (2)用地面积不宜小于800m²。 (3)宜配置半场篮球场1个，门球场地1个，乒乓球场地2个。 (4)门球活动场地应提供休憩服务和安全防护措施
室外综合健身场地（含老年户外活动场地）	—	150～750	健身场所，含广场舞场地	(1)服务半径不宜大于300m。 (2)用地面积不宜小于500m²。 (3)老年人户外活动场地应设置休憩设施，附近宜设置公共厕所。 (4)广场舞等活动场地的设置应避免噪声扰民
幼儿园	3150～4550	5240～7580	保教3周岁～6周岁的学龄前儿童	(1)应设于阳光充足，接近公共绿地、便于家长接送的地段；其生活用房应满足冬至日底层满窗日照不少于3h的日照标准；宜设置于可遮挡冬季寒风的建筑物背风面。 (2)服务半径不宜大于300m。 (3)幼儿园规模应根据适龄儿童人口确定，办园规模不宜超过12班，每班座位数宜为20～35座；建筑层数不宜超过3层。 (4)活动场地应有不少于1/2的活动面积在标准的建筑日照阴影线之外
托儿所	—	—	服务0周岁～3周岁的婴幼儿	(1)应设于阳光充足，便于家长接送的地段；其生活用房应满足冬至日底层满窗日照不少于3h的日照标准；宜设置于可遮挡冬季寒风的建筑物背风面。 (2)服务半径不宜大于300m。 (3)托儿所规模应根据适龄儿童人口数确定。 (4)活动场地应有不少于1/2的活动面积在标准的建筑日照阴影线之外
老年人日间照料中心*（托老所）	350～750	—	老年人日托服务，包括餐饮、文娱、健身、医疗保健等	服务半径不宜大于300m

设施名称	单项规模		服务内容	设置要求
	建筑面积（m²）	用地面积（m²）		
社区卫生服务站*	120～270	—	预防、医疗、计生等服务	(1)在人口较多、服务半径较大、社区卫生服务中心难以覆盖的社区,宜设置社区卫生站加以补充。 (2)服务半径不宜大于300m。 (3)建筑面积不得低于120m²。 社区卫生服务站应安排在建筑首层并应有专用出入口
小超市	—	—	居民日常生活用品销售	服务半径不宜大于300m
再生资源回收点*	—	6～10	居民可再生物资回收	(1)1000～3000人设置1处。 (2)用地面积不宜小于6m²,其选址应满足卫生、防疫及居住环境等要求
生活垃圾收集站*	—	120～200	居民生活垃圾收集	(1)居住人口规模大于5000人的居住区及规模较大的商业综合体可单独设置收集站。 (2)采用人力收集的,服务半径宜为400m,最大不宜超过1km;采用小型机动车收集的,服务半径不宜超过2km
公共厕所*	30～80	60～120	—	(1)宜设置于人流集中处。 (2)宜结合配套设施及室外综合健身场地(含老年户外活动场地)设置
非机动车停车场(库)	—	—	—	(1)宜就近设置在自行车(含共享单车)与公共交通换乘接驳地区。 (2)宜设置在轨道交通站点周边非机动车车程15min范围内的居住街坊出入口处,停车面积不应小于30m²
机动车停车场(库)	—	—	—	根据所在地城市规划有关规定配置

注:
① 加 * 的配套设施,其建筑面积与用地面积规模应满足国家相关规划和建设标准的有关规定;
② 承担应急避难功能的配套设施,应满足国家有关应急避难场所的规定。

3. 居住街坊配套设施规划建设应符合表 7-7-19 的规定。

居住街坊配套设施规划建设控制要求　　　　　　　　　　表 7-7-19

设施名称	单项规模		服务内容	设置要求
	建筑面积（m²）	用地面积（m²）		
物业管理与服务	—	—	物业管理服务	宜按照不低于物业总建筑面积的2‰配置物业管理用房

设施名称	单项规模		服务内容	设置要求
	建筑面积（m²）	用地面积（m²）		
儿童、老年人活动场地	—	170~450	儿童活动及老年人休憩设施	(1)宜结合集中绿地设置，并宜设置休憩设施。 (2)用地面积不应小于170m²
室外健身器械	—	—	器械健身和其他简单运动设施	(1)宜结合绿地设置。 (2)宜在居住街坊范围内设置
便利店	50~100	—	居民日常生活用品销售	1000~3000人设置1处
邮件和快件送达设施	—	—	智能快件箱、智能信报箱等可接收邮件和快件的设施或场所	应结合物业管理设施或在居住街坊内设置
生活垃圾收集点*	—	—	居民生活垃圾投放	(1)服务半径不应大于70m，生活垃圾收集点应采用分类收集，宜采用密闭方式。 (2)生活垃圾收集点可采用放置垃圾容器或建造垃圾容器间方式。 (3)采用混合收集垃圾容器间时，建筑面积不宜小于5m²。 (4)采用分类收集垃圾容器间时，建筑面积不宜小于10m²
非机动车停车场(库)	—	—	—	宜设置于居住街坊出入口附近；并按照每套住宅配建1辆~2辆配置；停车场面积按照0.8~1.2m²/辆配置，停车库面积按照1.5~1.8m²/辆配置；电动自行车较多的城市，新建居住街坊宜集中设置电动自行车停车场，并宜配置充电控制设施
机动车停车场(库)	—	—	—	根据所在地城市规划有关规定配置，服务半径不宜大于150m

注：加 * 的配套设施，其建筑面积与用地面积规模应满足国家相关规划标准有关规定。